BBC自然探索

宇宙

THE UNIVERSE

[英] 安德鲁 · 科恩（Andrew Cohen） 著

涂泓 曹新伍 冯承天 译

人民邮电出版社

北京

图书在版编目（C I P）数据

宇宙 / （英）安德鲁·科恩（Andrew Cohen）著 ；
涂泓，曹新伍，冯承天译. -- 北京 ：人民邮电出版社，
2024.10
（BBC自然探索）
ISBN 978-7-115-63840-3

Ⅰ. ①宇… Ⅱ. ①安… ②涂… ③曹… ④冯… Ⅲ.
①宇宙—普及读物 Ⅳ. ①P159-49

中国国家版本馆CIP数据核字(2024)第046303号

版 权 声 明

◆ 著　　　　[英]安德鲁·科恩（Andrew Cohen）
译　　　　涂　泓　曹新伍　冯承天
责任编辑　刘　朋
责任印制　陈　犇

◆ 人民邮电出版社出版发行　　北京市丰台区成寿寺路 11 号
邮编　100164　　电子邮件　315@ptpress.com.cn
网址　https://www.ptpress.com.cn
中国电影出版社印刷厂印刷

◆ 开本：787×1092　1/16
印张：15.75　　　　2024 年 10 月第 1 版
字数：492 千字　　　2024 年 10 月北京第 1 次印刷

著作权合同登记号　图字：01-2022-5780 号

定价：99.80 元

读者服务热线：(010)81055410　印装质量热线：(010)81055316
反盗版热线：(010)81055315
广告经营许可证：京东市监广登字 20170147 号

内容提要

每天晚上，在我们的头顶上方都会上演一场史诗般的大戏。钻石行星、僵尸恒星、质量超过太阳质量10亿倍的黑洞……演员阵容非凡，每个角色都有自己的独特故事要去讲述。

本书是BBC拍摄的系列电视纪录片《宇宙》的同名图书。在本书中，作者将带领我们进行一次充满惊奇的发现之旅，向我们讲述银河系是如何形成的，以及它将如何不可避免地被处于其核心的神秘黑洞摧毁。而我们的银河系之外还有数以亿计的星系，它们都处于不断膨胀的宇宙之中，那么这一切是如何开始和形成的？现在我们对宇宙诞生之初的那些时刻的了解已经超过了我们最初的想象，而在这个宇宙起源的故事中还隐藏着有关宇宙自身命运以及万物命运的线索。

本书适合天文爱好者阅读。

致谢

2019年9月，当开始拍摄系列电视纪录片《宇宙》（*The Universe*）时，我们一如既往地隐约感觉到前面横亘着一座大山，那是交织在一起的兴奋与焦虑，而这种熟悉的感觉总是与这种规模宏大、雄心勃勃的项目如影随形。那个时候，我们都不知道前方的这座大山究竟有多大。

到了2020年初，当第一次拍摄之旅准备就绪时，新型冠状（简称新冠）病毒及其即将到来的大流行已经严重地影响了我们的制作工作的各个方面，而正如我们现在都知道的，那才仅仅是个开始。

在过去的18个月里，《宇宙》制作团队的每一位成员都在不懈地努力，克服了无穷无尽的障碍和挑战，才制作出了这部里程碑式的系列片。在对人们的工作和生活都如此苛刻的环境下，制作这部系列片需要巨大的奉献和投入。我非常感谢团队成员所做的一切，在这样一个特殊的时期完成了如此出色的工作。与往常一样，在此只是利用这个小小的机会向他们表示衷心的感谢。

首先，感谢吉迪恩·布拉德肖和珍妮·斯科特，他们如此出色地领导了这个团队。一如既往，吉迪恩始终展现出出众的创造力和沉稳的作风，他以贯穿始终的出色工作帮助我们创作了这部系列片。无论是在最后一刻飞往遥远的亚速尔群岛、制作脚本、处理和编辑图像，还是在任何需要的时候全力支持整个团队，吉迪恩的行事和为人在任何层面上都是世界一流的。

同样，如果没有珍妮和她自上而下的出色管理，这部系列片根本就不可能存在。她带领我们克服了拍摄时所遇到的无尽挑战，以丰富的专业知识、坚韧不拔的毅力以及和善的态度引领了这部系列片的制作。不断变化的拍摄地点、不断变化的隔离规定，以及即使最简单的外景拍摄也要面临的一系列新挑战，这些只是她帮助我们翻越的许多大山中的几座。有了珍妮，我们非常幸运地拥有了业内最好的制作管理团队。要不是有他们，这部系列片根本就不可能完成。

我们非常幸运地拥有一支世界级的影视制作团队。阿什利·格辛领导拍摄了《恒星》（*Stars*）和《起源》（*Origins*）。苏茜·博伊尔斯在她的孩子鲁本诞生之前提供了精彩的《异星世界》（*Alien Worlds*）和《黑洞》（*Black Holes*）的剧本初稿。肯尼·斯科特以史诗般的《星系》（*Galaxies*）向我们展示了英国在影片中可以有多美。汤姆·休伊森中途加入，拍摄了令人震撼的、美丽的《黑洞》那一集。我们能与这些如此有才华的人合作真是幸运。

我们得到了一支才华横溢的团队的支持，他们以最具创造力的方式应对了许多前所未有的挑战。非常感谢波普伊·平诺克、克莱姆·奇塔姆、米拉·哈里森、萨拉·霍尔顿、米莉·麦克纳布、埃玛·康纳、索菲·皮戈特、克里斯·约翰斯顿、保罗·克罗斯比、格雷姆·道森、路易丝·萨尔科夫、达伦·乔努苏、娜丁·利姆、马丁·韦斯特、尼尔·哈维、弗雷迪·克莱尔、玛丽·奥唐纳、埃玛·昂和薇姬·埃德加，以及其他许多支持这部作品的人。衷心感谢罗布·哈维和洛拉后期制作公司的全体成员。还要感谢尼古拉·库克和尼克·索普威思的杰出开发工作，他们让我们得以创作出了这部系列片。

特别感谢劳拉·戴维。在过去的18个月里，她不知疲倦地领导了科学部门的每一项制作，从而为我们施展和展现我们的所有创造力与雄心壮志奠定了基础。

最后，非常感谢威廉·柯林斯出版社的团队。你们又一次制作出了最美的书，为简单的文字增色不少。感谢海伦娜·卡尔东、黑兹尔·埃里克松、佐薇·巴瑟和克里斯·赖特。当然，还要非常感谢迈尔斯·阿奇博尔德——撇开去看了一次急诊牙医不谈，这是一件毫无痛苦的乐事。

对页图：2020年7月，搭载美国国家航空航天局（National Aeronautics and Space Administration, NASA）的“毅力号”火星车的火箭发射升空，开启了探索太空的一个新纪元。

下页图：国际空间站是人类在太空探索领域的合作与技术成就。

目录

序言

仔细思考宇宙是令人振奋的，但也同样令人恐惧。无论是专业的科学家还是其他人都不明白如何去内化这样一个事实：我们存在于被2000亿个星系照亮的虚空之中——据我们所知，是孤独地存在于其中的。正如我在介绍本书所依据的那部系列电视纪录片时所说的那样，也许这就是为什么黎明的来临会给人们带来一种宽慰的感觉。明亮的天空隐藏了恒星以及它们引发人们思考的种种问题。是哪些问题？是那些可能听起来很幼稚的问题，而实际上它们是非常深刻的；是那些我们也许觉得在受过教育的人群中不应该问的问题。

在信奉流行的犬儒主义的人中，疑惑并不流行。宇宙是怎么开始的？它将如何结束？这一切意味着什么？这些问题是不是只有孩子们才会问？也许吧。但它们幼稚吗？当然不是。前两个问题显然是可以问的，因为它们完全属于科学的范畴。尽管这并不是说我们能够回答它们，但是关于宇宙起源和命运的研究是宇宙学的一个领域，而宇宙学的基础是爱因斯坦在1916年发表的广义相对论。这100多年来，我们拥有了一种迫使我们思考时间起源的科学理论，这一理论得到了一个多世纪的天文观测的支持。我们无疑生活在一个不断膨胀的宇宙之中。如今，星系之间的距离正在增大，这就意味着过去星系之间的距离比现在要近。如果我们把这些逻辑上的表述倒推回去，就会发现在138亿年前一切都非常紧密地聚集在一起，我们将那一刻发生的事情称为大爆炸。我们甚至探测到了宇宙大爆炸的余晖，这是一种古老的光，被称为宇宙微波背景辐射（Cosmic Microwave Background Radiation, CMBR）。要是在过去，我就会告诉你它部分地造成了一台失谐的电视机屏幕上的那种静电模糊，你可以亲自去观察创造之灵的舞蹈。

因此，我们知道，宇宙并不总是像我们今天所观察到的邻近区域那样古老、寒冷，几乎空空如也，只是偶尔会有一些光之岛像风中的雪花一样散布其间。在很久以前，宇宙曾经非常炽热、致密，并且具有很高的能量，而我们正是从这种高温中诞生的。

如今，我们的诞生故事不是写在古籍经文中，而是写在教科书中，因为我们观察到了这个故事，而不是杜撰了这个故事。理解自然的方法是去观察它。我们在超级计算机中构建了模拟宇宙，看着巨大的暗物质通道像蜘蛛网上的晨露一样凝结，其种种模式是由亚原子尺度的起伏所确定的，当时宇宙的年龄还不到十亿分之一秒。我们看到恒星和星系在这个网络的支架周围形成，而行星则是由残余物质凝聚而成的。在我们的这颗行星上，我们已经看到活跃的地质运动促使碳原子形成编码了信息的长链分子，我们通过广泛的视角理解了自然选择下的演化如何让这些分子谱写出了交响乐。

这部系列片拍摄于一个前所未有的时代。在这3年间，科学预言了新冠病毒的暴发，最终也缓解了这一紧张状况。我认为这一经历影响了这部系列片，使它更具哲理性，或许也更具争议。毕竟，我们对遗传学、病毒和疫苗的理解所依赖的可靠知识不是来自时髦的愤世嫉俗者，而是来自那些由好奇心驱使的人。这一好奇心的基石存在于恒星之间，因为天文学是一门最古老的科学，所以对天文学的衷心颂扬既合适也有必要。如今，宇宙中存在的很多问题仍然超出了人类思维的能力范围，然而如果不对我们狭隘的虚荣心提出这样的一些挑战，那么人类就不会有任何进步。从最大的那些星系到位于其核心的超大质量黑洞，太空中充满了我们尚不了解的自然物体，这就是为什么太空是如此宝贵的资源。没有人知道新知识会把我们带向哪里，但长久以来的经验告诉我们，它们会带来一些奇妙的东西。

我希望你喜欢这部系列片和这本书，也许你会受到激励去仰望夜空，不是对无限的空间感到恐惧不安，而是对其中无限的奇迹感到兴奋。这一切的意义是什么？我不知道，但我们无法通过向内看找到答案。我们要将目光抬到地平线上方，向外去看宇宙，那样才会找到意义所在。我们过去仰望天空时，常常看到的只是问题。现在，我们要开始看到答案了。

布赖恩·考克斯教授

2021年

这片巨大的红色星云（NGC 2014）和它较小的蓝色邻居（NGC 2020）是大麦哲伦云中的一个巨大的恒星形成区的一部分。2020年由哈勃空间望远镜拍摄。

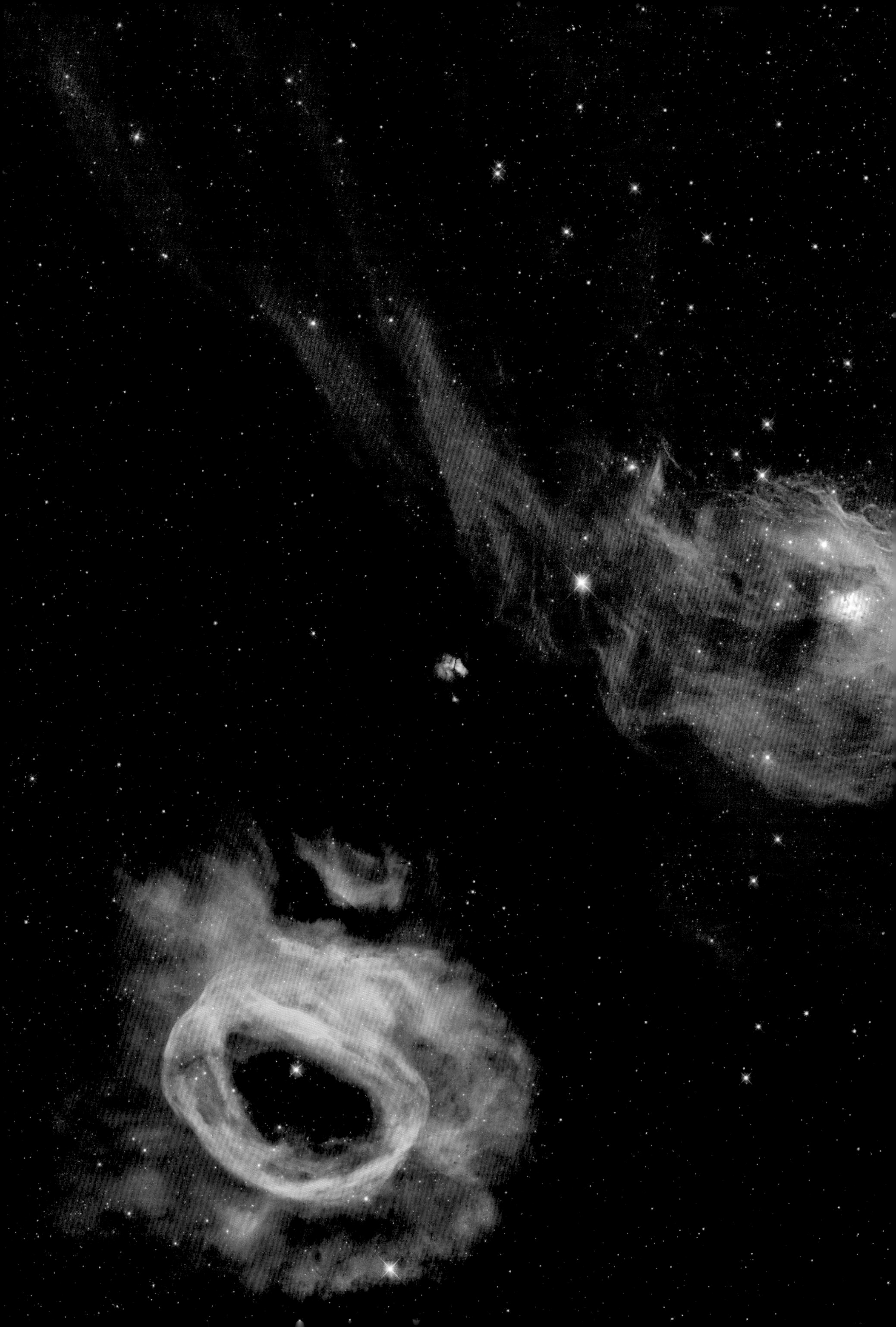

第1章

异星世界

"他们都在哪里呢?"

——恩里科 • 费米[①]

① 恩里科 • 费米(1901—1954),美籍意大利物理学家。他对量子力学、核物理、粒子物理以及统计力学都做出了杰出贡献,1938年因研究中子轰击产生的感生放射和有关的核反应而获得了诺贝尔物理学奖。——译注

孤独的回家之路

最重大的问题莫过于“我们是孤独的吗”。这个问题蕴意无限，给人们带来无尽的不安。阿瑟·C.克拉克①说过的一句话或许是对此的最好总结，他说：“有两种可能性：要么我们在宇宙中是孤独的，要么我们并不孤独。这两种可能性同样令人恐惧。”

在过去的40年里，我们已经为回答这个可怕的问题迈出了试探性的最初几步。然而，它的答案并不在巨大的银河系结构中，也不在照亮夜空的那些明亮的、大质量的恒星之中。相反，我们在宇宙中最小的那些天体上找到了答案，这些天体的总质量还不到宇宙质量的1%，那就是行星。

我们现在知道，我们自己的星系中充满了异星世界，并且几乎可以肯定每个星系中都充满了异星世界。虽然这些世界的发现还没有使我们接近邂逅另一个先进文明，但使我们能去探索具有无穷多样特征的各种世界，从而能在一个无限背景的前提下描绘出生命的各种可能性。行星是宇宙的化学构成。在这里，宇宙中的各种元素可以聚集在一起，在合适的状态下相互挤压，在充足的能量供给下准备制造出新的东西，从而触发一系列化学反应，最终创造出生命并使其生生不息。虽然从宇宙的尺度来看，行星非常小，或者说是微不足道的（因为它们是宇宙中最小的天体之一），但它们也是独一无二的——它们是唯一能够产生具有深刻意义的东西的地方。

纵观人类文明史，我们在惊人的漫长时间中都相信，我们在与其他生物共享这个宇宙，而不是存在于无限广阔的孤独之中。大约2500年前，德谟克利特②、伊壁鸠鲁③等古希腊哲学家仰望夜空，想象出一个由无数个世界组成的无限宇宙。这一观点后来得到了许多人的认同，其中包括中世纪的许多阿拉伯学

包括德谟克利特（上图）和法赫尔丁·拉齐（下图是他的著作）在内的古代哲学家想象出了一个由无数个世界组成的无限宇宙。

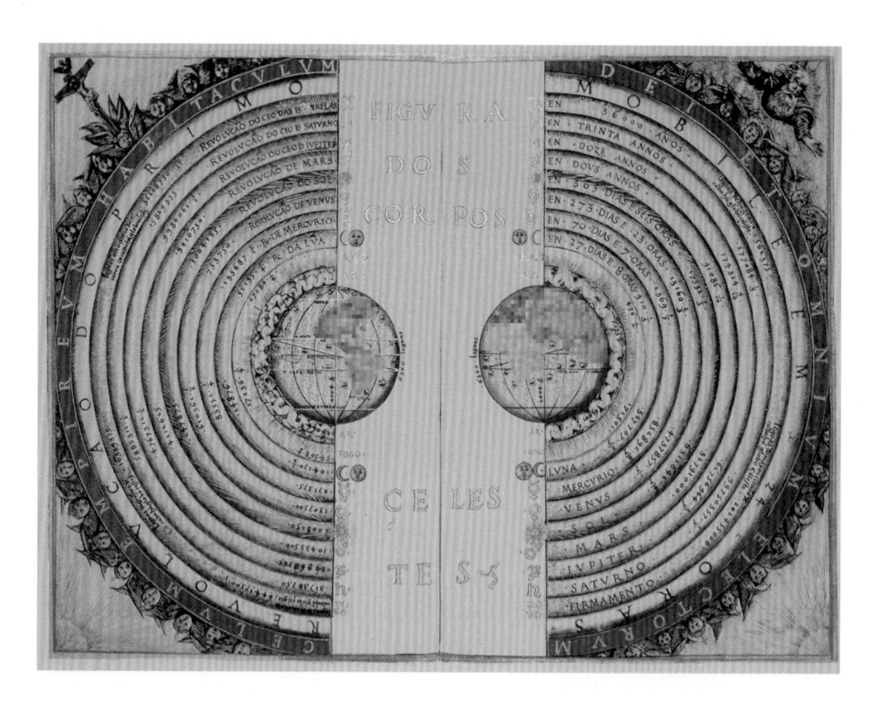

① 阿瑟·C.克拉克（1917—2008），英国科幻小说家，成名作有《2001太空漫游》（*2001: A Space Odyssey*）等。他对卫星通信的描写与实际发展惊人地一致，位于赤道上方的地球静止轨道因此也被命名为“克拉克轨道”。——译注

② 德谟克利特（约前460—前370），古希腊唯物主义哲学家，原子唯物论的创始人之一。——译注

③ 伊壁鸠鲁（前341—前270），古希腊哲学家、伊壁鸠鲁学派的创始人，被认为是西方第一位无神论哲学家。——译注

尼古拉·哥白尼是文艺复兴时期的天文学家，他冲破了地球处于宇宙中心的观念，提出了太阳处于宇宙的中心。

者，比如法赫尔丁·拉齐①。在他主张存在的那个宇宙中，“除了这个世界之外，还充满了千千万万个其他世界”。

最终，这种兼容并包的观点被以地球为中心的宇宙观所压倒，而后者至少主导了西方思想1500年。直到尼古拉·哥白尼②冲破了我们自负的幻想，令我们大开眼界，看到了一个并非单纯围绕着我们而构建的宇宙，这时我们才开始接受无限宇宙这一必然结果。从上一个千年的中期开始，伟大的思想家们开始在私下或偶尔公开地分享一种信念，相信在我们自己的世界之外还存在着其他世界。这一过程是缓慢的，但也是必然的。这些想法并非没有重大危险，科学革命从来都不会远离异端邪说的指控，其中最著名的或许是意大利修道士、宇宙学家焦尔达诺·布鲁诺③被烧死在火刑柱上。当时他的舌头被钳住，在某种程度上是为了防止他复述自己的异端信仰：宇宙是无限的，并且其中充满了无数个可居住的世界。

随着天文学的发展，我们对宇宙的认识渐渐地取得了进步。随着“地平线的不断后退”而来的是越来越多的人接受了我们在宇宙中的位置，这是一个充满了行星，甚至可能充满了生命的宇宙。启蒙时代使我们的头脑中填满了关于一个拥有无限奇迹的宇宙的知识，多世界宇宙成为欧洲知识分子阶层的一种普遍信仰。18世纪和19世纪，有众多受人尊敬的人物主张多世界宇宙，威廉·赫舍尔④、

对页图：托勒密体系的中世纪图示，这一被称为地心说的模型认为地球是宇宙的中心。
右图：焦尔达诺·布鲁诺的最后一部著作《论图像、符号和思想的构成》（1591年）中的木刻画，他在这部著作中提出了他的一些“异端”思想。

① 法赫尔丁·拉齐（1150—1210，一说1149—1209），波斯博学家、阿拉伯学者、归纳逻辑的先驱之一，在医学、化学、物理学、天文学、文学、神学、哲学、历史和法理学领域都有大量著作。他是最早提出多重宇宙概念的学者之一。——译注
② 尼古拉·哥白尼（1473—1543），波兰数学家、天文学家，提出日心说模型。1543年，他在临终前出版了《天体运行论》，这被认为是近代天文学的起点。——译注
③ 焦尔达诺·布鲁诺（1548—1600），文艺复兴时期的意大利思想家、自然科学家、哲学家和文学家，由于捍卫哥白尼的日心说而被烧死在罗马鲜花广场。——译注
④ 威廉·赫舍尔（1738—1822），英国天文学家、作曲家，恒星天文学的创始人，英国皇家天文学会第一任会长。——译注

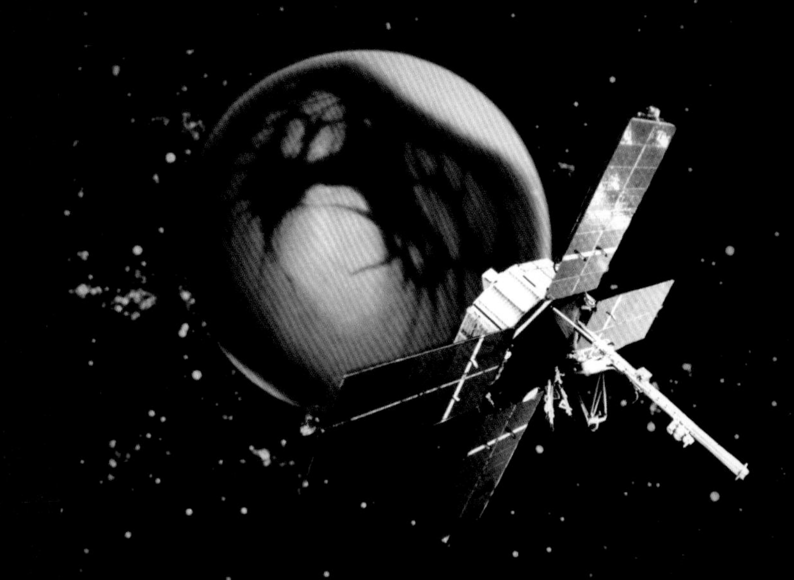

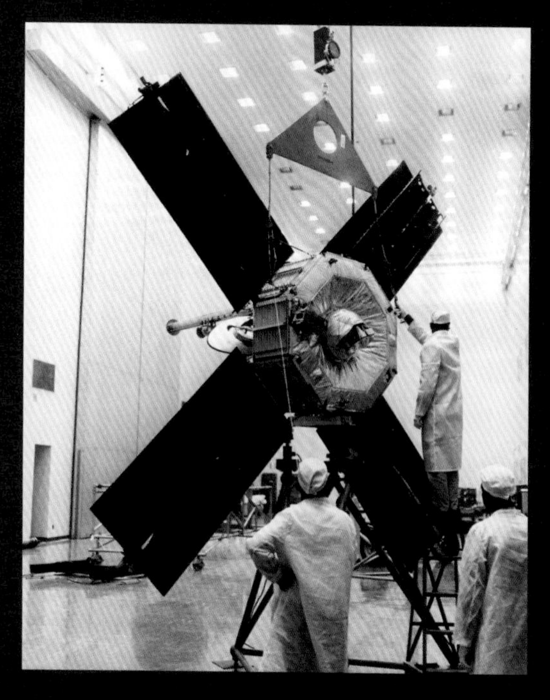

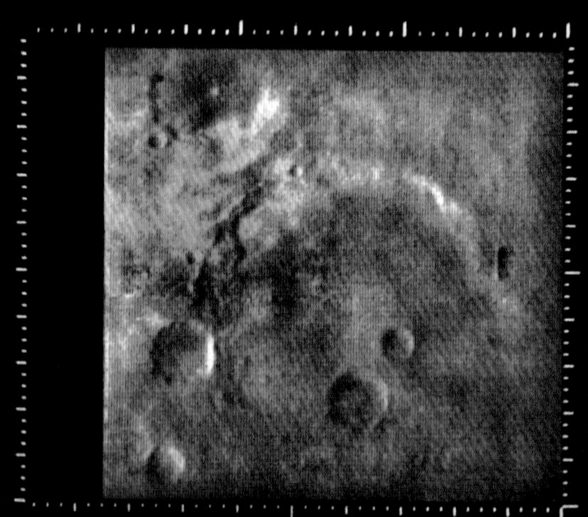

左上图：20世纪60年代见证了首次载人航天飞行。詹姆斯·A. 麦克迪维特是1965年6月3日发射的“双子星座4号”的指令长。

右上图：“水手4号”在距离火星约9800千米处飞过，同时记录并传回了我们第一次近距离拍摄的火星图像。

右中图：“水手4号”于1965年在距离火星12600千米处拍摄了这张照片，揭示了火星布满陨石坑的表面。

右下图：美国国家航空航天局的“水手4号”于1964年11月28日发射升空。这台航天器的任务总共持续了3年。

左下图：在安装“水手4号”的太阳能电池板前将其设置为飞行配置。

上图：卡米耶·弗拉马里翁的异星世界木刻画中的一幅，1884年。

本杰明·富兰克林[1]和卡米耶·弗拉马里翁[2]只是其中的几位。（弗拉马里翁不仅是一位科学家，还撰写了几部最早的科幻小说，这些小说生动地描绘了一些异星世界，其中有外星人所居住的行星，因此他的论点尤其有影响力。）

我们越仰望天空，似乎就能找到越多的证据来证明宇宙中存在着我们的邻居。到了20世纪初，我们在凝视离我们最近的邻居火星时形成了一种共识，相信有一种火星文明在这颗红色行星上修建了运河系统。有时，看到的东西越多，实际上会使你领会到的越少。尽管我们用来观测这颗红色行星的望远镜越来越强大，但我们对它们提供的图像所做的解读开始更多地向着希望的方向漂移，而不是向着理性的方向。然而，从20世纪后半叶开始，随着我们对自己的后院进行直接探索，这一切都开始改变。我们不再只是仰望我们上方的那些异星世界并对它们感到好奇，还会确切地观察到火星和金星等行星表面上的一些近距离拍摄的细节，这是人类历史上的第一次。

1964年11月28日，随着“水手4号”探测器的发射，我们终于踏上了前往火星的征程。当时最主要的期望是我们将发现一颗与我们自己的星球相差不是太大的行星。“水手4号”进行了近8个月的星际航行，航行距离超过了历史上的任何人造物体，最终到达了目的地。它启动相机，第一次拍下了另一颗行星的图像，而我们则在地球上等待着这些珍贵图像的到来。

随着原始数据穿越2亿多千米的太空传送回来并慢慢地转化为火星地貌的第一幅图像，我们想找到一个宜居世界的希望逐渐破灭了。

“水手4号”俯瞰的是一颗表面没有一滴水、几乎没有或根本没有大气层的行星，展现出一个贫瘠、寒冷和死气沉沉的世界。几十年来，火星上的生命一直是大量猜测和科幻小说的主题，然而“水手4号”没有发现任何生命。我们的首次行星之旅打破了我们对行星可能是怎样的理解，从而也摧毁了我们对自己在宇宙中所处地位的认识。

“这可能只是因为我们所知道的生命以及它的属性比许多人想象的更独特。”

林登·约翰逊[3]总统

在过去的几十年里，我们对自己的太阳系进行了越来越详细的探索，寻找生命是许多探索任务的重中之重。我们已经造访了太阳系中所有的行星，以及许多有一线希望存在生命的卫星，但是一次又一次，我们的探测器发现的世界都没有我们梦寐以求的生命。我们邻近的任何一个星球上都没有先进的文明，也没有动物和植物。我们残存的唯一希望是，它们可能拥有一些以最简单的形式存在的生命，那些隐藏在温暖的海洋中或冰雪地貌之下的单细胞细菌。

在20世纪后半叶的大部分时间里，我们看到的是一片虚无，在科学知识方面的缺乏远见使我们相信，我们又一次变得孤独了。由于无法看到太阳系的其他7颗行星以及许多卫星以外的地方，因此我们将未知与不可知混为一谈。恒星发出的耀眼光芒使我们看不见外面还可能有什么，只看到被神秘笼罩着的一片黑暗。但从那时起，一场革命发生了。这是一次发现之旅，它揭示了黑暗，改变了我们对阴影之中存在着什么的理解——从空空如也的虚无到一个挤满了许多世界的宇宙，其中每一个世界都是寻找外星生命的新地方。

① 本杰明·富兰克林（1706—1790），美国政治家、科学家、出版商、印刷商、记者、作家、慈善家、外交家及发明家。他是美国独立战争时期的重要领导人之一，做了多项关于电的实验，并且发明了避雷针。——译注

② 卡米耶·弗拉马里翁（1842—1925），法国天文学家、科普作家，法国天文学会的创始人，创办了《天文学》杂志。他的著作《大众天文学》多次再版，并被译成十几种文字。——译注

③ 林登·约翰逊（1908—1973），美国第36任总统，1963年至1969年在任。——译注

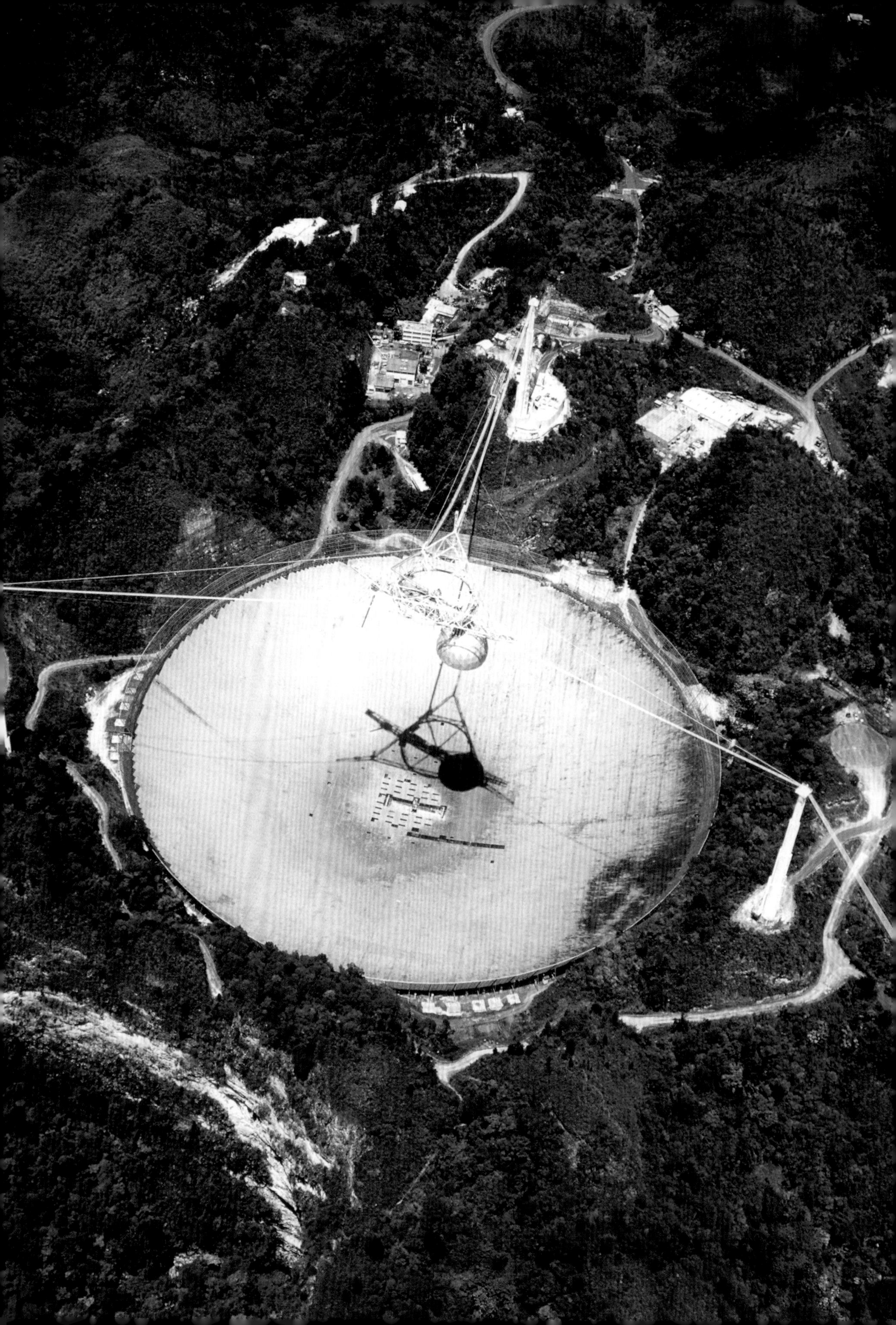

一种新的世界秩序

对于人类来说，在1992年1月9日那一天，宇宙变成了一个全然不同的地方。几十年来，天文学家一直在开发相关的技术，去探测绕着太阳系外的恒星沿轨道运行的行星。尽管从20世纪50年代开始零星有人声称找到了这样的行星，但这些说法全都经不起仔细检查。我们假设那里一定有行星，却没有办法去证明这种直觉。但随着夜空中最奇怪的一类恒星被发现，这一切即将发生改变。

中子星是当一颗巨星以超新星的方式爆发，然后又向自身内部坍缩时形成的。如果这颗恒星足够大，那就可能形成一个黑洞，但有时它的核心没有完全坍缩，而是形成了一个密度极高的天体，这种天体称为中子星。PSR B1257+12就是这样的一颗中子星，它也被称为Lich（古英语单词，意思是“尸体”），它是1990年阿雷西博射电望远镜发现的。这个小天体的半径只有10千米，但质量几乎相当于太阳的1.5倍，其灼热的表面的温度高达28582摄氏度。但这个不可思议的天体的奇异之处还远不止这些。PSR B1257+12是一种特殊类型的中子星，称为脉冲星，是一种高度磁化的中子星。它以不可思议的速率发生自转（每分钟自转9659周），并在自转过程中从其两极各发射出一束脉冲电磁辐射。这意味着我们在地球上可以观测到这些强到难以置信的、可预测的脉冲，并精确地测量它们之间的时间间隔。

脉冲星的构造

具有强磁场的中子星可以快速旋转，从而通过磁场加速带电粒子，并从两极释放辐射。这一过程向天空中发射出两束光子，它们在地球上以脉冲的形式被探测到。这种中子星就是所谓的脉冲星。

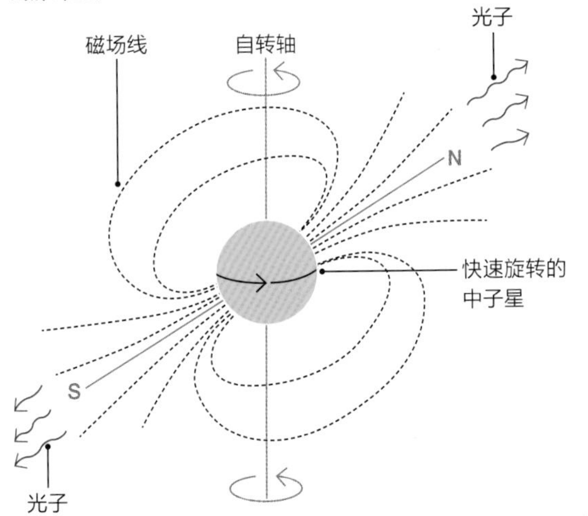

自从1967年乔斯琳·贝尔·伯内尔和安东尼·休伊什[②]首次发现这些星际钟以来，这些星际钟已经成为非常有用的天体，帮助天文学家们探索从星际介质到引力波的种种理论，所有这些都是通过测量节奏性脉冲受到的扰动而完成的。

早在20世纪90年代初，天文学家亚历山大·沃尔兹森和戴尔·弗雷尔[③]在监测新发现的脉冲星PSR B1257+12时，就注意到它的脉冲偶尔有点不稳定。它本应该每0.006219秒发射一次脉冲，但它似乎受到了某种东西的干扰，而且这种东西并不是完全随机的。我们在银河系的其他脉冲星中从未见过和听过这样一种奇怪现象。因此，这些数据经过了一而再、再而三的检查，但这种异常仍然存在。

这些不规则的节拍以固定的时间间隔出现，表明有某种其他可预测的因素在干扰信号。只剩下一个合理的解释：有什么东西在来回拖

对页图：阿雷西博射电望远镜位于波多黎各的一个天然陨石坑内，用于探测行星、小行星和地球的上层大气[①]。

左图：一颗系外行星（红色）围绕一颗褐矮星（白色）运行的首批图像之一。这颗名为2M1207的恒星距离地球约170光年。

① 阿雷西博射电望远镜已于2020年因结构失控而垮塌。——译注

② 乔斯琳·贝尔·伯内尔（1943—），英国天体物理学家。安东尼·休伊什（1924—2021），英国天体物理学家。乔斯琳·贝尔·伯内尔还是研究生时，与安东尼·休伊什一起利用射电望远镜发现了第一颗脉冲星，但最终因这一发现分享1974年诺贝尔物理学奖的是安东尼·休伊什和另一位英国天文学家马丁·赖尔（1918—1984）。——译注

③ 亚历山大·沃尔兹森（1946—），波兰天文学家。戴尔·弗雷尔（1961—），加拿大天文学家。——译注

“如果你生活在一颗绕着一颗脉冲星运行的行星上，那么你就会想要确保自己远远地离开它。尽管这些恒星非常小，它们可以小到像一座城市，但它们的密度极高，并且具有非常强的引力场。脉冲星的密度是如此之高，以至于一茶匙这种星体物质的质量就相当于地球上的一座大山的质量。

尼娅·伊马拉，
加利福尼亚大学天体物理学家

曳这颗脉冲星，就像地球拖曳太阳一样。这种拖曳的影响导致了它辐射的脉冲到达我们这里的快慢变得不规则了。

1992年1月9日，经过数月的研究，沃尔兹森和弗雷尔对这颗微小的恒星残骸在距离地球2300光年的黑暗中闪烁的奇怪行为做出了解释。他们发现有两颗微小的行星分别约每67天和每98天绕它运行一周，这就产生了非常微小的引力拖曳，而这种拖曳作用能通过脉冲星的不规则“心跳”显示出来。这两颗行星后来被分别命名为Poltergeist和Phobetor，是我们在太阳系之外发现的第一批行星，也是存在多世界宇宙的第一个迹象。

两年后，另一颗行星Draugr被探测到并加入了这个系统。这颗行星的质量不到月球质量的两倍，它与那两颗较大的行星同胞一起沿着轨道绕行。尽管获得了这些激动人心的发现，但这三颗系外行星的发现并没有改变我们对夜空的孤独的看法。在PSR B1257+12脉冲星的强烈辐射中沿轨道运行的Draugr、Poltergeist和Phobetor都是行星，但是它们的形态与我们在太阳系的宜居带中看到的行星是不同的。这些行星是由上一代行星的循环再生尘埃形成的，这些上一代的行星在它们的母恒星爆发之前围绕着那颗恒星旋转，而现在的这些行星被困在一个比我们想象的更暴烈、更具破坏性的恒星系统中。Poltergeist的质量约是地球的4倍，约每67天绕着它的母恒星运行一周。它被辐射灼烧着，这些辐射甚至可能给它所拥有的大气层充电，在天空中闪耀出最美丽的极光。但这里可不是伊甸园，它那冰冷、死寂的表面受到强辐射的破坏，而它的岩质行星兄弟Phobetor也一样。这些行星上不可能存在液态水，也不可能有生命在这里生存。

这些最早发现的系外行星都是引人注目的天体，我们是通过跟踪一些十分奇怪的信号偶然发现它们的，这些信号导致我们对宇宙的理解方式发生了深刻的变化，而当时我们所知道的宇宙中的行星数量在新发现两颗之后，一下子从8增加到了10。

但这一发现不仅仅是数字。Poltergeist和Phobetor的本质告诉了我们关于宇宙的一些深刻的东西。有些行星并不是围绕着一颗像我们的太阳这样的新生恒星形成的，而是围绕着一颗垂死的恒星形成的，而这颗恒星是由其前世幽灵般的残骸形成的。它们的这个看似不太可能的故事暗示了宇宙中行星形成的一个基本真相：在任何地方，只要有足够的物质、足够的能量和足够的引力，行星就会诞生。宇宙充满了活力。横跨约1000000000000000000千米的广袤的银河系中必定容纳着成百上千甚至数百万颗行星，它们诞生于银河系约135亿年历史中的某个时刻。它们隐藏在黑暗中，只等着被发现。有了这些知识，寻找下一批系外行星的竞赛已经开始。

水星（上图）和金星（下图）都有不宜居的表面。这两颗行星都因靠近太阳而备受蹂躏。

在星空中搜寻

萨拉·西格，麻省理工学院行星科学、物理学、航空学和宇航学教授

几千年来，我们一直在提出各种问题。我们知道还存在着其他恒星。我们知道恒星是星系的组成部分，知道银河系是宇宙中2000亿个星系中的一个，但我们仍然不是什么都知道。我们不知道这些恒星周围的行星是如何形成的，不知道是否还有其他像太阳系这样的系统，也不知道是否还有其他有生命的行星。

我们人类天生就是探险家。我们想找到其他行星，因为我们想知道那里是否存在生命。而行星，尤其是像地球这样的岩质行星，是我们要寻找的地方。生命的成分似乎无处不在，它们只是飘浮在外太空中。但这些成分只有聚集在一颗行星上，也就是说这颗行星需要集中各种分子、能量和其他一切，这样才能让生命开始出现并演化。

我们正在尽最大努力寻找生命，但在目前以及可预见的未来，我们只能在离我们最近的恒星周围搜索，因此只有十几颗或上百颗，至多不过1000颗恒星，而银河系中有上千亿颗恒星。这就像人口没有大范围流动时，你只能遇见与你住在同一个街区的邻居，而永远不会遇到另一个城市的人。因此，即使有生命存在，我们也可能无法找到。

寻找系外行星的工作真正开始于20世纪90年代中期，当时天文学家发现了第一批绕着类太阳恒星运行的系外行星。但这些行星和太阳系中的行星全然不同。它们太奇怪了，一开始人们甚至不愿意相信它们的存在。天文学家在非常靠近恒星的地方发现了一些巨行星，它们与其母恒星之间的距离只有水星与太阳之间的距离的十分之一。那里根本没有理由存在行星。一颗正在形成的恒星周围不会有足够的物质来制造一颗如此靠近

凌星测光技术

当一颗行星从它的母恒星前方越过时（从地球上看），我们可以用凌星测光技术分析这颗恒星的光变曲线的下凹部分，从而能够识别出轨道上的行星，并测量它的大小及大气层的成分。

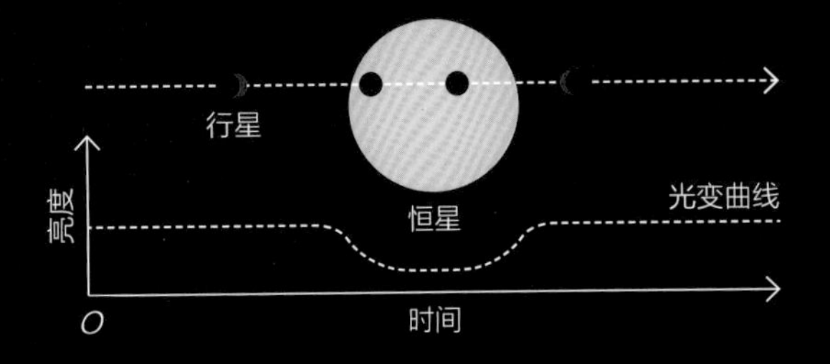

它的行星。

随着越来越多的行星被发现，它们越来越不可能被称为行星以外的东西。我们没有直接看到这些行星。我们只看到了这些行星对恒星的引力效应，因为行星和恒星可以绕着共同的质心运行，你可以把这想象成行星在拖曳恒星。我们可以测量恒星的视运动。我们可以测量恒星由于行星绕着它沿轨道运行而产生的摆动。后来，发生了一件非常特别的事情。如果一个行星-恒星系统排列得十分完美，从而使行星轨道恰好在沿着我们的视线方向的一个平面上，那么从我们的望远镜看来，行星可能会运行到恒星前面。这被称为凌星，而凌星会导致恒星的亮度以微小的幅度下降。

因此，随着我们发现越来越多的行星，其中一颗行星具有这种特殊排列方式而显示凌星现象的可能性也越来越大。最后，确实有一颗行星发生了凌星现象并被观测到。没有其他迹象表明，没有其他任何因素能导致这颗恒星的摆动和凌星完美匹配。因此，自那以后就没有任何疑问了。

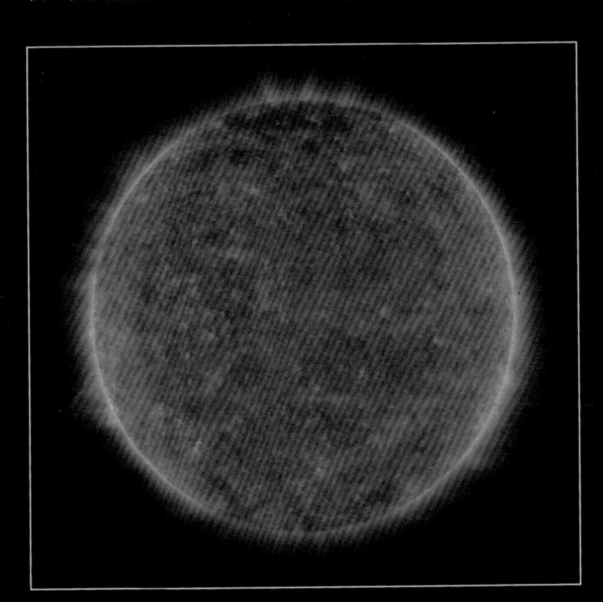

上图：水星从太阳前方经过时发生的凌日现象，这里展示的是发生在2019年的一次。水星凌日每100年发生13次。

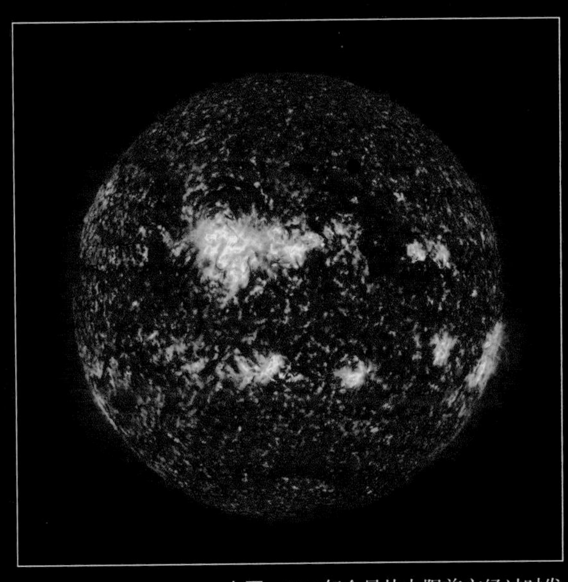

上图：2012年金星从太阳前方经过时发生的凌日现象，前一次发生在2004年。金星凌日是成对发生的，间隔一般为8年，下一对将发生在2117年和2125年。

寻找新世界的竞赛

行星Poltergeist和Phobetor从根本上改变了我们对宇宙的看法，但也许并没有改变我们的孤独感。要改变我们的孤独感，我们需要找到一个更像太阳系的恒星系统，我们可以辨认出其中的一些行星在某种程度上类似我们自己的太阳系中的8颗行星，它们围绕一颗像太阳这样的主序星运行，其中甚至可能有一颗岩质行星，其表面可能聚集着液态水。

世界各地的天文学家竞相将望远镜对准类太阳恒星，急切地想找到一个可能类同于地球的异星世界。越过燃烧着的恒星的耀眼光芒，向它们的阴影中看去，我们可以看到我们知道一定存在于那里的那些行星。这将帮助我们理解我们的世界是独一无二的还是平平无奇的，我们是举足轻重的还是微不足道的。

飞马座51距离地球约50光年，是飞马座中的一颗不起眼的主序星。这颗黄色的G型星比太阳至少年老20亿年，其生命中的氢燃烧阶段即将结束，它将进入下一个阶段——红巨星阶段。

1995年1月，一位名叫迪迪埃·奎洛兹的瑞士博士生坐在法国东南部的上普罗旺斯天文台，那里与飞马座51相距约500万亿千米。奎洛兹当时正在与他的导师米歇尔·马约尔[①]合作研究一个新开发的行星搜寻系统。这个名为ELODIE的系统不久前刚安装在该天文台，这个系统的设计目的是提高当时最有希望的探测系外行星的方法（称为径向速度法）的精度。奎洛兹将装载有ELODIE的、口径为1.93米的反射望远镜对准了飞马座。

飞马座51只是奎洛兹用来校准这一新系统的许多颗恒星中的一颗。但当望

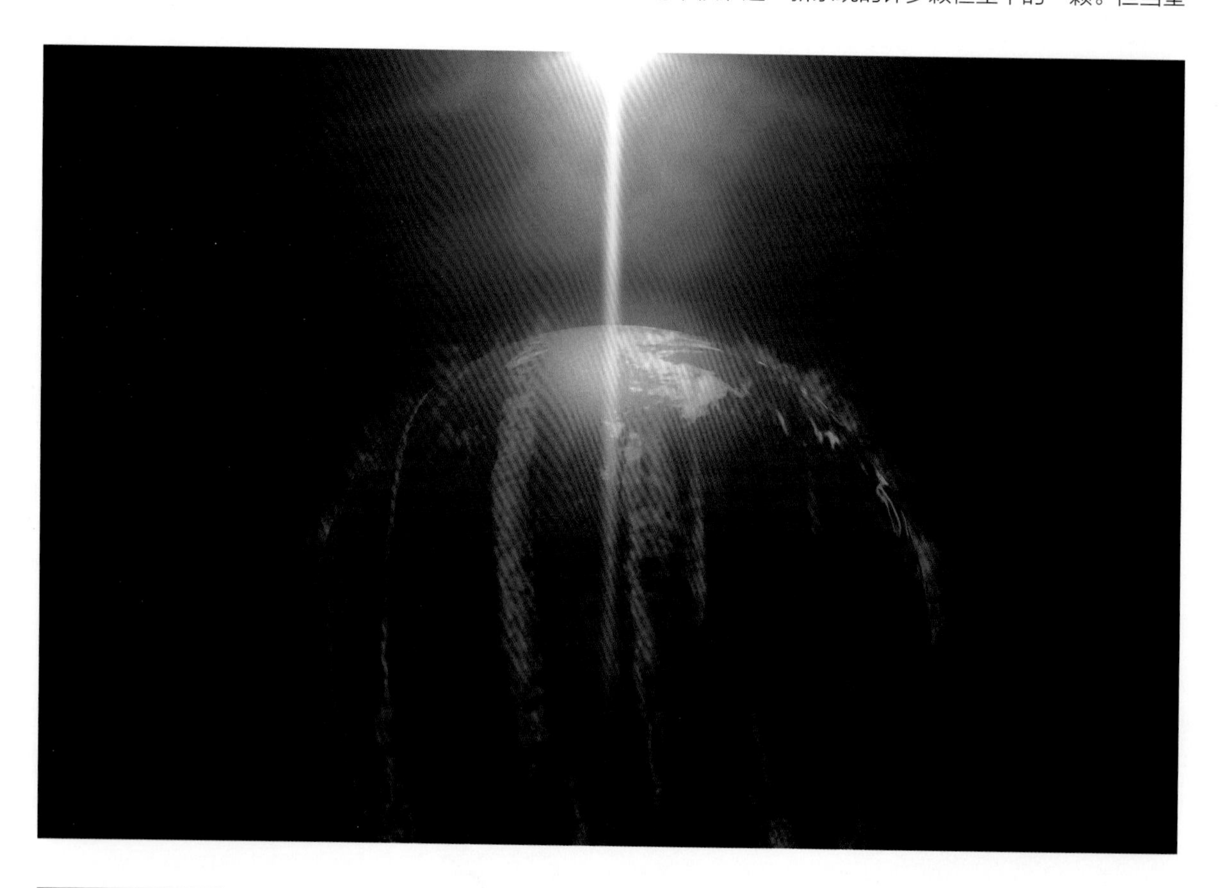

① 迪迪埃·奎洛兹（1966—）和米歇尔·马约尔（1942—）因首次发现太阳系外的行星而共同获得2019年诺贝尔物理学奖，与他们分享这一奖项的还有詹姆斯·皮布尔斯（1935—）。他们获奖的原因是宇宙学相关研究。——译注

远镜指向这个星座时，这颗恒星做了每一位行星猎人都梦寐以求的事情，它以一种可预测的、重复的方式摆动着。这颗古老的恒星在夜空中的远处闪烁，它正在告诉我们一些意义深刻的事情——它并不孤单。

奎洛兹和马约尔为了试图搜索一颗难以捉摸的系外行星所采用的方法起初听起来几乎是不可能行得通的。径向速度与直接探测系外行星是否存在毫不相干，因为直接探测系外行星是一件不可能的事，其原因在于恒星的光芒如此明亮，它会使得它的任何行星都消失在其阴影之中。但Poltergeist的发现表明，我们可以通过寻找恒星行为受到的特定扰动来间接探测系外行星。这就是用径向速度法来对目标恒星进行精细调节观测的原理。

该方法依赖存在于每颗行星与其母恒星之间的简单引力作用，这种相互作用也存在于我们自己的行星与恒星之间。在太阳系中，质量巨大的太阳对地球的轨道运动施加引力作用，正如它对太阳系中的所有行星和小行星施加引力作用一样，但引力永远不会只向一个方向作用。尽管地球与太阳相比微不足道，但地球也会对太阳的运动施加引力作用。这可以通过太阳运动的极微小的摆动探测到，这种摆动是由我们的这颗行星对太阳的引力导致的。虽然与太阳系中的那些质量更大的行星（尤其是木星和土星）所造成的摆动相比，地球所引起的摆动可以忽略不计，但它仍然是可以测量的。这被称为反射运动，而恒星行为的这种微小变化正是奎洛兹和马约尔当时试图在数万亿千米的太空中探测到的。

从原理上说，他们知道通过发现恒星光谱或颜色特征中的那些可测量的微

对页图：描绘一颗被云层环绕着的热木星级系外行星的艺术想象图。

上图：米歇尔·马约尔发现了飞马座51b——第一颗得到确认的系外行星。这张照片拍摄于马德里天体生物学中心。

下图：上普罗旺斯天文台，迪迪埃·奎洛兹和米歇尔·马约尔在这里首次发现了飞马座51的那种泄露天机的摆动。

径向速度法

径向速度法建立在对中心恒星速度变化（或“摆动”）的探测的基础上，这种摆动是由系外行星绕恒星运行时引力方向的变化所决定的。当恒星远离地球时，其光谱发生红移（左）；而当它靠近地球时，其光谱发生蓝移（右）。

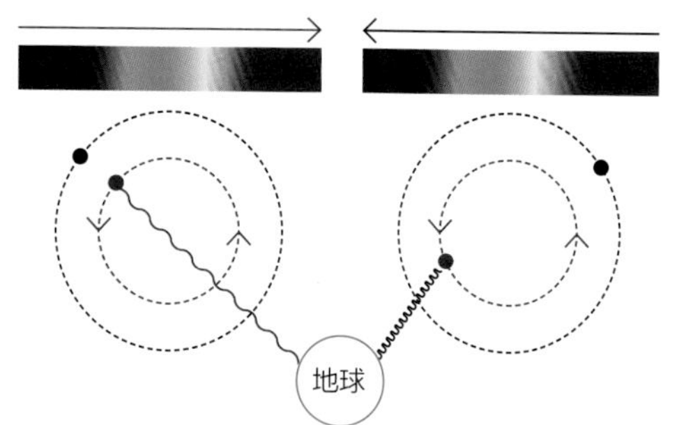

小变化，就能“看到”由行星所引起的恒星摆动。径向速度法是多普勒效应的一个直接应用，它依赖这样一个事实：一颗正在远离地球的恒星的光线会被“拉伸”，因此从我们的视角来看，其颜色会发生变化，略微变红。当这颗恒星向地球靠近时，其光线会被压缩，因此颜色会略微向光谱的蓝端偏移。恒星光线的这些变化是非常微小的，奎洛兹和马约尔通过细致地测量飞马座51的光谱中的偏移量，测出它每秒仅摆动53米。这一摆动告诉我们这颗恒星有一颗伴星。那是一颗行星，我们不仅可以探测到它，甚至还可以确定它的大小。这是科学史上的一个真正具有里程碑意义的时刻，这一发现将获得诺贝尔奖，并且会永远改变我们对宇宙的看法。

这颗后来被称为飞马座51b的行星是天文学家在太阳系外发现的第一颗围绕类太阳恒星运行的行星，但它与我们想象中的异星世界相去甚远，这绝不是第二个地球，而是一个没有水的世界，这里没有能孕育生命的物质。

奎洛兹和马约尔所采用的摆动法比较有利于发现大质量行星，因为大质量行星能够显著地扭曲恒星的光线，所以他们发现飞马座51b是一颗极为巨大的行星也就不足为奇了。这颗行星的质量约为地球的150倍，与太阳系中的任何类地行星相比，它更像木星。但真正令人惊讶的是这颗气态巨行星离它的母恒星很近。在太阳系中，各颗气态巨行星的轨道都离太阳很远，而各颗类地行星的轨道都聚集在距太阳更近处。由于太阳系是我们以前能观察到的唯一恒星系统，因此我们假设这是一条经验法则，是所有恒星系统都符合的一条组织原则。

但是，飞马座51b迫使我们抛弃了这一切。这是一颗气态巨行星，其质量约为木星的一半，它的公转轨道到其母恒星的距离比水星的公转轨道到太阳的距离更近。这颗遥远的气态巨行星的大气层被加热到至少1000摄氏度，大气层中充满了炽热的重元素簇，以及不是由水蒸气而是由硅酸盐和铁构成的云团。如果我们足够靠近它，就会看到这颗行星的大气层极为炽热，以至于会发出红色的光。它的质量只有木星的一半，却膨胀成一个体积比太阳系中的木星更大的星体。

飞马座51b的发现使我们对原来自以为知道的关于行星的一切都变得模糊不清了。我们早已探索了我们自己的恒星系统，并发现所有的气态巨行星都存在于远离太阳的“外”太阳系。我们曾以为我们已经理解了它们是如何演化成这样的：它们是由冰岩构成的，可以在雪线之外存留下来（那里距离太阳足够远，因此水、氨、甲烷、二氧化碳和一氧化碳等挥发性化合物会被冻结成固体）。然而，飞马座的这颗类木星行星每4天就沿轨道运行一周，它如此接近它的母恒星，以至于几乎要擦到母恒星的表面。

热木星的3种起源理论

气态巨行星（或者叫热木星）不可能在很靠近其母恒星的地方形成，它们最有可能形成于以下3种情形之一。

1. 渐近：气态巨行星在离母恒星较近的地方形成，然后移动到更近的地方。
2. 拉近：气态巨行星形成于远离其母恒星的地方，然后随着它与气体和尘埃的相互作用向更近处移动而进入轨道。
3. 密近交会：气态巨行星形成于远离其母恒星的地方，然后受到其他行星或彗星等天体的拖曳，在靠近其母恒星的地方稳定下来。

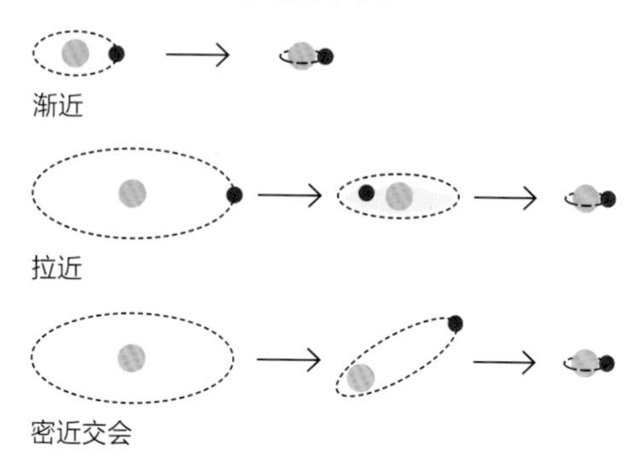

上图：描绘通过哈勃空间望远镜和斯皮策空间望远镜看到的10颗系外热木星的艺术想象图。

飞马座51b的存在看起来也许像大自然中的偶然事件，是一个异常的发现，以至于随着我们搜索更多系外行星的力度越来越大，这个异常发现将被搁置在一旁。但是在20世纪的整个90年代，随着这样的发现不断出现，人们逐渐清楚地意识到飞马座51b并不十分罕见。事实上，这类行星似乎是一种常见的天体。

大量系外热木星的发现揭示了关于宇宙的一个新的真相。我们不再仅仅依赖一个研究样本——太阳系，现在我们可以看到恒星系统不只符合岩质行星靠近母恒星、气态巨行星远离母恒星这一种结构。从最初的那不多的几项发现来看，气态巨行星往往经过迁移而最终远离它们一开始形成的地方。这些行星被强大的引力拉向母恒星，对于其中一些行星来说，这一过程会使它们最终进入一条迂回靠近母恒星的轨道，而对于另一些行星来说，这是一次以毁灭告终的旅行。我们现在知道，就连我们自己的木星一开始也曾有过这样一段向太阳靠近的危险之旅，只是结果被它的“姐妹”、同为气态巨行星的土星所施加的平衡力从危险边缘拉了回来。尽管现在太阳系表面上看起来很稳定，但它的故事本可能以截然不同的方式展开，因此地球本身的故事也本可能有完全不同的结局。

到了世纪之交，看起来宇宙中似乎充满了热木星。但就像科学中经常会出现的那种情况一样，匆忙下结论可能是一种危险的做法。我们现在知道，这种类型的行星在银河系中非常丰富，因此更容易找到，但它们远未达到常见的程度，可能只占所有行星的1%左右。早期迅速发现许多这种行星并不能归因于它们的数量多，而是因为当时我们用于发现这些新世界的技术存在偏差。当时采用的径向速度法和其他探测方法更有利于发现在母恒星周围的密近轨道上运行的大行星，因此从逻辑上来说，最初出现频率最高的就应该是热木星。

慢慢地，随着新技术的发展，这些巨行星渐渐让位于不拘一格的各种岩质行星。这在很大程度上要归功于一架非凡的望远镜，它是有史以来最伟大的行星猎人。

旅行中的行星

当迪迪埃•奎洛兹和米歇尔•马约尔首次宣布他们发现飞马座51b时，许多天文学家并不相信，因为这颗行星出现在一个错误的位置上。这是一颗类似木星的行星。它非常庞大，具有巨大的质量，但驻留在它的母恒星旁边。当时，天文学家和行星科学家认为他们早已理解了行星的形成，所以他们完全相信这颗类木行星会与其他行星一样，远离它的母恒星，因为这颗行星需要在足够冷的地方才能形成，那里有大量的冰可以形成最初的核心，然后气体堆积在它的上面，从而创造出这颗大质量的行星。

当时并没有人意识到行星在形成后会迁移，因此飞马座51b的发现真正开启了一个深刻的认识：事实上，行星在形成以后可以在它们各自的恒星系统中四处移动。

戴维•沙博诺，
哈佛-史密松天体物理中心
天体物理学家

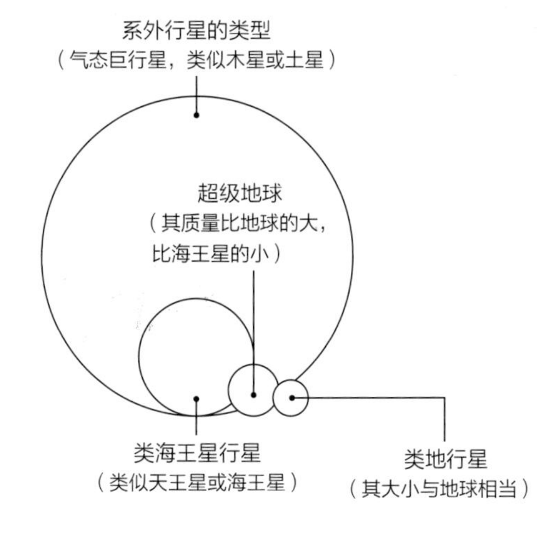

猎人

在2009年3月7日，开普勒空间望远镜发射升空，这是人类历史上的一个意义深远的时刻。在此之前，对于世界上最强大的那些望远镜（如斯皮策空间望远镜和哈勃空间望远镜）来说，搜寻行星只是一项附带的狩猎游戏，它们的目标在于发现遥远的世界，此外还有许多其他任务目标。但开普勒空间望远镜不同，它是第一架完全为了寻找系外行星，特别是寻找类地行星而设计和制造的空间望远镜。

这架质量达1吨的望远镜由德尔塔-2火箭从美国卡纳维拉尔角空军基地发射，然后被推入了一条不同寻常的“尾随地球的轨道”。这使开普勒空间望远镜处于一条环绕太阳的轨道，而不是环绕地球的轨道。这是为了避免环地轨道可能给望远镜的观测带来干扰。开普勒空间望远镜的轨道周期（或者称为它的“一年”）为372.5天，它从进入环日轨道的那一刻起就开始慢慢地远离地球，每年大约落后地球2600万千米。若沿这条轨道行进，开普勒空间望远镜将在2035年左右到达距离地球最远的地方，那时它将在太阳的另一边。再过大约25年，它将回到我们附近。不过，它早在2018年就退役了。

尽管开普勒空间望远镜的中心是一面口径为1.4米的主镜，但它的设计目的并不是提高清晰度，而是提高灵敏度。它要达到的目标是向其所携带的唯一科学仪器提供最大量的光。该仪器是一台灵敏度极高的光度计，可以持续监测15万颗主序星的精确亮度。开普勒空间望远镜故意使来自主镜的光离焦，其目的不是要捕捉清晰的图像，而是要最大限度地测量目标恒星所发出的光线的强度。这反过来又使它能够利用一种行星搜索技术，我们可以通过这种技术找到地球大小的行星而不需要实际看到它们。

上图：美国国家航空航天局的开普勒空间望远镜在扫描前方的天空，寻找隐藏的系外行星（示意图）。

发现隐藏的世界

开普勒空间望远镜瞄准银河系中天鹅座与天琴座之间的那片区域。下面这些方框显示了这架望远镜的视场，其中包含10万颗以上的恒星。

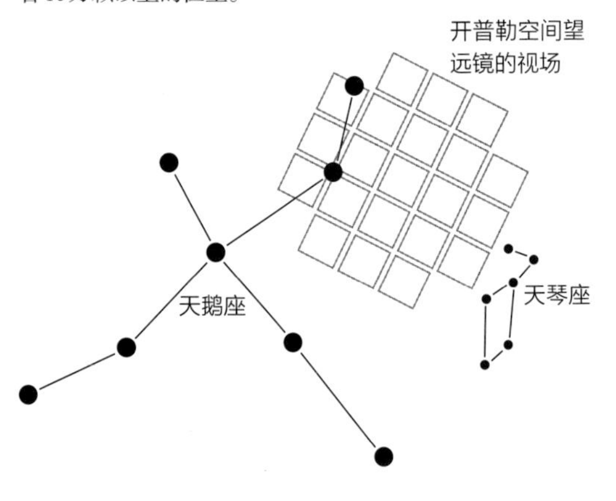

径向速度法用于探测像飞马座51b这样的热木星，这种方法依赖对光的波长变化的测量，而这种波长变化则是由行星对目标恒星的引力干扰所引起的。但是开普勒空间望远镜采用了另一种不同的方法，它能够探测到目标恒星亮度的细微变化。

当第一次听说这种被称为凌星法的方法时，你几乎无法想象这样一种方法竟然能提供关于微小行星、围绕遥远恒星运行的尘埃微粒的如此多的信息，但在开普勒空间望远镜的帮助下，这种方法已经成为我们搜寻异星世界时最强大的武器。

该方法依据一个简单的原理：当一颗行星从其母恒星前方越过（或者称为凌星）时，这颗恒星的亮度会降低一个微小而可测量的幅度。现以太阳系为例来解释这一现象。如果你测量来自太阳的光，并且有一颗地球大小的行星从你和太阳之间越过，那么太阳的亮度只会降低0.008%。如果这是一颗木星大小的行星，就会造成幅度略大一些的亮度下降。

这样的一些变化看起来几乎微不足道，但开普勒空间望远镜的光度计正是利用亮度的这种下降来测量在恒星的耀眼光芒下是否隐藏着一些微小的世界的。这种方法还远不完善，这样微小幅度的亮度下降确实会导致很高的误检率，因此通常需要进一步验证，但这并不妨碍它成为一种极为强大的手段，用于扫描天空以寻找其他世界。凌星法不仅可以用来检测行星的存在，还可以根据亮度下降的幅度来估算行星的直径，而这种亮度下降的频率则可以用来计算行星的轨道周期（或者说它的一年的长度）。结合对其母恒星特征的了解，我们就可以计算出行星的温度，因此从一颗遥远恒星的微弱闪烁中就可以收集到数量惊人的信息。

在进入轨道后的几周内，开普勒空间望远镜将其镜头锁定在天鹅座、天琴座和天龙座这3个北天星座上，指向一片选定的天空。这样，望远镜的观测就永远不会受到炫目的太阳光的干扰。选定银河系中的这个目标区域的另一个原因是，开普勒空间望远镜要观测的那些恒星与银核的距离和太阳系到银核的距离相似，并且二者到银道面的距离也一样。如果太阳在银河系中的位置影响了宜居性，影响了生命在地球上立足的可能性，那么观察一个与银河系具有动力学相似性的区域可能会增加我们生存的机会。

到了2009年5月中旬，也就是开普勒空间望远镜发射9周后，所有的测试和校准都完成了，这架望远镜已经准备好去观察宇宙了，将其极其灵敏的光度计暴露在被选中进行观测的15万颗恒星的光线之中。

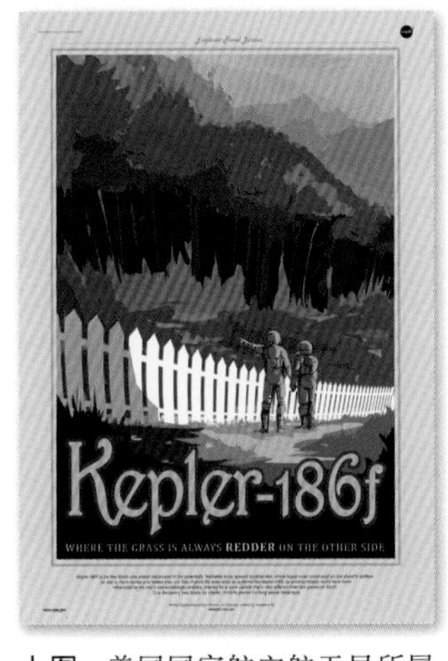

上图：美国国家航空航天局所属的喷气推进实验室（Jet Propulsion Laboratory, JPL）宣传开普勒-186f的旅游海报，开普勒-186f是在可能的宜居带中被发现的第一颗地球大小的行星。

寻找阴影

菲尔·缪尔黑德，波士顿大学天体物理学家

开普勒任务对我们理解系外行星的重要性再怎么强调也不为过。在开普勒任务之前，大多数系外行星研究都在于发现单颗行星，每次发现一颗。在那种情况下，我们确实很难对宇宙中行星的统计性质做出概括性的推断。我们需要更多的行星来确定系外行星有多么常见，类地行星有多么常见，以及类地行星处于其母恒星的宜居带内的情况有多么常见。开普勒任务的开展使这一切都水落石出了，它发现了成千上万颗系外行星。

开普勒任务用来发现行星的技术叫作凌星法，即搜寻绕着恒星沿轨道运行的行星投射到太空中的阴影。现在要通过这种方法找到行星，必须靠一定的运气。行星绕恒星运行的轨道方向必须使阴影投向我们。遗憾的是，这是有局限性的，因为如果某一颗特定的恒星拥有一颗行星，这并不意味着开普勒空间望远镜就能找到它。但是，如果你观察足够多的恒星，就几乎肯定会找到一些偶然如此排列的恒星。如果你找到了这样一颗恒星，那么关于这颗恒星，我们所能告诉你的只是这颗行星的轨道周期（即它绕着母恒星公转一周所需的时间）以及它的大小。这种方法不会告诉你关于这颗行星的大气的任何信息，不会告诉你关于这颗行星的内部状况的任何信息，也不一定会告诉你这颗行星的质量。为了取得这些信息，我们需要进行后续的观测。开普勒任务旨在发现恒星-行星系统，告诉你行星的轨道周期，告诉你行星的大小。然后天文学家使用其他望远镜（也许是哈勃空间望远镜，也许是位于地面的望远镜），将这些望远镜指向该系统，开始用另一些方法研究它，设法确定它的质量和大气成分。

那么地球究竟有多么特别呢？通过过去几十年的研究，我们现在知道，行星实际上相当常见。美国国家航空航天局的开普勒任务的主要成果之一是发现行星存在于恒星周围。因此，我们拥有水星、金星、地球、火星、木星、土星、天王星和海王星这一事实看来并非独一无二。我们看到了绕着其他恒星沿轨道运行的行星，它们就像我们的这些行星一样。

开普勒任务和K2任务

下图展示了美国国家航空航天局的K2任务和开普勒任务的大致搜索区域，这两项任务都是由开普勒空间望远镜执行的。

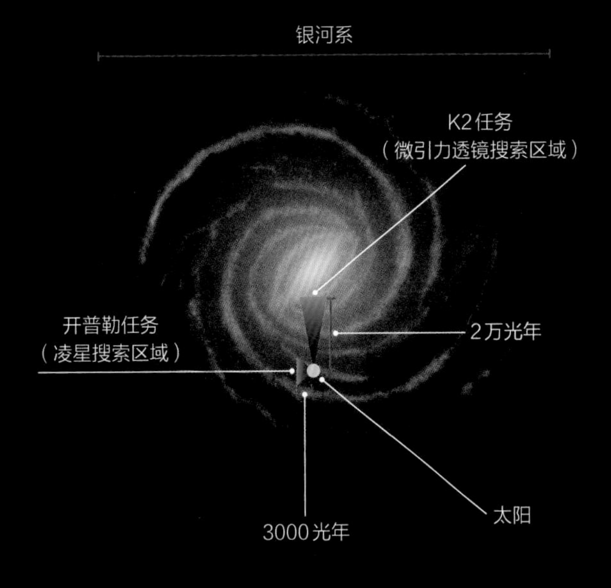

运行轨道到母恒星的距离与地球的运行轨道到太阳的距离相同的类地行星是很难被探测到的，它们恰好处于开普勒空间望远镜观测能力的极限。开普勒任务花了很长时间才真正找到这些行星——你必须把它们想象为每年绕母恒星运行一周。我们必须用开普勒空间望远镜寻找这些行星，并且每年当它们经过母恒星前方时，我们都看到光变曲线出现了一个很小的凹陷。这使得它们非常难以被找到。不过，即使你只找到了一些，也可以开始做一些统计。你可能不太了解统计学，但至少你可以开始问一些相关问题了。因此，尽管我们没有找到太多绕着类太阳恒星运行的类地行星，尽管我们知道的并不太多，但我们仍然能够估算出我们认为它们有多么常见。对于要解答关于其他行星上是否存在生命的那些问题来说，这真是个好消息。

开普勒空间望远镜

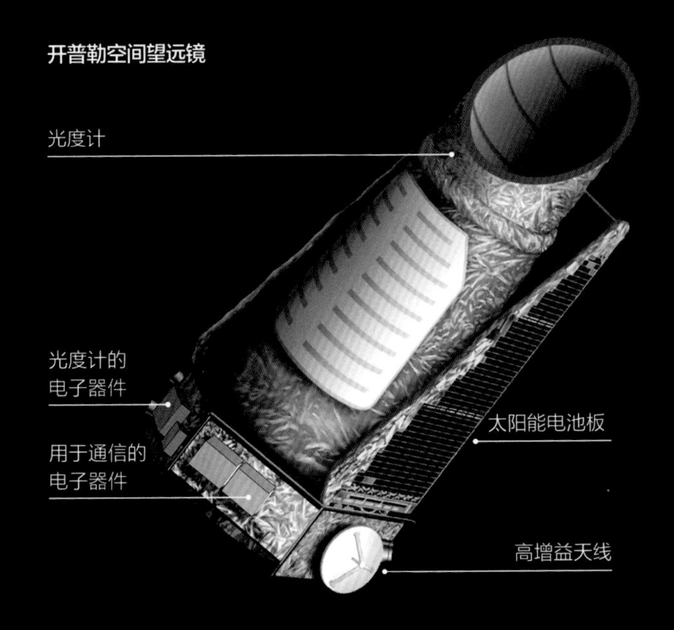

对页图：美国国家航空航天局的开普勒空间望远镜正准备在佛罗里达州的星技公司有效载荷处理设施处接受测试。

外星生命——是科学事实还是科学幻想

开普勒空间望远镜在所谓的宜居带中发现的任何行星，其表面都可能有湖泊或海洋，因此可能存在生命。你可能会认为我在谈论科幻小说，但非常合理的保守估计表明，仅仅在银河系中就有至少10000种先进的外星文明，尽管必须承认这类估计非常容易出错，而且不确定。所有这一切的警示是，我们作为一个物种，几乎肯定永远不会知道任何一个这样的文明。如果有一天我们真的非常幸运地观测到了一种这样的文明，那将是人类历史上最伟大的发现。但在银河系内很可能存在着数量相当惊人的先进外星文明，而这只是因为仅仅在银河系中就有如此众多的恒星。

格兰特·特伦布莱，
哈佛-史密松天体物理中心
天体物理学家

开普勒空间望远镜的设计目的是要同时测量所有这些恒星发出的光。它执行任务时，每30分钟测量一次这些恒星的亮度，寻找微弱的变暗现象，以揭示隐藏在眩光中的行星。由于每一次可能的凌星都需要至少观测3次才能得到证实，因此在地球上等待的科学家知道，至少在一开始，开普勒空间望远镜极有可能扩增我们已知的银河系中的热木星数量。由于这些热木星很大，因此它们的光变曲线的凹陷更容易被探测到；又由于这些热木星的轨道紧挨着它们的母恒星，它们完成一次公转后再次在开普勒空间望远镜的视场前发生凌星现象所需的时间相对较短，于是就能比离母恒星较远的行星更快得到证实。2009年，在开普勒空间望远镜的第一批数据陆续传来时，发生的正是这样的情况。但是关于开普勒空间望远镜及其任务的一切，从它的视线到光度计的峰值灵敏度，其设计目的都是寻找小得多的行星，即那些在某一颗遥远恒星的宜居带中运行的、地球大小的行星。因此，如果你想找到一颗像地球这样的行星，那就需要在它公转3圈后才能确定探测结果，也就是说开普勒空间望远镜需要3年或更长的时间才能开始传回它的那些最宝贵的观测结果。

开普勒空间望远镜开始缓慢而稳定地向在地球上急切等待的研究团队传回数据。一开始，只是三三两两的候选行星，接着变成了数百颗，然后就是爆发式的增长了。到2011年底，开普勒空间望远镜已经确定了远远超过2000颗的候选行星，从地球大小的行星到比木星更大的行星都有。

一旦确定了一颗候选行星，就可以调度一批地面望远镜，将它们对准相关的恒星，并尝试用重复凌星法或另一种探测方法（如径向速度法）来证实这一发现。几个月后，其中一颗候选行星被确认，并被命名为开普勒-36b。这颗行星绕着一颗距离地球1200光年的亚巨星（一颗比同样光度的主序星更红、更大的恒星）沿轨道运行。乍一看，这颗行星似乎非常普通。

这颗行星既不太大也不太小，是首批被证实存在于太阳系之外的岩质行星之一。在一颗类似太阳的活跃恒星周围的轨道上，终于有了一颗乍一看似乎可以识别的行星，一颗在某些方面与我们自己的家园相似的行星。光度分析显示，开普勒-36b比地球大得多，其半径是地球的1.5倍，质量是地球的4.5倍。由于这一系列特征，它被定义为超级地球。但是，开普勒-36b并不是第二个地球。随着越来越多的数据开始揭示出有关它的轨道、大小和温度的更多细节，下面这一点就变得更清楚了：这颗岩质行星根本不宜居，它在母恒星周围遭受着永恒的折磨。

开普勒-413b双星系统

这幅图显示了开普勒-413b的周期为66天的轨道，它相对于橙矮星和红矮星这对双星构成的平面不同寻常地倾斜了2.5度。

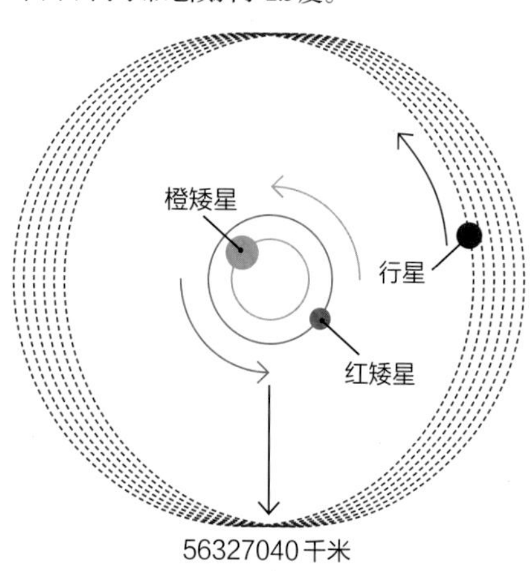

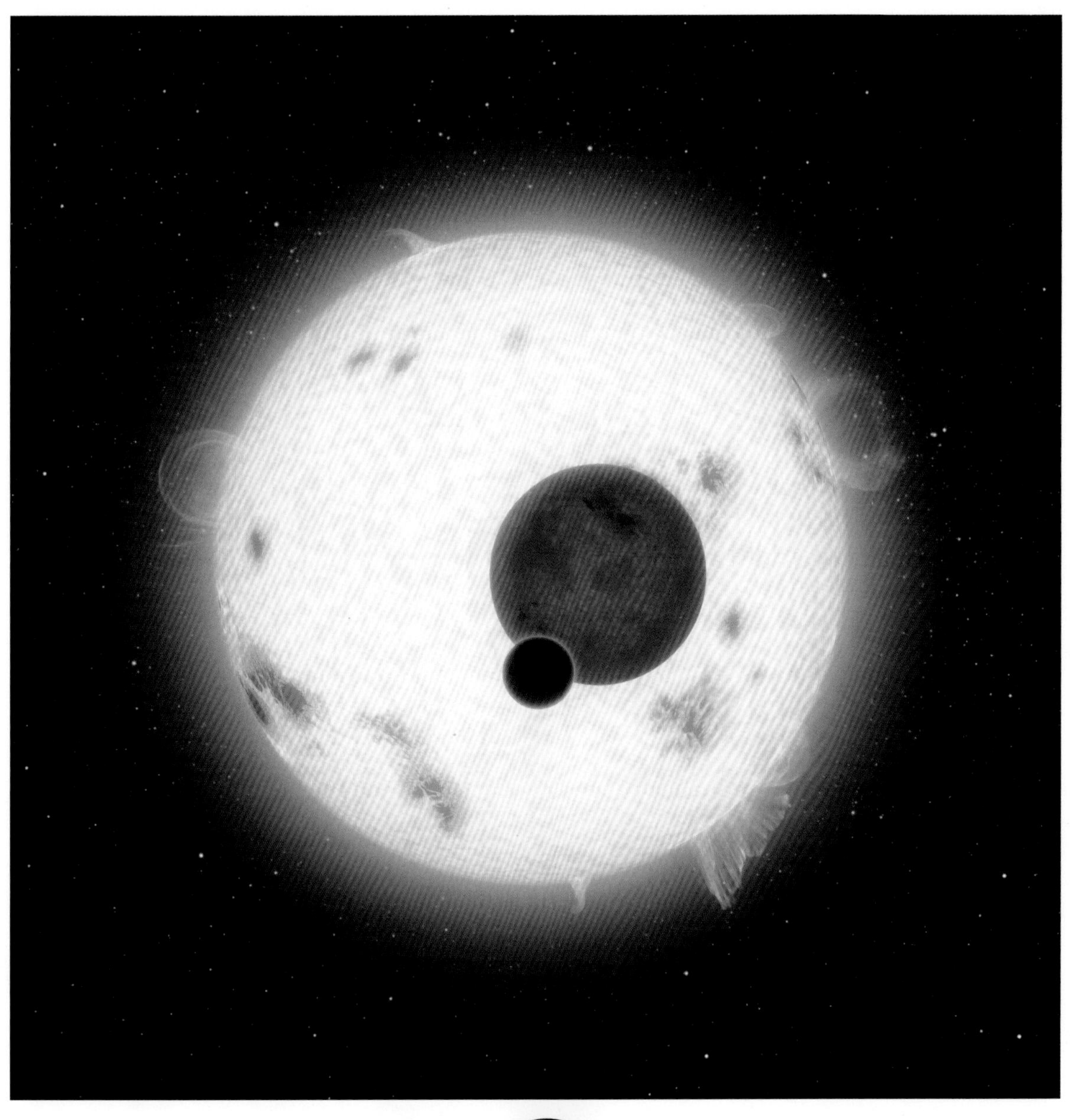

地球

开普勒-62f

开普勒-62e

开普勒-69c

开普勒-22b

上图：美国国家航空航天局在开普勒任务中发现了一颗寒冷的、不宜居的行星，其名为开普勒-16b。它不是只有一个太阳，而是有两个太阳。

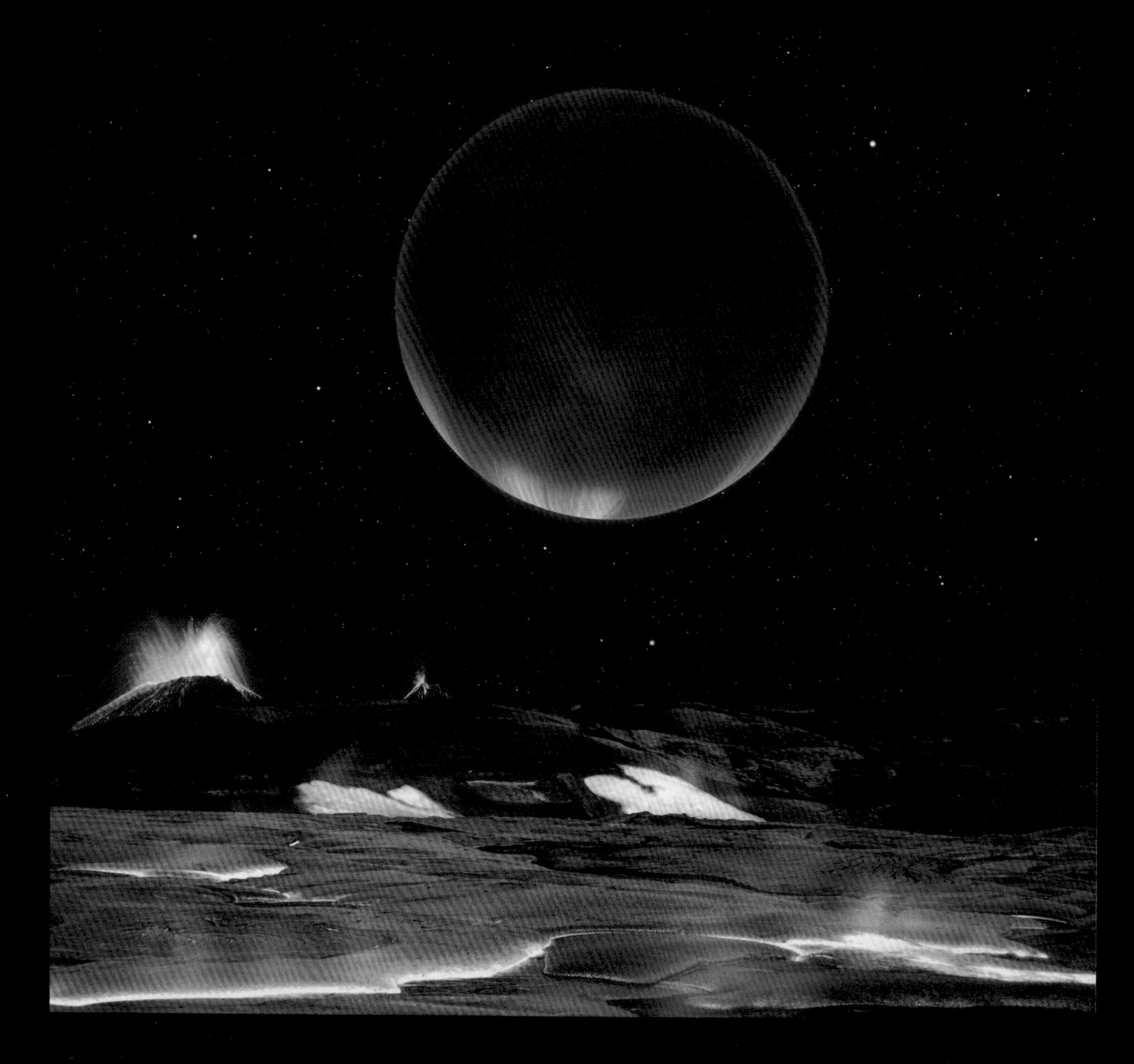

开普勒-36

菲尔·缪尔黑德，波士顿大学天体物理学家

开普勒-36是一个非常令人激动的系统，因为其中有两颗彼此非常靠近的行星在绕着它们的母恒星沿轨道运行。引力作用于一切质量、一切物质、一切有质量的东西。所有由物质构成的东西都在相互施加拉力，当两颗行星真的很靠近时，它们也开始相互施加拉力。所以，我们很难想象如何出现一个这样的有两颗如此靠近的行星绕着同一颗母恒星沿轨道运行的系统，也很难想象这两颗行星如何随着时间的推移而最终演化出这一特殊的情况。

开普勒-36b和开普勒-36c是两颗非常不同的行星，其中一颗是岩质的类地行星，而另一颗则更像是一颗气态巨行星，密度很小。因此，它们在形成时很可能彼此并不靠近，但随着时间的推移，它们最终以某种方式彼此靠近了。这非常有趣。这两颗行星都被其母恒星潮汐锁定。这意味着它们的轨道非常靠近，以至于母恒星作用在行星朝向它的一面的引力更大，这使得行星的同一面始终朝向母恒星。在地球上，我们受到的潮汐力主要来自月球，这些潮汐力导致地球上的海洋发生变化。但地球对月球的作用要大得多，迫使月球绕其轴线自转的时间与绕地球公转的时间相同，这就是为什么我们总是看到月球的同一面。这被称为同步自转。在以比太阳大得多的恒星为中心的恒星系统中，或者行星离中心恒星更近的恒星系统中，恒星可以使行星保持同步自转。例如，开普勒-36b和开普勒-36c离它们的母恒星都非常近，以至于母恒星的潮汐力迫使这两颗行星的自转周期与其轨道周期相同。

潮汐锁定的一个结果是这些行星的一面不断地接收来自母恒星的光线，而它们的另一面则一直注视着夜空。所以，这两面会有巨大的温差，行星朝向母恒星的一面变得非常热，而背对母恒星的一面则变得非常冷。如果有大气环流，也就是有风，那将有助于减小温差，但巨大的温差仍然会存在。与我们在地球上的经历相比，这是一种非常奇异的情形。

潮汐锁定

当一颗行星受到的其母恒星的引力作用很强，以至于它必须发生同步自转，因而总以同一面朝向母恒星时，我们就称这颗行星被潮汐锁定了。

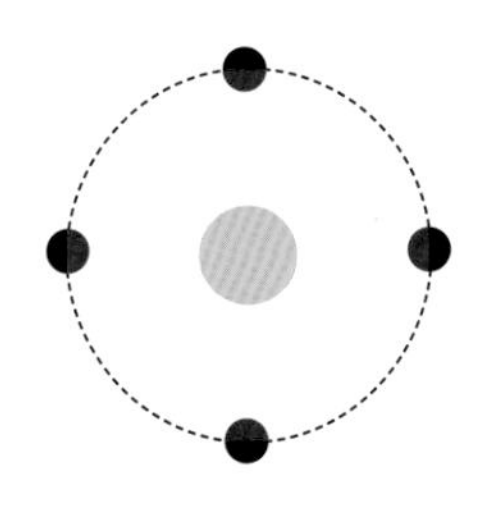

开普勒-36b的轨道距离其母恒星只有1700万千米，远比地球与太阳的距离（平均为1.5亿千米）近，甚至比太阳系最里面的行星到太阳的距离（平均为5800万千米）还要近。它在轨道上快速运转，每13.8天就过完它的“一年”。它的轨道离它的母恒星如此之近，以至于它被锁定在一种这样的旋转状态：它受到引力的约束，因此这颗行星的一面永远朝内，而另一面永远朝外。这一动态创造了一个由各种令人难以置信的极端现象所构成的世界。

在开普勒-36b朝向母恒星的一面，母恒星的眩光会产生灼烧感强烈的热量，使其表面温度超过700摄氏度。然而，这颗行星的另一面则永远背对这颗狂暴的恒星，面向黑暗的太空，因此其表面温度永远不会高于零下100摄氏度，那里是一个被永恒的黑暗所笼罩的冰冷世界。

设想有一个这样的世界：太阳永远停留在天空中的同一个地方，行星的一面是永恒的黑夜，另一面是永恒的白天。我们认为白天和黑夜之间的暮光地带也会受到这些极端条件的影响。

开普勒-36b表明，要成为一个宜居世界，除了行星本身的大小和性质之外，还需要许多其他条件。对于任何行星来说，关于它的母恒星的细节，以及关于它绕母恒星运行的轨道的细节，对它所具有的特征都会产生重大影响，但影响行星特征的因素还有很多。

我们现在认为，许多（甚至可能是大多数）行星系拥有多颗行星，开普勒-36这一行星系也不例外。岩质超级地球开普勒-36b并不是绕着母恒星运行的唯一行星，它有一颗大得多的兄弟行星在非常近的距离内运行。开普勒-36c是一颗气态巨行星，其质量是地球的8倍，半径几乎是地球的4倍。它的轨道距离母恒星只有1900万千米，一年历时16.2天。这个系统中的（就我们所知的）两颗行星之间的距离如此之近，以至它们每97天就会彼此接近到200万千米以内。也就是说，这两颗巨大的行星之间的距离仅约为地月距离的5倍。

正是由于距离如此之近，开普勒-36b已经破败不堪的地貌遭到了暴力的改变。在外侧的行星开普勒-36c完成6个轨道周期所需的时间里，内侧的行星开普勒-36b完成了7个轨道周期，因此这个7：6的轨道共振意味着每隔97天，气态巨行星开普勒-36c就会在开普勒-36b通常呈静态的天空中显得巨大。这种相遇对开普勒-36b的引力作用非常大，会拖曳和拉伸这颗行星的核心，推动巨大的潮汐力穿过构成它的岩石，直到它突然发生剧烈的火山爆发。火山爆发的结果是塑造了一个熔融的世界，空气中充满了灰尘和毒气，熔岩和石块不断重击着地面。那里的地表上有纵横交错的熔岩流，这些熔岩流在这颗行星寒冷的黑暗一面冻结，在明亮的一面无休止地闷烧。这种环境非常恶劣，生命无法在这里生存。这里充满敌意，无法成为家园。像开普勒-36b这样的行星凸显了行星的故事会多么复杂。

上图：我们的月球被地球潮汐锁定，因此无论我们在地球表面上的什么地方，都只能看到月球的一面。

对页图：描绘从邻近的开普勒-36b的表面观察开普勒-36c的艺术想象图。

截至2021年夏天，即撰写本书的时候，我们已经在银河系中发现了4352颗系外行星，其中1300多颗是大质量的气态巨行星，它们是像飞马座51b这样的大质量行星。它们主要由氦和氢组成，通常在靠近其母恒星的轨道上运行。更多的行星（近1500颗）被归类为类海王星行星，它们的大小与太阳系中的海王星相似，因此它们按照后者命名。它们的大气以氢和氦为主，但它们都拥有重金

“宇宙不仅比我们想象的更为奇异，而且比我们能够想象的更为奇异。”

J. B. S. 霍尔丹[①]，生物学家

属核心。还有一些是像开普勒-36b这样的超级地球，这类行星与太阳系中的任何行星都不同，它们的质量比地球大得多（高达地球质量的10倍），但比海王星和土星等冰巨星小得多。

迄今为止，我们已经发现了1300多个超级地球，这表明它们的存在是其他行星系的一个共同特征。不过，这个名字本身可能具有误导性，因为它们不一定是类地行星。它们是一类神秘的行星，其特征不同于我们在太阳系中直接探索过的任何行星。剩下的160多颗行星被我们归类为类地行星，它们像水星、金星、地球和火星一样，都是岩质行星——既不太大也不太小。开普勒空间望远镜发现了这些行星中的绝大多数，其中140颗是由这架空间望远镜发现的。

上图：英国达特穆尔的威斯特曼林地是一片古老的林地，这显示了地球有维持一代又一代生命的能力。

① J. B. S. 霍尔丹（1892—1964），印度科学家，从事生理学、遗传学、演化生物学和数学研究。他在生物学研究中创造性地运用统计学，是新达尔文主义的创始人之一。他生于英国牛津，后移居印度，并放弃英国公民身份，成为印度公民。——译注

上图：海葵依附在岩石潭中的石头上，展示了地球上的生命为了生存而演化出的适应性。

开普勒空间望远镜发现了遍布在银河系中的这些类地行星，这给银河系的探索带来了巨大的希望，但同时也带来了一个颠覆性的认识：这些类地行星中的每一颗，乃至迄今为止我们所发现的4000多颗行星中的每一颗，都与其他行星不同。这是一个奇异的群体，其中没有一颗与太阳系中的任何一颗行星相同。要形成一个行星系，会有太多不同的因素叠加在一起，因此太阳系的镜像不可能散布在银河系各处。

看来，我们探索地球之外的异星世界的第一步已经揭示了关于宇宙的更深层次的真相。

尽管形成行星的自然法则在任何地方都是相同的，而且行星的基本成分也是简单且相同的，但行星的性质还取决于其形成历史，以及它们形成时母恒星周围的环境。每颗行星都有不同的故事可讲，这个完全出乎意料而又令人激动的发现无疑使得生命的搜索变得更为复杂。

在银河系中的任何地方都不会有地球的精确复制品。因此，当我们继续寻找异星生命时，为了理解将一颗行星变成家园的最根本的因素是什么，我们就必须重新界定我们正在寻找的东西。

在迄今为止发现的4352个异星世界中，最坚韧不拔的行星猎人开普勒空间望远镜发现了其中的约55%——2414颗行星。对于单单一架望远镜而言，这个数字令人震惊，但也许更不寻常的是这一发现告诉我们银河系的其他部分有着大量的行星。开普勒空间望远镜发现的2414颗行星只位于天空中的一块区域，这是银河系中极小的一块区域，覆盖了大约0.25%的天空。要想以同一深度探索整个夜空，就需要400架开普勒空间望远镜。尽管这听起来很美妙，但从某种意义上说，我们不需要它们。我们使用开普勒空间望远镜的数据作为计算银河系中行星出现频率的指南，就可以从我们已经详细探索过的一块区域外推出去，获得更大的图像。如果我们将这一模式（最重要的是，银河系中的每颗恒星平均至少与一颗行星相关联）扩展到银河系的其他部分，那就可以自信地预测银河系中至少有2000亿颗行星，甚至很可能更多——也许行星的数量比恒星多得多。

开普勒空间望远镜向我们揭示了一个令人不知所措的事实：银河系中挤满了数量多到不可思议的行星，有着无穷无尽的特征和化学性质的行星。如果我们要在无限多个世界中寻找生命，那么我们要寻找的基本特征是什么？要使一颗行星成为一个生命可生存的世界，能够产生生命并支持生命实体的存在，其最低要求是什么？对于这两个基本问题，我们仅有的答案不是来自向外看的整个银河系，而是来自向内看的银河系中数以亿计的行星中我们唯一能够研究的那一颗。我们对生命的理解仅来自一个样本，来自观察我们所生活的这颗行星，以及来自在所有这些复杂性中我们对生命的本质的理解，也由此理解生命在宇宙中其他地方产生的可能性。只有依靠这些认知，我们才能开始缩小对有生命的世界的搜索范围。这些简单的数字告诉我们，这样的世界一定存在于某处。

异星世界

在2021年2月，英国南极考察队的科学家取得了一项非凡的发现。这个考察队在南极冰架上钻探了将近1000米，试图从位于这片巨大的冰盖之下的威德尔海东南部的海床上采集岩石样本。这是一片沉积岩。但是，当该团队凿穿冰盖底部进入下面冰冷的海水中时，他们试图钻探海底的尝试突然停止了。有什么东西挡住了去路?

菲尔希纳-龙尼冰架就像其他冰架一样，是冰川向下流到海岸线时形成的。冰川的冲力创造出一大块漂浮在海面上的冰原，其底部隐藏到海面以下数百米处。由于这些冰原的这种形成方式，它们通常都携带着冰川在陆地上移动时所带走的巨石，然后将这些巨石沉积到海床上。英国科学家在接近海床时钻到的正是这类巨石。这在一开始看来是一种坏运气，阻碍了他们在海床上取样的尝试，他们所有的勘探工作似乎都白费了。

不过，在离去之前，考察队将一台摄像机放入了钻孔中，让其深入冰冷的海水中，想查看究竟是什么挡住了他们的钻探路线。当图像传回地面时，他们大吃了一惊。图像显示，挡住他们去路的这块石头远比他们想象的要有趣。这里是冰架底部以下500米处，距离最近的未封冻水域260千米，漆黑一片，温度为零下2.2摄氏度，却有大量的生命在这块贫瘠的岩石上繁衍生息。这些图像显示至少有两种类型的底栖动物——管状蠕虫和鹅颈藤壶，它们全都附着在这块岩石上，处在一个被认为不适合这种生命生存的环境之中。

这个科学团队的成员休·格里菲思博士在取得这一发现后说道:“这有点疯狂！我们怎么也不会想到要寻找这种生命，因为我们认为它们不会出现在那里。”

这里有一个复杂的有机体群落，它们被困在冰架底部下方的一块岩石上，距离任何直接的食物来源都很远，但它们仍在蓬勃生长。我们不知道它们以什么为食（也许是被冰下的强大水流冲刷到这里的浮游生物尸体），不知道这里的生命已经存在多久了，也不知道它们是不是一些新的物种。格里菲思说:“这是我们迄今为止见过的这类滤食性动物在冰架以下最深的一次。这些东西附着在岩石上，只有当有东西漂过时才会进食。”

这一发现只是地球上的生命具有无限适应性的最新例证之一。近年来，我们对宜居极限的预计一再被推翻，因为我们在各种各样的极端环境中发现生命不仅存在，而且在繁衍生息。

从南极冰架下方的深处到大气的上层，从干旱的沙漠到有毒的酸性熔岩湖，我们对地球的探索告诉我们，生命具有非凡的适应性、韧性和灵活性。地球是至少900万种生物的家园，所有的动物、植物、真菌和细菌在这个巨大的生命网络中相互关联。这个生命网络可以追溯到大约40亿年前出现在地球上的单一祖先。无穷多种生命形式占据了地球上几乎所有可用的生态位，其中包括我们曾经认为对生命来说过于严酷和充满敌意的地方。

下图：菲尔希纳-龙尼冰架下的惊人发现。

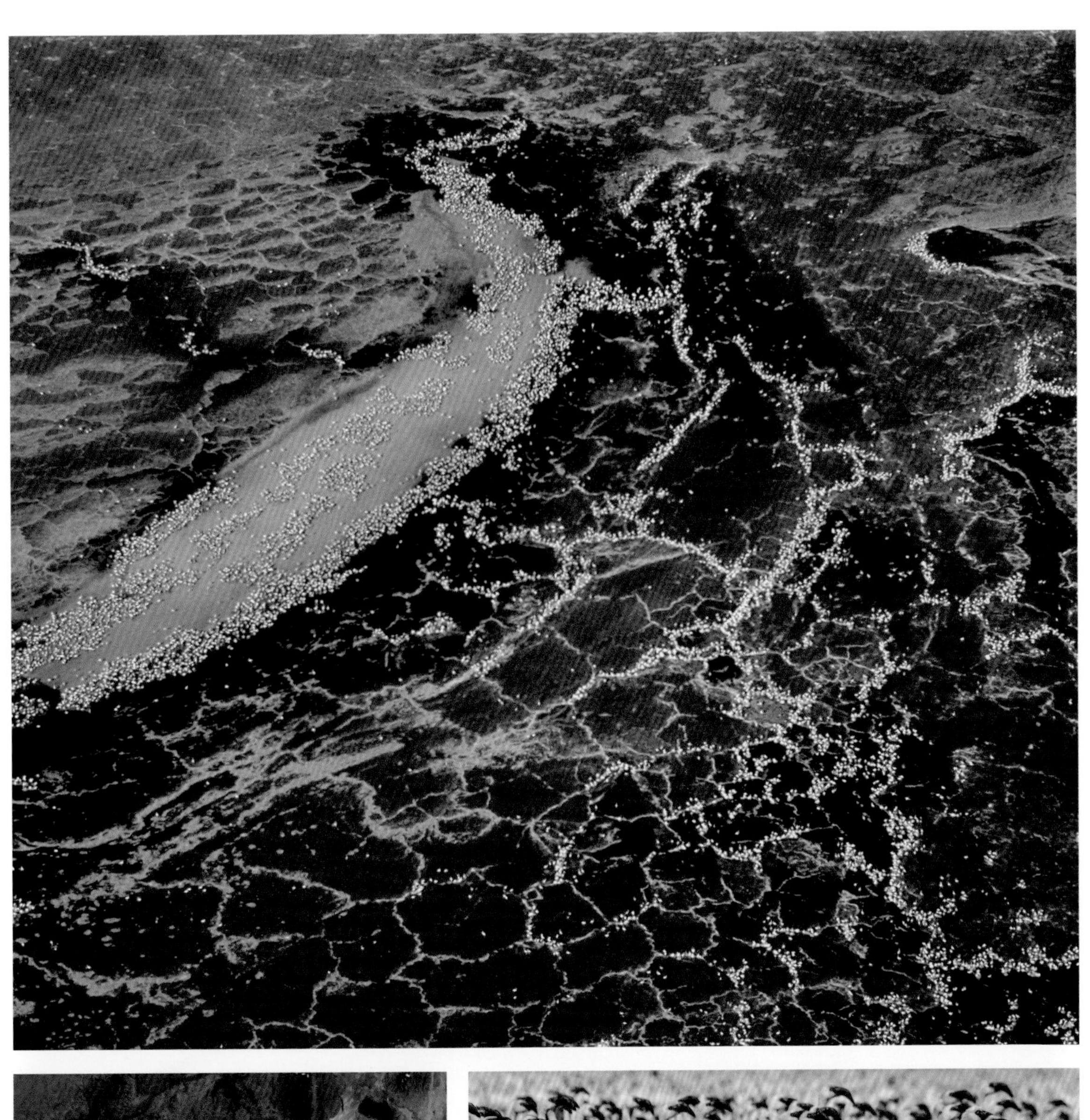

本页图：坦桑尼亚的一个盐湖——纳特龙湖，其严酷的湖水环境中令人惊讶地充满了生命，其中包括嗜盐微生物和火烈鸟。

上图：像马达加斯加的贝齐布卡河这样的河流系统是地球上的一个必不可少的、被赋予生命的生态系统的一部分。

“在太阳系中，除了地球以外，最有希望找到生命的地方很可能是火星。现在几乎可以肯定火星上没有生命，但那里肯定曾经存在过液态水。在过去的某个时候，那里可能曾经有过一种非常简单的生命形式。”

格兰特·特伦布莱，
哈佛-史密松天体物理中心天体物理学家

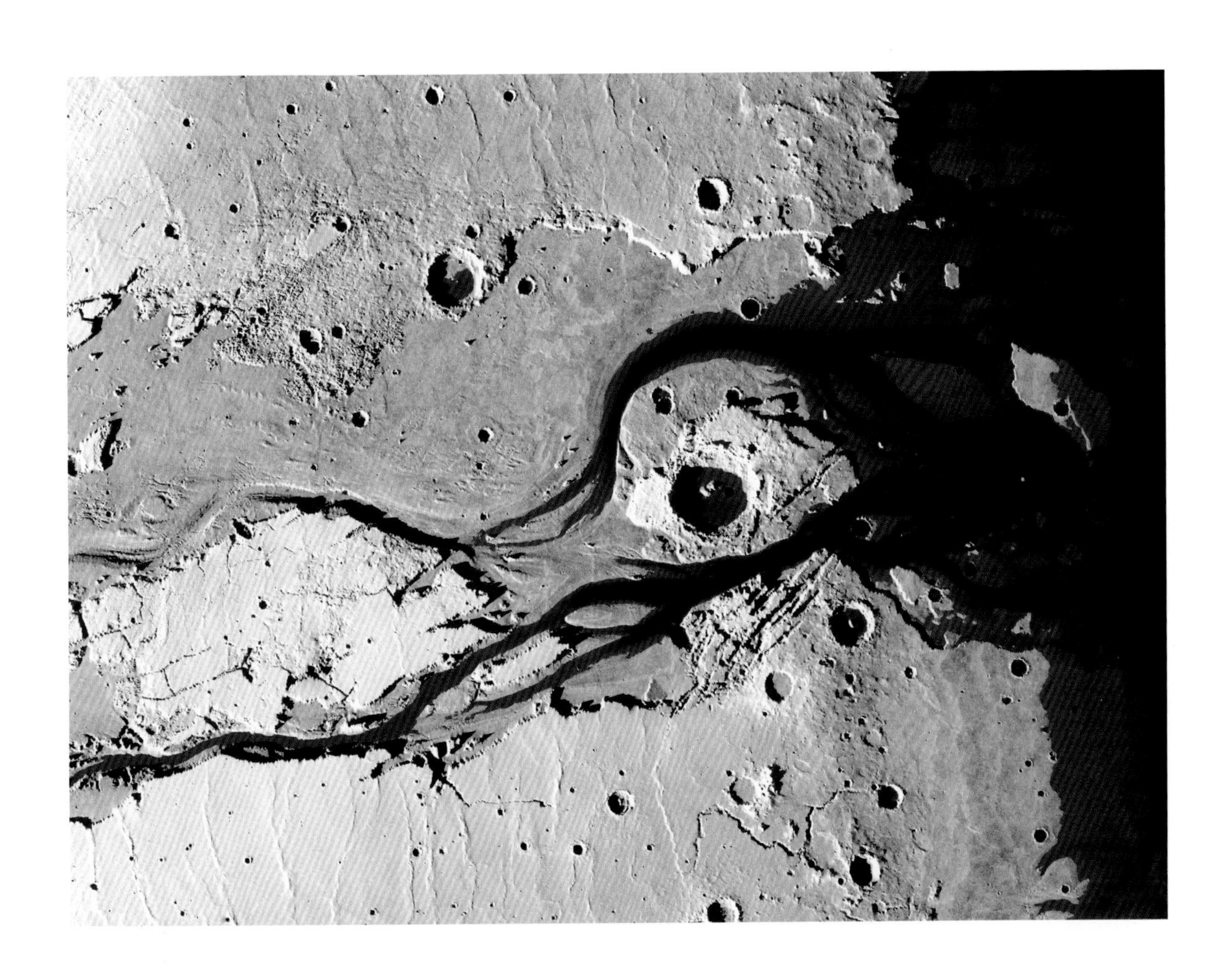

上图：火星上的这个干涸的河口在35亿年前形成了卡塞峡谷，当时火星尚未变成荒漠世界。

生命的基本构件

下面为在地球上的所有生命中都能发现的那些关键元素——碳、氮、氧和铁的原子结构示意图。

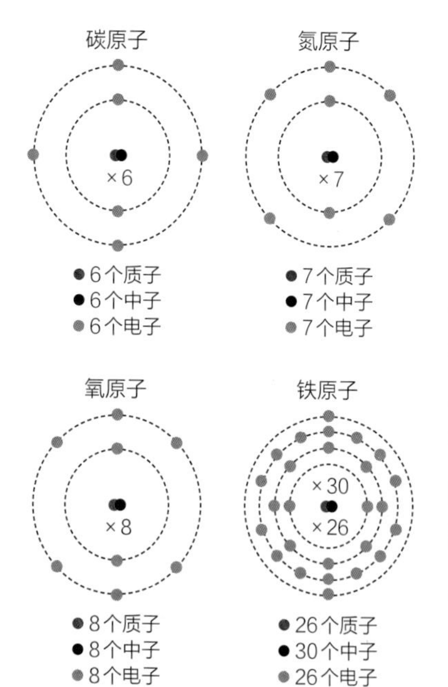

关于生命，我们所知道的一切知识都是通过观察我们周围的生命世界得到的。而通过研究地球上许多不同环境中的生命，我们不仅理解了生命的极限，而且理解了生存的最低要求，理解了我们认为地球上最早的生命出现所必需的那些条件。

现在你可能会提出这样一个合情合理的问题：我们能把我们关于地球上的生命的知识转移到宇宙中的其他所有行星上吗？我会断然说，能，因为自然法则是普遍适用的。在我们的这颗行星上构成生物学基础的那些物理和化学定律适用于宇宙中的每一颗行星，无论我们是否已经发现了它们。

对于这颗行星上的无穷多种生命，我们实际上可以把所有生命的化学成分都归结为几种普遍的成分。就构成元素而言，生命只需要碳、氮、氧和铁。此外，还需要可供使用的能量。在地球上，这些能量仅有两种不同的来源——地热能（即地核内的热量，包括在地球形成过程中发生的巨大碰撞所残留的热量，以及至今仍在地球深处持续发生的放射性衰变所产生的热量等）和太阳光，但最重要的能量来自后者，这种巨大的能量倾泻在整个太阳系中，使地球沐浴在太阳光之中。除此之外，还有一种我们确信所有生命都依赖的基本成分——液态水。

地球上的水

地球上的绝大部分水存在于海洋中。我们赖以生存的淡水湖泊和河流中的水只占地球水体的一小部分。

全球总水量

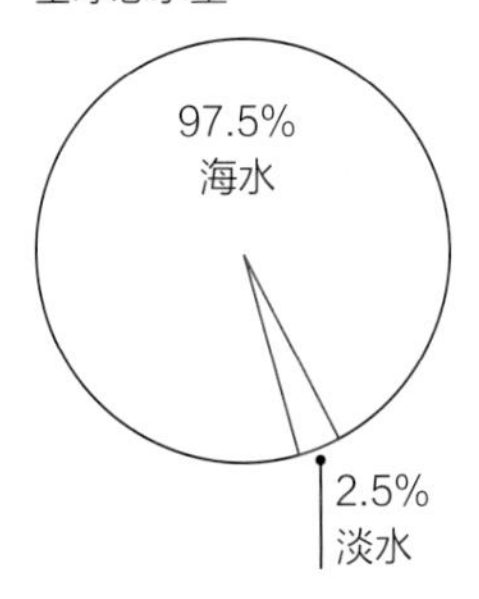

总淡水量

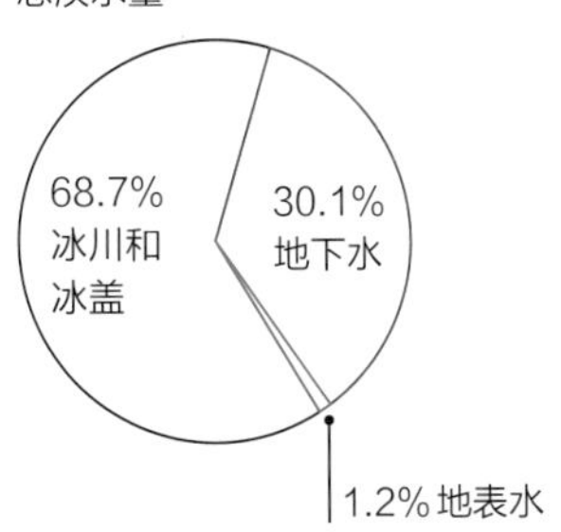

总地表水量

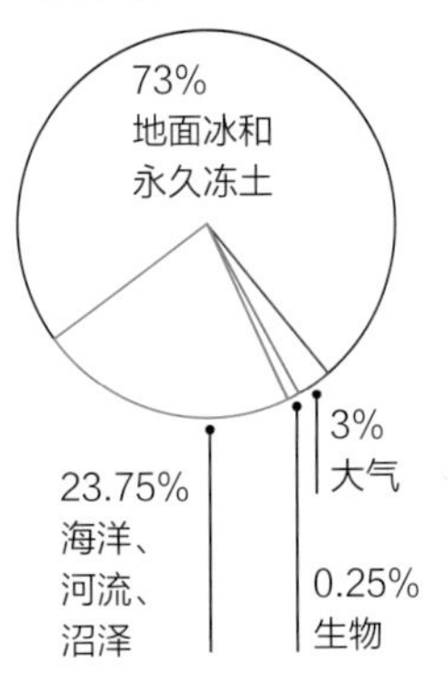

水在我们的生活中无处不在，以至于我们很容易认为它是物质中最简单的，但液态水及其在生命中所发挥的作用非常复杂。水是一种非常强有力的溶剂，比任何其他液体都能溶解更多的物质。这就是它为什么经常被称为“万能溶剂”。这种能够溶解多种分子的能力使水成为一种无价的成分，在所有生物体内部促进其结构和功能的发展。水不仅是一种强大的溶剂，而且其自身结构很复杂，会不断形成和消失。水就像一个支架，可以使有机分子定向，从而能共同发生反应，进而产生生命。所有这些功能加在一起，使液态水不仅对生命来说很重要，而且似乎是生命存在的先决条件。我们所知道的地球上的每一种生物都需要液态水才能生存。

因此，如果我们要在银河系中寻找生命，那么一个很好的设想是这些生命形式将依赖液态水。这正是始终贯穿在我们的战略之中的。当美国国家航空航天局和其他探索者开始寻找异星生命的可能栖息地时，他们都遵循“跟着水走”这一信条。

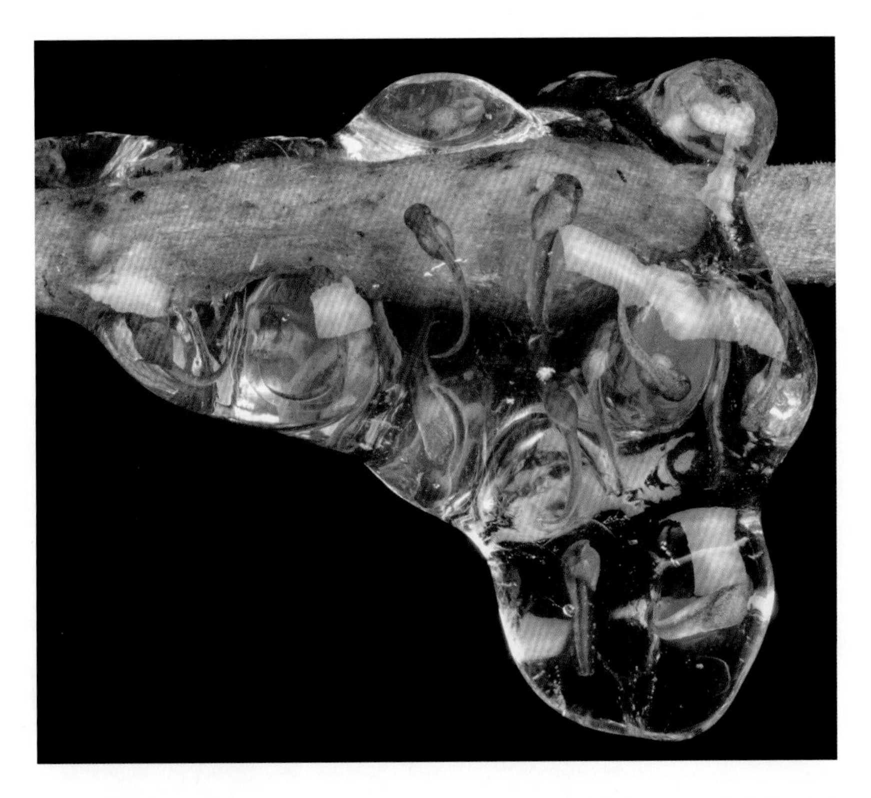

对页图：水流塑造了陆地和冰，水是无数生命形式赖以生存的基本元素。

右上图：这只克兰普树蛙巢穴中的卵主要在水中发育，这展示了水有维持生命的功能。

水的世界是由什么构成的

就地球而言，地表有丰富的水，这对生命极为重要。我们在其他行星的表面上看不到液态水。离太阳较近的那些行星过于炽热，如果你把一碗水放在金星的表面，那么这些水就会立即沸腾并变成气体。如果你把一碗水放在水星的表面，那么这些水也会沸腾并蒸发掉。火星非常寒冷，虽然目前火星表面不存在液态水，但是有证据表明那里过去曾有过液态水。我们知道这一点，要归功于美国国家航空航天局开展的那些研究火星表面和大气演化的奇妙任务。有证据表明，地球上的水可以追溯到数十亿年前。事实上，我们有证据表明地球上的生命已经存在了数十亿年。因此，我们的这颗行星上存在着某些东西，它们让水得以留存。

对于过去曾经发生过什么，人们提出了很多有趣的观点。火星比地球小得多，因此它受到的引力要小得多，自身的引力也要小得多。

菲尔·缪尔黑德，
波士顿大学天体物理学家

“毅力号”

“毅力号”于2021年2月19日登陆火星，是美国国家航空航天局迄今为止向这颗红色行星发射的最先进的火星车。它的目的是寻找这颗行星上的古老生命遗迹。为了找到这些证据，这辆火星车配备了最尖端的技术装备。

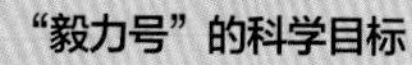

“毅力号”的科学目标

地质学：研究登陆点的岩石和景观，以揭示该区域的历史。

天体生物学：对于我们感兴趣的一片区域，确定它是否适合生命生存，并寻找古老生命的遗迹。

样本快取：寻找并收集未来有可能被带回地球的火星岩石和土壤样本。

为人类做准备：测试一些有助于维持人类有朝一日在火星上生存的技术。

超级摄像头（SuperCam）
一台能够提供成像、化学成分分析和矿物学研究的仪器。该仪器可以从远处探测岩石和风化层中是否存在有机物。法国国家空间研究中心天体物理与行星科学研究所也对该仪器的研制做出了重大贡献。

火星环境动力学分析仪（MEDA）
一组传感器，用于测量温度、风速、风向、压强、相对湿度以及灰尘的大小和形状。

火星地下实验雷达成像仪（RIMFAX）
对地下的地质结构提供厘米级分辨率的雷达成像仪。

火星氧气就地（或原位）资源利用实验仪（MOXIE）
用于研究利用火星大气中的二氧化碳产生氧气的探测装置。

Mastcam-Z

一个具有全景成像和立体成像功能以及变焦能力的高级摄像系统。该仪器还能帮助科学家评估火星表面的矿物学情况，并协助火星车运行。

紫外拉曼光谱仪

该光谱仪利用拉曼与荧光技术扫描宜居环境中的有机物和其他化学物质，进行精细成像；使用紫外激光确定精细矿物的性质，并检测有机物。这是第一台飞往火星表面的紫外拉曼光谱仪，将与有效载荷中的其他仪器一起进行补充测量。

X射线岩石化学行星仪（PIXL）

一台使用高分辨率相机的X射线荧光光谱仪，用于测定火星表面物质的精细元素组成。PIXL能够对化学元素进行比以往任何时候都更详细的检测和分析。

跟随着水的踪迹

宇宙中充满了水，并且从一开始就是如此。我们已经在垂死的恒星的尘埃云中看到了水形成的标志。尘埃云是像螺旋星云一样的行星状星云。在宇宙诞生之初，它们就向宇宙中注入了大量的水。我们能够在猎户星云等星际云中观察到水的大量形成。我们观测了这些巨大的宇宙工厂的活动，发现猎户星云在一天内产生的水分子就足以填满地球上的海洋60次。我们到处都能看到大量的水分子。尽管水是宇宙中最丰富的物质之一，但所有这些水几乎都被完全冻结在那些漫无目的地四处飘散的冰冻尘埃云中。只有当这些星际尘埃颗粒在星系和行星系的形成过程中被包裹起来时，事情才真正开始变得有趣起来。

50亿年前，有一片气体和尘埃云中充满了水，它将形成太阳系。这片气体和尘埃云围绕新形成的恒星——太阳盘旋，而且将在太阳周围形成8颗行星和上百颗卫星。然而，在这些行星中，地球是唯一保存着液态水的世界。地球在与太阳保持一定距离的轨道上运行，那里既不太热也不太冷，并保持着具有保护作用和稳定作用的大气层，因此地球上能够形成并维持海洋、河流和湖泊。正是在这里，在地球诞生5亿年之后，生命开始出现了。在丰富的地热能的触发之下，矿物质和其他一些高浓度的化学物质相接触，它们被神奇的溶剂——液态水聚集在了一起。

在银河系以及银河系之外的任何地方的历史上，这是我们所知的第一次，也是仅有的一次，这些条件共同将化学物质转化成了生命。我们知道，在数以亿计的行星中，这种情况不可能只出现过一次。我们知道银河系中充满了岩质行星，这些行星必定富含矿物质，而且根据它们形成的特性，我们知道能量是从内部深处涌向表面的，但其中有多少是水世界，我们从中又能发现多少？

2018年10月30日，美国国家航空航天局宣布开普勒空间望远镜“死亡”。此前，开普勒空间望远镜最后一次从睡眠模式中“醒来”，它凝视着黑暗，开始为其第19个观测周期收集科学数据。在完成了一项比任何人能够想象的都要更长久、更成功的任务之后，现在这位伟大的探险者耗尽了燃料，无法保持其位置，注定要在永恒的沉默中游荡。但是，开普勒空间望远镜对我们搜寻异星世界的贡献仍在持续。开普勒空间望远镜在九年半的运行过程中提供的数据还在继续为我们寻找有可能维持生命的世界提供新的见解和方向。

下一页的图显示了2017年6月发布的第八份开普勒行星表的数据。它包含开普勒空间望远镜发现的4034颗候选行星。我们知道，这些候选行星中有2335颗已被确认为行星，但就这些数据和它指向的那些世界而言，仍有许多有待探索的地方。这张行星表特别引人注目的是，它将开普勒空间望远镜发现的所有候选行星都置于一个适当的坐标系内，从而揭示了在这些行星中的任何一颗上存在液态水的可能性。

在纵轴方向上，该图是根据候选行星相对于地球的大小进行标绘的，这一特征决定了候选行星可能拥有的大气类型。如果它太大，那么我们就几乎可以肯定它是某种气态巨行星；如果它太小，那么它就可能无法保持大气层，而生命需要大气层来驱动水循环，并保护水免受太空恶劣环境的影响。在横轴方向上，该图是根据轨道周期来标绘这些候选行星的，这表明了这些可能的行星距离其母恒星有多远，因此也表明了它们直接接收的热量的近似值。这告诉我们它们可能位于

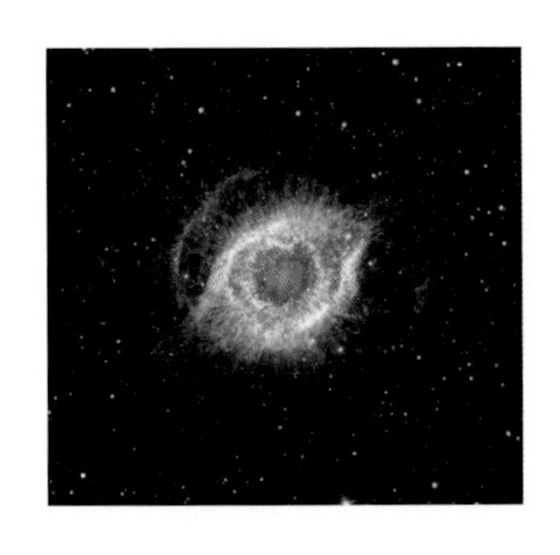

“太阳系中存在生命的可能性比我们想象的要大得多。有这样一个观点：跟随着水的踪迹去寻找，哪里有水，哪里就有生命。我们已经发现了很多存在水的太阳系天体，比如木星的冰卫星，尤其是木卫二，还有土星的卫星（土卫二，注意，土卫六上没有水，而有液态乙烷和甲烷湖）。

萨拉·西格，
麻省理工学院行星科学、
物理学、航空学和宇航学教授

上图：螺旋星云产生了大量水分子，并将它们向外送入银河系中。

对页图：埃塞俄比亚阿萨勒湖中的钾和钠沉积物展示了液态水、矿物、其他物质和地热能结合在一起如何使地球上的生命成为可能。

开普勒空间望远镜发现的行星世界

这幅图描绘了第八份开普勒行星表的数据，最新的发现标示为黄色。在纵轴和横轴方向上分别标出了候选行星相对于地球的大小和轨道周期。处于下半部分的那些候选行星可能是岩质行星，而处于上半部的那些候选行星可能是气态巨行星。中间部分有海洋世界和冰巨星。

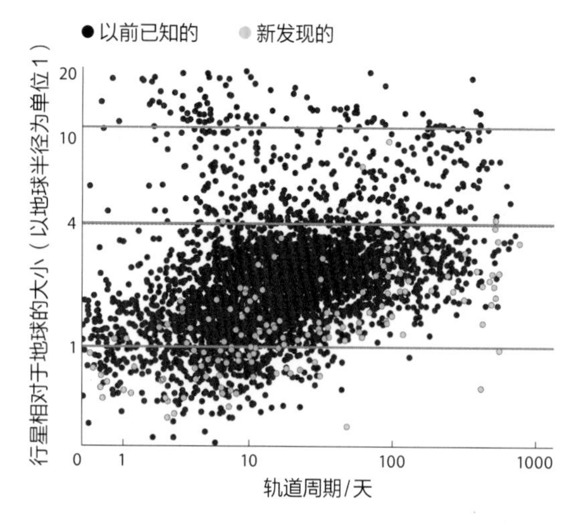

神奇的宜居带内的什么位置，水是否太热或太冷，从而不能以液态存在。从这幅图中可以清楚地看出，开普勒空间望远镜发现的大多数行星是一些怪异而奇妙的世界，与地球完全不同。其中绝大多数比地球更大，离其母恒星更近，因此不太可能保持液态水及其赋予生命的各种性质。

我们知道，还不能认为这些数据能准确地反映出在宜居带中运行的、地球大小的行星出现的频率。即使开普勒空间望远镜具有非凡的灵敏度，它也只是更容易找到大型行星，尤其是那些轨道周期短、离母恒星很近的行星。这种实质性的观测偏差意味着在这些数据中，类地行星出现的频率几乎肯定低于实际情况。因此，很可能有更多的类地行星正在等待被发现，我们需要采用下一代行星搜寻技术来追踪它们。

尽管开普勒空间望远镜具有这一弱点，但它仍然观测到了一批可能的行星，至少初看起来，这些行星可能是类地行星。大约有30颗行星，其大小、大气和温度都可能允许液态水在其表面聚集。这些行星看起来似乎很有可能成为宜居世界，我们可以瞄准这些行星，开始寻找水和生命存在的证据，但要深入研究这些遥远的行星，需要的不仅仅是开普勒空间望远镜的观测数据。即使像开普勒空间望远镜这样成功的行星猎人也需要一些帮助。

右图：由“罗塞塔号”探测器拍摄的67P/丘留莫夫－格拉西缅科彗星周围的尘埃和气体照片。该探测器在获得这些照片后，于2014年登陆该彗星。

对页图：开普勒－186f的艺术概念图，这是第一颗被证实具有下列特征的行星：绕着一颗遥远的恒星在宜居带中运行，并且其大小与地球相当。

开普勒空间望远镜的观测时间表

2009年3月6日：美国国家航空航天局的开普勒空间望远镜在佛罗里达州卡纳维拉尔角空军基地由三级德尔塔-2火箭发射升空。

2009年4月8日：开普勒空间望远镜在天鹅座和天琴座所在的那片天空中被唤醒。在450万颗恒星中，这架望远镜几乎可以连续监测15万颗以上的行星在其母恒星前方越过时引起的亮度下降。

2010年1月4日：开普勒空间望远镜发现的首批5颗行星分别被命名为开普勒-4b、开普勒-5b、开普勒-6b、开普勒-7b和开普勒-8b，它们都是热木星（气态巨行星地狱），绕其母恒星运行的轨道周期仅为短短的几天，表面温度超过1000摄氏度。

2011年1月10日：随着开普勒-10b的发现，验证岩质行星的第一条确凿证据出现了。开普勒-10b是一个"熔岩世界"，它的轨道离它的母恒星如此之近，以至于它面向母恒星的一面可能是一片熔岩海洋。开普勒空间望远镜随后发现了数百颗岩质行星。

2011年9月15日：虽然开普勒-16b有双重日落，但它是一颗可能没有固体表面的气态巨行星。

2011年12月5日：开普勒-22b是第一颗在宜居带中被发现的行星，它的直径是地球的2倍多。

2013年4月18日：开普勒空间望远镜发现了一个新的行星系，将3个超级地球带入了我们的视野。这3颗行星都在其母恒星的宜居带内，它们是开普勒-62e、开普勒-62f以及开普勒-69c（尽管后续研究表明开普勒-69c不再属于这一类别）。这些发现证明，在太阳系之外存在着一些位于其母恒星宜居带内的小行星。

2013年5月14日：开普勒空间望远镜失去了第二个反作用轮，因此科学观测中止。任务小组寻找另一种方法来操作望远镜，以重启科学观测。

2014年4月17日：开普勒空间望远镜的数据揭示出第一颗大小和地球相当且位于其母恒星宜居带内的行星。这是开普勒-186f，它绕着一颗距离我们约580光年的冷红矮星运行。这颗行星的发现使我们离发现类地行星又近了一步。

2014年5月：开普勒空间望远镜开始执行一项名为"K2"的新任务，该任务利用太阳光的压强来帮助望远镜稳定观测方向。这就要求望远镜每隔3个月切换一次视场，从而让许多新的天区进入了它的视野。

2015年7月23日：开普勒任务团队发现了一颗比我们的行星大60%的超级地球。开普勒-452b的轨道位于一颗类太阳恒星的宜居带内，这曾被视为最接近地球-太阳系统的发现。最近的一项研究推翻了这一结论。

2015年10月21日：开普勒空间望远镜的K2扩展任务发现了一颗小型岩质行星在围绕一颗白矮星旋转的过程中被撕裂的证据，这让天文学家得以见证了一个行星系的最后阶段。

2016年1月：开普勒空间望远镜捕捉到了一颗恒星亮度的异常起伏，结果发现这是一片绕塔比星运动的尘埃云。塔比星是以天文学家塔比瑟·博亚吉安的名字命名的。

2016年5月10日：开普勒任务捕获了1200多颗系外行星，其中许多行星的构成可能与地球相似。

2017年5月22日：天文学家利用开普勒空间望远镜的K2扩展任务的数据，确定了TRAPPIST-1系统中最外层的那颗行星的轨道周期。这个系统中有7颗地球大小的行星。这些数据支持了行星在行星系形成过程中向内迁移的理论。

2017年6月19日：天文学家利用开普勒空间望远镜前4年的数据构建了一份最全面的系外行星表，包括4034颗候选行星，其中2335颗已经确认。据初步估计，接近地球大小并处于宜居带内的行星有30颗。此后，新的数据和初步的分析表明，实际数量可能在2到12之间。

2017年12月14日：在开普勒-90系统中发现了第八颗行星，因此就已知的情况来看，这个系统与太阳系一样，拥有数量最多的行星。这些行星距离它们的母恒星都比地球距离太阳更近。这一发现部分是通过人工智能实现的。

2018年1月11日：澳大利亚的一位汽车技师在数据中发现了一个四行星系统，其中有海王星大小的行星。科学家随后又发现了该系统的第五颗行星。

2018年4月18日：开普勒空间望远镜的继任者凌星系外行星巡天卫星（Transiting Exoplanet Survey Satellite, TESS）被火箭送入太空。凌星系外行星巡天卫星使用开普勒空间望远镜开创的技术（观察恒星光度的下降）来发现围绕附近的明亮恒星运行的系外行星。

2018年5月：开普勒空间望远镜完成了为期6个月的超新星观测，以前所未有的精度捕捉到这些恒星爆发的开始阶段，以解开这样一个谜团：是什么引发了这些爆发。

2018年10月30日：开普勒空间望远镜完成了9年多的观测，观测了50多万颗恒星。开普勒空间望远镜的发现使我们在寻找银河系生命的过程中又向前迈进了一大步。

雨的气味

在2015年，开普勒空间望远镜在狮子座方向捕捉到了一颗行星，当时它从一颗距离地球约124光年的恒星前方越过，引起了恒星亮度的变化。在开普勒空间望远镜发现的行星中，这远不是最小的一颗。它的半径大约是地球的2倍，质量大约是地球的8倍，因此被称为系外行星中的超级地球。这颗行星的强大引力会使我们在地球上看到的那些在起作用的力相形见绌。这颗行星也不是围绕着一颗类太阳恒星运行，它的母恒星是一颗高度活跃的、易挥发的红矮星，属于主序星中最小、最冷的一类。这些长寿的恒星是银河系中数量最多的一类恒星，但它们不一定是最有利于创造家园的恒星。尽管由于种种不利因素，这颗行星不足以成为我们寻找外星生命的一个有希望的目标，但数据中有一些有趣的细节。

这颗行星距离其母恒星2100万千米，仅33天就完成一个轨道周期。这些意味着这颗行星离它的母恒星很近，因此我们几乎可以肯定它被潮汐锁定了——它的一面永远向内。但在一颗红矮星的周围，如此近的距离并不一定意味着高温。事实上，数据表明，这颗名为K2-18b的行星（因为它是在开普勒任务的“第二束光K2”阶段发现的第18颗行星）可能位于这颗冷恒星的宜居带内，表面温度可能徘徊在零摄氏度左右。这并不是这颗行星从开普勒空间望远镜的许多数据中脱颖而出的全部原因。像这样一颗行星在一颗红矮星的宜居带内绕行的情况，不仅为我们提供了观测这颗行星的可能性，而且由于这颗恒星发出的眩光要少得多，因此我们或许还有可能探索这颗行星的大气层。

狮子座

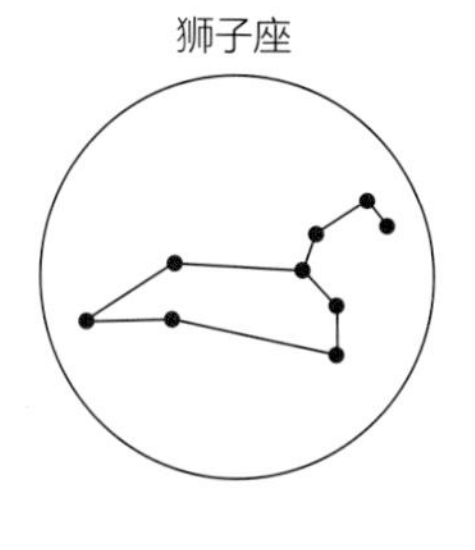

为了检验开普勒空间望远镜的这些有趣的初步发现，还有许多其他望远镜和机构也加入进来探索这一恒星系统，其中包括斯皮策空间望远镜和位于智利的欧洲南方天文台（European Southern Observatory, ESO）。这颗行星的大小、

天空中的红外之眼

韦布空间望远镜是有史以来进入太空的最大的天文望远镜。相比之下，目前的斯皮策空间望远镜就显得非常小了。反射镜的大小对望远镜的聚光能力的影响最大，韦布望远镜中的反射镜十分大。

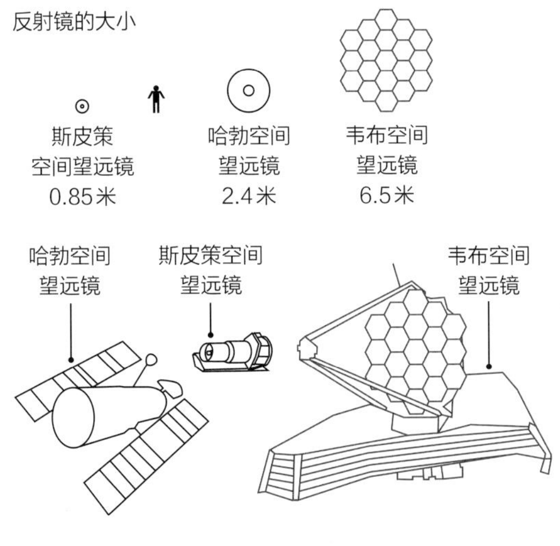

轨道和密度表明，它不仅位于宜居带内，而且用主持此次探索的科学家的话来说，这颗行星“很可能有一层厚厚的气体包层”。开普勒空间望远镜似乎发现了一颗既不太热也不太冷的岩质行星，它可能维持着一个大气层，其中有氢和氦，还可能有许多其他元素。除此之外，这颗行星所绕转的恒星足够暗，因此我们可以对它的大气层进行直接分析；其轨道周期仅为33天，因此重复测量不需要花费很长时间就可以完成。难怪K2-18b引起了那些搜寻异星世界的科学家的极大兴趣。

有了这样一个诱人的机会，是时候出动重器了。哈勃空间望远镜也许是最伟大的在轨银河系探险家，它得到指示对准狮子座，并直接检测穿过K2-18b这个遥远世界的大气层的星光光谱。穿过这颗遥远行星周围的气体包层的光线中隐藏着它的组成特征。哈勃空间望远镜穿越1170万亿千米的太空，即将观测另一个宜居世界的稀薄大气层。哈勃空间望远镜分析了其厚厚的大气层的组成，我们以期待的心情等待着这些数据被传回地球。这是一种往往会失败的努力，但这次的数据传输没有令人失望。

20亿年前，当地球正在缓慢地孕育开始在此定居的新生命时，一颗恒星在银河系中遥远的地方诞生了。这是一颗温度不太高的红色恒星，在其周围至少有一颗或两颗行星，它们是由这颗恒星诞生时遗留下来的涡旋气体尘埃云形成的。其中，位于外层的是一颗巨大的岩质行星，它绕着这颗暗淡的恒星形成了一条偏心轨道，使得它在这个行星系的宜居带边缘（既不太热也不太冷）徘徊。由于这颗行星的巨大体积和质量，它可能会产生强大的引力，能够紧紧抓住厚厚的大气层，而附近的那颗恒星的不稳定行为在这个大气层中驱动了恶劣的天气模式。

在20亿地球年的时间里，这颗行星以快进的方式演绎着它的生命，它每33天完成一个轨道周期，直到有一天，它在绕着自己的母恒星快速飞行的过程中指向了银河系中120光年以外的太阳系方向，并使它的母恒星的光度产生了十分微小的下降。这种闪烁被我们这位最成功的行星猎人看在眼里，告诉我们要放眼去看这颗行星。我们最强大的望远镜能够直视它，并能越过1170万亿千米的太空，读取穿过这颗遥远行星的大气层的光所包含的密码。在那些遥远的光的数据深处埋藏着一个值得注意的信号，这是我们在探索我们所居住的星系的过程中的一个突破。

对页图：欧洲南方天文台的光学望远镜坐落在阿塔卡马沙漠中的拉西拉山上。

下图：斯皮策空间望远镜的设计寿命最短为2.5年，但它在轨道上持续运行了10多年，观测宇宙并向科学家报告。

哈勃空间望远镜为一颗在其母恒星宜居带内运行的行星的大气层中存在水蒸气提供了第一条直接证据。观测结果还很不精确，误差很大，估计大气层中的水蒸气含量在0.01%~50%这个相当大的区间之内。我们不要忘记，这颗行星离我们非常遥远，不管我们以什么方式尝试分析它的大气成分，这一事实本身就已经非常令人震惊了。尽管观测结果的误差很大，但出于下面两个重要的原因，这一观测结果仍然非常重要。首先，它不是零，K2-18b的大气层中有水蒸气，我们第一次能够说这样的话。其次，即使K2-18b大

露点

露点是空气中的水蒸气（气态水）达到饱和时的温度。当温度低于露点时，液态水将开始凝结。对于大多数人来说，露点为16摄氏度或更低是比较舒适的；而当露点高达21摄氏度时，大多数人会感到热或闷，这是因为空气中的水蒸气会减缓汗液的蒸发，从而阻止身体降温。

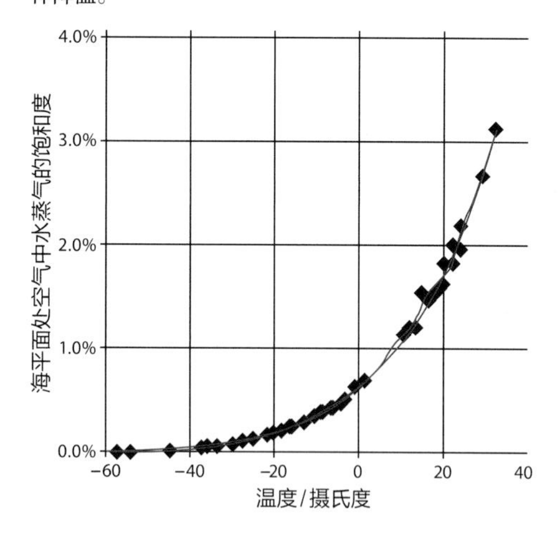

气层中的实际水蒸气含量处于观测值的低端，或许只是地球大气层中水蒸气含量的百分之几，这也足以表明这颗行星上的条件可能符合它将演化成我们所知的宇宙中第二个水世界的要求。在这样的一个世界里，稠密、黑暗的大气层中可能有着富含水分的低沉云团。这颗行星会紧紧抓住这些珍贵的云团，直到云团变得越来越重，最终变为雨水落在这个陌生的世界上，为可能存在的海洋提供源源不断的生命之水。K2-18b令人激动，因为它是我们能够分析的、拥有大气层的最小的系外行星。我们发现它的质量、密度、大气成分和轨道都表明它是一颗岩质行星。这肯定是一个有水的世界，还可能是一个拥有海洋的世界。

眼下，我们只能想象在浩瀚的海洋之下可能存在着什么。在这样大小的一颗行星上，海洋可能会深不可测，向下到达海平面以下数百千米的地方，进入比我们在地球上经历过的一切黑暗都更深沉的黑暗之中。我们只知道，无论这颗行星的构成如何，它几乎肯定有一个熔融的岩核。这是一个巨大的能量来源，岩浆会在某些地方冲破地壳，并将热量释放到上方的液态海洋中。我们所熟悉的、产生生命的三种元素是能源、有机物和水，而创造出这一切的过程或许已经在这颗行星上持续了20亿年之久。K2-18b为我们提供了第一个诱人的可能性：我们所看到的这颗行星可能是一个家园、一颗可以支持

和孕育生命的行星，而我们对它的探索才刚刚开始。

1936年，埃德温·哈勃说过一句名言，他将天文学史描述为“地平线后退的历史”。在这里，我们发现了一条正在迅速后退的新地平线。哈勃空间望远镜揭示了银河系只是众多星系中的一个，而在这个星系中，我们正在观测像K2-18b这样的一些异星世界的遥远地平线。在未来的几年里，我们将向宇宙中发射下一代望远镜，将这些地平线拉得比以往更远。

处于引领地位的是将于2021年12月发射的韦布空间望远镜[①]。这架望远镜具有前所未有的灵敏度。韦布空间望远镜将以在红外光探测范围内无与伦比的灵敏度探索宇宙，它不仅将引领对新的系外类地行星世界的搜寻，还将依靠其灵敏度以远远超过哈勃空间望远镜的详细程度解析像K2-18b这样的遥远行星大气的化学成分。在这个过程中，我们不仅会找到大气特征，还会找到一些可能隐藏在其下的线索。韦布空间望远镜有望使我们能够测量出氧气和甲烷等指示性气体的含量，这些气体的含量可能表明它们只能由某种生命形式产生。

K2-18b不是韦布空间望远镜瞄准的唯一目标，我们还有一些需要进一步探索的候选系外行星，包括TRAPPIST-1系统。该系统中有另一颗地球大小的行星TRAPPIST-1e，它围绕着一颗红矮星运行，我们认为它位于宜居带内。可以想象，到21世纪第三个十年结束时，我们很可能已经有了令人信服的间接证据，证明银河系中的一些行星上存在生命。我们是孤独的吗？这个问题的答案终于近在咫尺了。

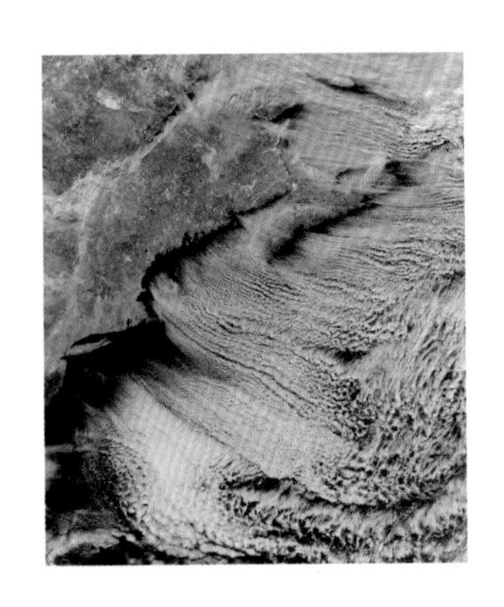

云层中的生命

K2-18b的发现是一个巨大的里程碑。它是一颗我们所谓的亚海王星大小的系外行星。它的半径约为地球的2倍。我们几乎可以肯定K2-18b是一颗岩质行星，但它的有趣之处在于我们根据一些模型可以推断出其云层中可能存在一些液态水。地球的云层中有生命。细菌被从地球表面卷起来，进入云层中的水滴内，或者四处飘浮大约一周的时间，然后这些细菌中的一些被运送到陆地上空，落回地面。因此，我愿意推测K2-18b的云层中可能也存在着某种生命。这是我们所知道的第一颗我们可以观测到其大气层并进行认真研究的行星。

萨拉·西格，

麻省理工学院行星科学、物理学、航空学和宇航学教授

对页图：位于圣佩德罗·德阿塔卡马的月亮谷中沉积的盐表明，这里在某个时间段存在过水和生命。

右图：加里曼丹岛的热带雨林上空飘浮着由赋予生命的水所构成的云层。

① 韦布空间望远镜已于2021年12月25日发射升空，2022年7月正式开始工作。——译注

“我们人类天生就是探险家。我们想找到其他行星，因为我们想知道那里是否有生命。而行星，尤其是像地球这样的岩质行星是值得搜寻的地方。”

萨拉·西格，
麻省理工学院行星科学、物理学、航空学和宇航学教授

银河系是一个大到令人难以置信的地方。我们估计银河系中可能有大约200亿颗类地行星，也就是位于恒星周围的宜居带中的那些岩质行星，即银河系中表面可能拥有液态水的那些行星。它们是200亿个可能有生命的家园。现在，我们不知道如果条件合适的话，生命在一颗行星上出现的概率有多大，但我们确实有一些来自我们自己的世界的证据。我们所知道的是，地球上的生命几乎是一旦有可能就立即诞生了。这发生在地球形成并冷却下来之后，是在其表面形成海洋之后。因此，这可能表明关于生命的起源，虽然我们没有感知到其必然性，但在适当的条件下，至少具有合理的可能性。

因此，在银河系的200亿颗类地行星中，似乎至少有一定的概率，生命已经在一些行星上开始出现了，哪怕不是很多。关于生命有一个问题，即微生物的起源和存在，但通常谈论外星人时，我们实际上指的并不是微生物，而是复杂的生物体，是我们可以与之交谈的对象，也就是文明。银河系中存在其他文明的可能性有多大？这个问题的答案我们也不知道，但在银河系中，我们可以进行一些观察，可以看到的那些模式也许能让我们做出有根据的猜测。

下图：科学家在银河系内的行星上寻找微生物。微生物是生命存在的迹象，可以表明存在宜居世界。

环日轨道

韦布空间望远镜将在距离地球150万千米的第二拉格朗日点（L2）上绕太阳运行，而不是绕地球运行（这是哈勃空间望远镜的运行方式）。该轨道使这架望远镜在绕太阳运行时与地球保持一线，从而使这颗卫星的大型遮阳板能够防止它受来自太阳和地球的光和热的影响。

哈勃空间望远镜
570千米

月球
38.4万千米

韦布空间望远镜
150万千米

地球

宇宙新视图

戴维·沙博诺，哈佛-史密松天体物理中心天体物理学家

我对美国国家航空航天局即将发射韦布空间望远镜感到无比激动，原因在于哈勃空间望远镜已经非常棒了，但它还不够大，它的能力还不足以研究有凌星现象的类地行星的大气层。要做到这一点，我们需要一面大得多的反射镜，需要一架对红外波段特别敏感的专门设计的望远镜。我们希望看到的各种分子在那个波段显露出来，而这些分子存在于地球的大气层中，因此也可能存在于其他行星的大气层中。我们所知道的行星已经太多，以至于韦布空间望远镜也无法在其任务期限内研究所有这些行星。不过，我们可以只探索那些真正的类地行星，它们必须具有合适的温度和大小。我们已经有了一些这样的行星，我预计在未来的一两年内我们还会找到更多。但归根结底，由于这些行星的母恒星必须离我们非常近，而且必须发生凌星现象，即行星必须运行到母恒星的前方，因此可能大约有10颗确实相当类似地球的行星，韦布空间望远镜可以首先探测它们的大气层。

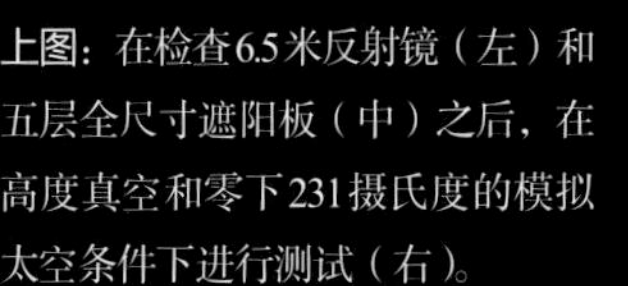

上图：在检查6.5米反射镜（左）和五层全尺寸遮阳板（中）之后，在高度真空和零下231摄氏度的模拟太空条件下进行测试（右）。

右图：人们对韦布空间望远镜寄予厚望，这一工程壮举的全尺寸复制品已经在美国进行了巡回展览。

失去的世界

我们的文明在过去比100年稍多一些的时间中积累起来的所有知识，都是一场已经上演了40亿年的大戏的产物。在40亿年的时间里，从微不足道的微生物到技术先进的文明，地球经历了沧桑巨变，现在我们正在开启寻找其他行星上的生命的新历程。我们跨越银河系，希望能与另一种文明产生联系。

但至少在目前，我们仍然被一片寂静包围着。我们曾向宇宙中发出信息而没有得到回应，我们用来扫描天空寻找外星文明信号的望远镜也没有获得任何形式的联系。当然，宇宙中可能存在着无数其他文明，正上演着数百万段历史，这些都等待我们去发现，前提是我们知道去寻找的是什么以及到哪里去寻找。这种可能性究竟有多大？当我们坐在这里，被宇宙中似乎永无止境的寂静所笼罩，尚未配备技术能力在黑暗之中听得更远一点、更深入一点、更仔细一点时，我们就不得不在离我们的家园更近的地方寻找，从而回答我们是否孤独这个问题。

这并不是说宇宙中没有其他文明存在。在地球上，经过了40亿年的稳定才诞生了一个先进的文明，而实现几十年的宇宙探索也需要经历40亿年的时间。在这段相当漫长的时间里，地球、太阳系和我们在银河系中的位置都要非常稳定，从而足以让生命出现，然后在一根不间断的演化链中演化。正如我们已经看到的那样，孕育生命的条件（有机物、能量和液态水结合在一起）可能在整个银河系甚至宇宙中都很常见，但使生命得以进一步发展所需的条件（稳定性和时间）可能并不那么常见。当我们注视银河系中的其他行星时，这两个必需的条件似乎是罕见的。

我们早就知道宇宙是一个险恶的地方。我们的地球是与无数次毁灭擦肩而过后幸存下来的。太阳系中到处都散落着剧烈的相互作用产生的碎片，充满了很久以前就失去了成为家园的机会的行星和卫星。在太阳系之外的银河系中，我们看得越多，就越看不到一个正在滋生新生命的宇宙，看不到一个准备抚育任何新生命的宇宙。

盖亚空间望远镜以非凡的细节揭示了银河系，使我们得以探索它的结构、历史和未来。盖亚空间望远镜不仅为我们的星系绘制了最精确的地图，还给我们带来了一些其他东西和一个观察我们的孤独的新视角。

盖亚空间望远镜在历时5年的任务执行期间，已为10亿颗以上的恒星编制了星表并绘制了分布图。它揭示了太阳系远不像我们想象的那么常见，一颗孤立的恒星位于一系列沿轨道运行的行星的中心，这种情况远非常见。银河系中的大多数恒星似乎并不孤独，它们属于双星或聚星。这是一些由不止一颗恒星构成的多重恒星系统，各颗恒星以复杂的引力舞蹈绕着彼此旋转。早在18世纪威廉·赫舍尔发现了第一个真正的双星以后，人们就已经知道了多重恒星系统的存在，但直到最近我们才知道它们多么普遍。现在我们有大量的高精度数据，包括来自盖亚空间望远镜的数据。这些数据告诉我们绝大多数恒星系统不是单星（大约80%的巨星并不孤单），而当说到像太阳这样的主序星时，超过50%的主序星位于多重恒星系统中。这意味着如果我们能够降落到银河系中任何地方的一颗随机的行星上，那么我们就很有可能会目睹多重日出。但是，除了这必定会给这些

“只有在星际空间有先进的太空文明的情况下，这艘宇宙飞船才会被邂逅，录音才会被播放。不过，将这个‘漂流瓶’发射到宇宙的‘海洋’中，对于我们这颗行星上的生命来说，就表明了一些非常有希望的事情。”

卡尔·萨根[①]

对页图：1977年，两张金色的留声机唱片被装载在“旅行者号”宇宙飞船上，作为一种时间胶囊。这是给任何可能发现它们的地外智慧生命准备的。这些唱片中包含了一些精选出来用以描绘地球上的生命和文化多样性的声音。

① 卡尔·萨根（1934—1996），美国天文学家、作家和科学传播者，美国行星学会的创始人。——译注

下图：艺术家根据2003年探测到的图像创作的一幅艺术想象图，描绘了一颗气态巨行星，它在1.9万光年外的系统中绕着一颗K型红矮星运行。

底图：盖亚空间望远镜扫描天空得到的银河系侧视图，有一条尘埃和恒星带横跨天空。

行星带来无可置疑的美景之外，还意味着大多数行星面临的生存状况比我们想象的要严酷得多。

2020年9月，一组从事光学引力透镜实验（Optical Gravitational Lensing Experiment, OGLE）的国际科学家发现了一颗地球大小的系外行星。在这个拥有开普勒空间望远镜和其他一直凝视着银河系的行星搜寻望远镜的时代，宣布这样的一个发现并不算罕见，但这次发现有所不同。这颗名为OGLE-2016-BLG-1928的行星是一颗类地行星，但它缺失了一些基本要素，因为它是一颗没有母恒星的行星。要找到这样一颗与任何恒星都没有引力作用、自由飘浮并迷失在黑暗太空中的流浪行星绝非易事。我们通常采用的系外行星探测技术要求母恒星的光线在行星沿轨道运行时发生畸变，因此在不存在发生畸变的母恒星光线的情况下，这项技术就无用武之地了。

要找到这种流浪的行星，搜寻者需要采用的一种技术称为微透镜，这种技术要求一颗行星在地球上的我们与一个遥远的光源（背景中某处的一颗恒星）之间通过。这一想法源于爱因斯坦的广义相对论，其原理是：一个大质量天体在我们与恒星之间通过，会使恒星的光发生弯曲和得以放大，所以我们在地球上就可以探测到这颗行星。这简直就像大海捞针，通常采用的行星搜寻技术与之相比就显得简单易行了。据估计，对于观察到的一颗源恒星，如果要等待它发生微透镜事件，那么我们平均需要等待100万年才能看到一颗行星从它的前面越过。这就是为什么天文学家在采用微透镜来寻找行星时，必须对数亿颗恒星进行巡天观测，才能获得一丝机会，而OGLE巡天已经这样进行了近30年。

结果是我们现在开始逐渐探测到那些迷失的世界了，而OGLE-2016-BLG-1928可能是迄今为止我们发现的最小、最像地球的流浪行星，但就我们

所知，它绝不是独一无二的。据估计，银河系中可能有上千亿颗流浪行星，因此这可能是银河系中最常见的行星类型之一。为了理解为什么像OGLE-2016-BLG-1928这样的流浪行星如此普遍，我们需要了解它们的起源，即这些失落的世界来自哪里。

就我们所知，行星只能在母恒星的引力作用下形成，因此银河系中的每一颗行星（无论是不是流浪行星）都必须诞生在一个恒星系统中。根据现有的数据，我们还无法确定OGLE-2016-BLG-1928的起源，但有迹象表明，它很可能诞生于银河系中最常见的恒星系统——双星或聚星之中。在这颗行星上的黎明时分，至少会有两个太阳在天空中升起。尽管多重恒星系统如此美丽，但这类系统中潜藏着混沌。就OGLE-2016-BLG-1928而言，这是一颗质量与地球相当的岩质行星，它在恒星系统中运转的轨道会使它面对一场引力拉锯战，因为至少有两颗恒星都在努力使自己对这颗行星所施加的引力占优势。这颗行星陷入了一场恒星间的拉锯战。

在这些十分常见的恒星系统中，行星的存在本质上是不稳定的，因为它们会受到两颗或多颗恒星的引力作用。即使在单恒星系统中，行星之间的微弱引力也会改变其轨道。在多重恒星系统中，各行星不仅受到彼此的引力作用，还受到其他恒星更强大的引力作用。因此，即使一颗行星进入了一条稳定轨道，也很可能不会在该轨道上停留很长时间。这意味着在多重恒星系统中，有序与混沌之间的界限确实很微妙。

搜寻流浪行星

流浪行星是指没有母恒星的行星，它很可能被甩出了恒星系统，因而现在是一个在银河系中自由游荡的天体，没有束缚，无家可归。我们认为银河系中有很多流浪行星——每颗恒星至少对应一颗。在一颗恒星诞生之后，残留的气体和尘埃盘会产生更多的行星，而当行星进入其轨道并变得稳定时，另一些行星会被抛出。研究这些流浪行星对于我们理解行星从形成到消亡的生命周期会有非常大的帮助。

萨拉·西格，
麻省理工学院行星科学、
物理学、航空学和宇航学教授

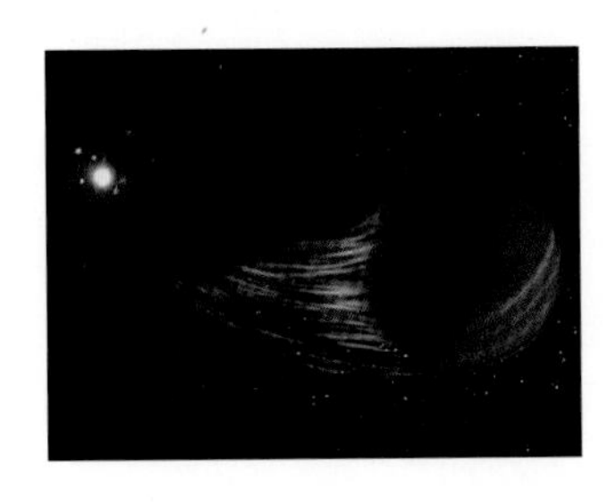

上图：描绘一颗流浪行星的艺术想象图，它已被从恒星系统中抛出。

右图：距离地球约3300光年的OGLE 2005-BLG-390Lb的示意图。虽然它的质量是地球的5倍，但据信它有一个岩质核心和一个稀薄的大气层。

“如果一条轨道绕着一个双星系统，那么它就可能变得不稳定。同理，一颗穿过太阳系的小行星在它回来之前就会被甩出去。你大致可以这样想象：将一颗行星抛向太空，结果就形成了我们所谓的流浪行星。”

菲尔·缪尔黑德，
波士顿大学天体物理学家

几乎可以肯定，OGLE-2016-BLG-1928只是绕这两颗或多颗恒星运行的众多行星之一。随着时间的推移，这一恒星系统的稳定性将不可避免地遭到破坏。正如我们推测在太阳系中曾发生过的那样，像木星这样的带外巨行星经常会由于引力扰动而被抛向太阳系内部，而这种情况在双星和聚星系统中发生的可能性远远大于在太阳系中发生的可能性。这种轨道扰动在双星和聚星系统中不仅更有可能发生，而且其影响可能更加深远。一颗进入该系统的行星的轨道很容易与OGLE-2016-BLG-1928的轨道交叉，从而对这颗行星造成决定性的打击。这不仅会将其撞离轨道，还可能会把它撞出整个恒星系统之外。这样的情形看起来似乎不太可能，但对于像OGLE-2016-BLG-1928这样的流浪行星是如何形成的，这已经是我们目前最好的解释了，并且据我们所知，没有星光的世界就是没有生命的世界。如今，由于OGLE-2016-BLG-1928已远离其母恒星的温暖怀抱，因此它可能曾经拥有过的任何液体早已被冻结为固体，曾经防止其岩质表面受严酷的宇宙射线伤害的大气层也早已消失。这颗行星和它的一群流浪行星兄弟都是贫瘠的世界，只留下萦绕不去的、沐浴在一颗母恒星的势场中的童年记忆。

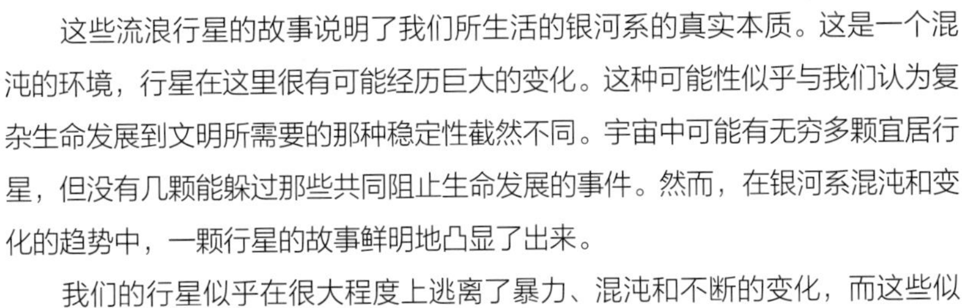

这些流浪行星的故事说明了我们所生活的银河系的真实本质。这是一个混沌的环境，行星在这里很有可能经历巨大的变化。这种可能性似乎与我们认为复杂生命发展到文明所需要的那种稳定性截然不同。宇宙中可能有无穷多颗宜居行星，但没有几颗能躲过那些共同阻止生命发展的事件。然而，在银河系混沌和变化的趋势中，一颗行星的故事鲜明地凸显了出来。

我们的行星似乎在很大程度上逃离了暴力、混沌和不断的变化，而这些似乎是像银河系这样的星系的特征。是的，地球上曾经发生过不寻常的大灭绝，但地球上有一条连续的生命链，可以追溯到30多亿年前。如果这就是从生命起源走向文明所需要的，那么尽管宇宙中可能有数十亿颗行星上曾出现过生命，但发展出文明的行星可能只有一个。

这只是一种观点，是一种有根据的猜测。无论这种猜测多么有根据，考虑到这个问题的深刻本质，由此就停止观察银河系（无论是观察其内部还是观察其外部），那都是荒谬的。

2020年9月，天文学家利用美国国家航空航天局的钱德拉X射线望远镜探测到了一道泄露了天机的光芒，这道光芒不在银河系中，而是在距离地球2600万光年的涡状星系中。这样，我们就在银河系之外的一个星系中发现了第一颗候选行星M51-ULS-1，尽管这一点目前尚未完全得到证实。我们认为这可能是一颗气态巨行星，它只比土星略小一点，在一个非常明亮的双星系统中运行，而这个系统确确实实位于一个非常遥远的星系之中。

在另一个星系中发现一颗绕着一颗恒星运行的行星，这是许多科学家从未想过他们会观察到的。这提供了一种有趣的可能性：我们也许不仅能够探索我们在银河系中是否孤独的问题，还可以探索我们在宇宙中是否孤独。“我们是孤独的吗”这个问题可能要在遥远的将来才能得到回答，实际上甚至可能永远也得不到回答。不过，这个问题的意义深远，因为回答了这个问题，我们就能进一步理解作为人类意味着什么。

随着我们探索每一颗行星，我们人性的一面将会进一步显现出来，因为为此打下基础的能力，即探索这些问题的能力，是“作为人类意味着什么”的一个基本部分。对于这些问题，也许我们穷尽一生都无法得到答案，要留给我们的子孙后代去回答。这是让我们在这个小小的世界上显得如此特别的一个基本部分。仰望星空，我们是不是孤独的？

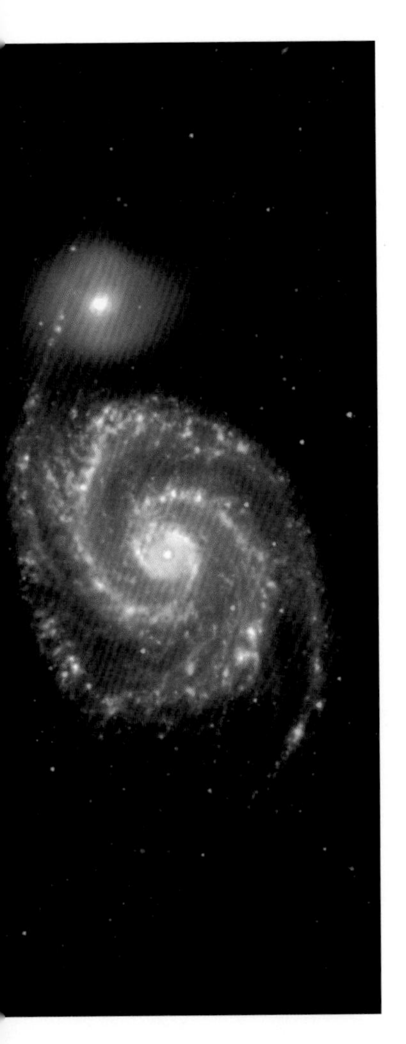

下图：涡状星系实际上是一对星系，它们分别是梅西叶51和NGC 5194。螺旋状的旋臂是由恒星和含有尘埃的气体组成的长长通道，这些旋臂的作用相当于恒星形成工厂。

第2章

恒星

“星星啊，收起你们的火焰！不要让光亮照见我的黑暗幽深的欲望。”

——威廉·莎士比亚，《麦克白》（*Macbeth*）

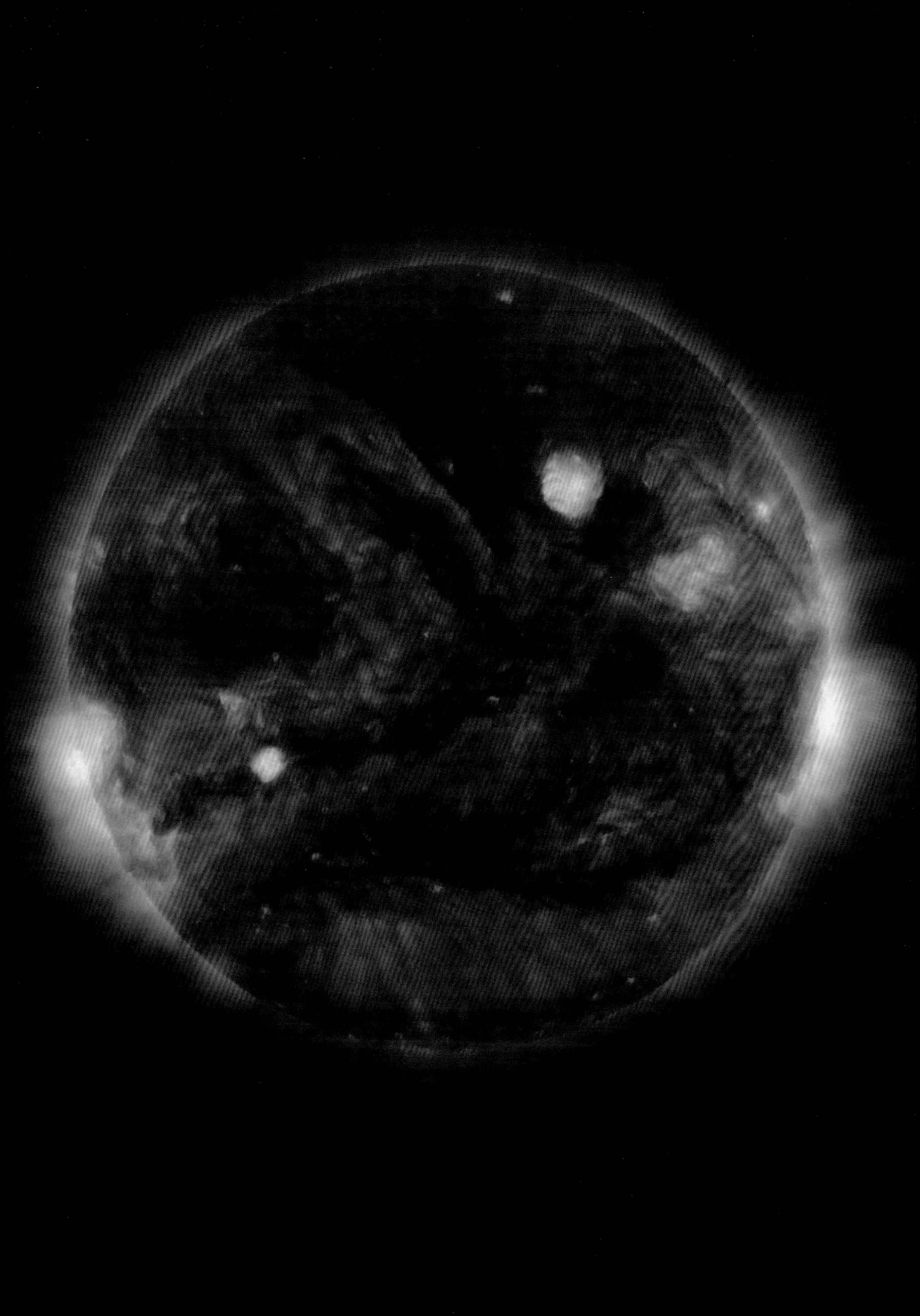

恒星

曾几何时，星光还没有出现，天空尚未沐浴在亿万颗恒星的光芒之中。这是一个黑暗的宇宙，密布着巨大的涡旋气体云，没有任何可见的光亮。它被冻结了，停留在发育不全的幼年时期，被锁定在一个看似永远停滞不前的状态之中。没有恒星，就没有光，就没有创世的动力，就没有推动这个宇宙雏形前进的能量来源。那是一个由最简单的元素组成的宇宙，这些元素纠缠在一起，织成了最黑暗的网状物。那是一个不具有复杂性的宇宙，没有恒星来制造星尘，没有星尘来制造岩石，没有岩石来制造行星，没有行星来制造世界。在一个没有世界的宇宙中，就不可能有栖息地——没有生命这种东西。

然而今天，当从我们的这颗有生命、有呼吸的行星上仰望时，我们看到了一个全然不同的故事。我们沐浴在一颗恒星的光芒之下，要等待太阳落山，才能感受到宇宙的丰富性。我们上方的夜空被无数恒星照亮，无论从地球上的何处，我们用肉眼就能看到其中的几千颗。太阳系的其他7颗行星在我们的黑暗天空中起舞时隐现在这些恒星之间。

我们认为这一切都是理所当然的。太阳每天升起和落下，我们有史以来就自信地通过它的运动来划分白天和夜晚，编制日历。即使在技术进步的今天，我们也仍然无法回避我们与宇宙相连这一基本前提，因为从根本上说，我们都来自恒星。

仰望夜空只是一个开始，是我们仅凭肉眼所能达到的极限。在我们的视野之外，有一个比我们的想象要丰富的星系，有2000多亿颗恒星呈旋涡状盘旋在一起。在它们的耀眼光芒之下，隐藏着上千亿颗行星，这些行星的种类几乎无穷无尽。有些是巨行星，由气体形成；另一些是岩质行星，可能被海洋所覆盖，而这对生命至关重要。如果我们能更深入地观察这些行星周围的黑暗之处，就会看到更多的行星——我们只能估计有多少，而我们所知道的宇宙中的大量卫星肯定以令人难以置信的数量存在着。

银河系只是我们最大的望远镜所能观测到的约2000亿个星系中的一个，这些星系充满了无穷无尽的、难以想象的可能性。所有这些，一个充满各种可能性的宇宙（每一颗恒星、每一颗行星、每一颗卫星、每一块岩石、每一粒尘埃），如果没有使我们从黑暗走向光明的那一刻，就不可能存在。

在本章中，我们将探索这一重大转变的故事，将回溯数十亿年，看看最早的那批恒星是如何形成的，并发现它们又是如何转而为随后的一切创造条件的。这是一个关于我们的恒星家谱的故事。这份家谱经过短短几代，就将我们的宇宙变成了一个星光灿烂的地方，并在此过程中创造了一个以单颗恒星为中心的系统。在这个恒星系统中，一颗行星上的化学过程创造出了一个有生命的世界。这也许是在数以亿计千米的太空中从最近的恒星获取无尽能量的唯一有生命的世界。这颗恒星为一种生命形式提供了能量，而这种生命形式建立了一种文明，他们能够探索这颗恒星来自的那个宇宙，以及这个宇宙最终将面临的命运。

“恒星中的所有元素对我们都非常重要，因为我们就来自恒星。我们今天所熟悉的一切，比如树木、我们居住的房子、我们穿的衣服、我们的身体等，都是由数十亿年前在恒星的中心创造出来的元素构成的。因此，恒星，不只是太阳，而是所有恒星，都是造成我们存在的因素。”

尼娅·伊马拉，
加利福尼亚大学天体物理学家

对页图：亿万颗恒星照亮了夜空，银河系在我们的头顶上方延伸，提供了一个充满各种可能性的地方。

进入光明

我们的故事开始于离家相对较近的地方，距离我们的地球只有1.5亿千米。太阳是离我们最近的恒星，位于太阳系的中心。太阳的半径约为696300千米，包含了太阳系总质量的99.8%。自从人类最初抬头仰望天空并对这种生命力可能是什么以及它从何而来产生疑惑以来，我们的这位恒星邻居的尺度和力量就被古老的文化神化了，并激发人们创造了无数的神话和传说。

起初我们依靠眼睛，然后借助越来越强大的望远镜，后来有了哈勃空间望远镜的帮助，而现在又有了一支装备高科技的无畏的探险队，因此我们已经能够对这个近乎完美的球体内存在着什么建立起我们的理解。但是，让我们找到太阳真相的不仅是物理观测，还有理论探索——这是人类奋力争取理解太阳运行机制的思维之旅。通过观测与理论研究的结合，我们已经能够拼凑出太阳源源不断地向地球表面输送能量的真正原因，并能够重新讲述这个由炽热气体构成的球体的生命历程，它是生命的赋予者。

从上个世纪之初，即20世纪的头几年开始，我们对物理世界的理解发生了革命。这场革命始于欧内斯特·卢瑟福①在曼彻斯特实验室的工作。随着对原子的理解不断加深，对物理世界基本知识的了解不断扩展，我们也逐渐有能力将这些知识应用于研究宇宙的大结构（比如说太阳的结构），这使我们开始了一段平行的发现之旅。

几个世纪以来，科学家一直对太阳热量的来源感到困惑。因此，要用一种基于证据的解释来取代长期存在的神话，阐明太阳具有非凡的能量并不容易。太阳是不是一开始就非常炽热，然后在与太阳系的其他部分共享热量时开始逐渐冷却？还是有某种机制从内部产生热量，也许是引力收缩，或者是星体落入恒星产

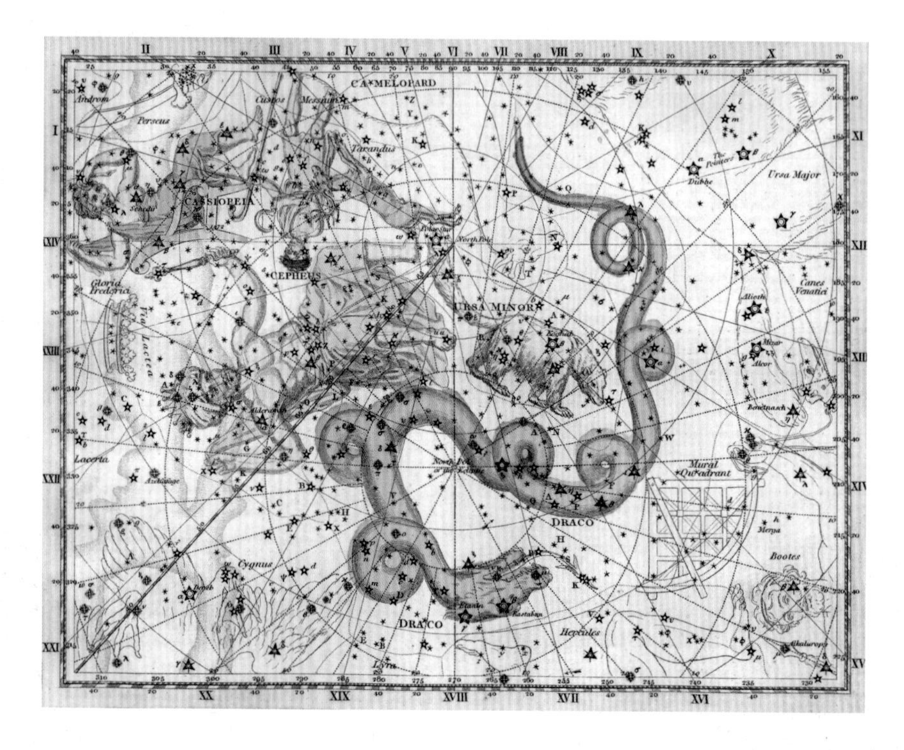

左图：亚历山大·贾米森在1822年绘制的《天图》（*Celestial Atlas*）中通过30幅分布图展示了当时肉眼可见的天空，此为其中的一幅。

① 欧内斯特·卢瑟福（1871—1937），英国物理学家，1908年诺贝尔化学奖获得者。他首先提出放射性半衰期的概念，并证实在原子中心存在一个原子核，从而创建了卢瑟福模型（行星模型）。——译注

CALENDARIO AZTECA O PIEDRA DEL SOL.
EN EL MES DE DICIEMBRE DEL AÑO DE 1790
AL PRACTICARSE LA NIVELACION PARA EL NUEVO
EMPEDRADO DE LA PLAZA MAYOR DE ESTA CAPITAL
FUE DESCUBIERTO ESTE MONOLITO Y COLOCADO
DESPUES AL PIE DE LA TORRE OCCIDENTAL DE LA
CATEDRAL POR EL LADO QUE VE AL PONIENTE
DE CUYO LUGAR SE TRASLADO A ESTE MUSEO
NACIONAL EN AGOSTO DE 1885.

上图：墨西哥城国家博物馆展出
的阿兹特克日历石（或称太阳石），

解锁原子

卢瑟福修改了J.J.汤姆孙[①]的“葡萄干布丁”模型，证明了原子核的存在。汤姆孙的模型假设原子均匀带正电，而负电子分散在原子中的各处。

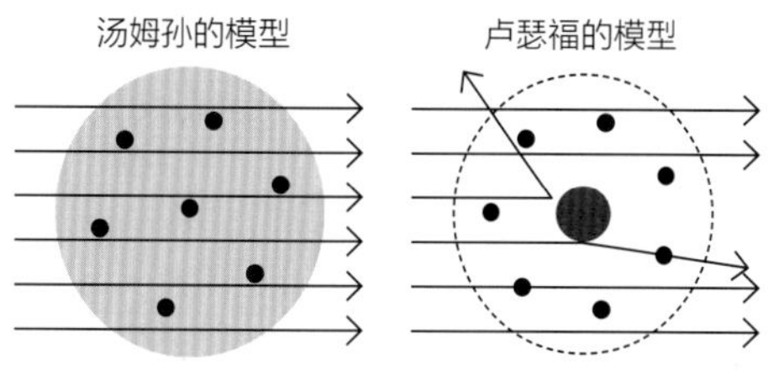

生的热量？

在19世纪的科学热潮中，新理论不断涌现，但卢瑟福首先提出了关于太阳能量的一种理论。他在实验室工作的基础上提出，太阳的热量来自原子核的衰变，由此产生的热量是太阳辐射能量背后的原因。恒星本质上具有放射性这一理论最终被证明是不正确的，但它为我们指明了正确的方向，并标志着一个基于原子结构的太阳理论模型的诞生。这种模型是其他科学家在接下来的几十年里陆续建立起来的。

下一个接过接力棒的是阿尔伯特·爱因斯坦[③]，他提出了质量和能量等价的原理。这个非凡的想法是说，任何有质量的东西都具有等价的能量，反之亦然，并且你可以用一个常数“c^2”（这个常数的值等于光速的平方）来将质量和能量相互转换。1905年11月21日，爱因斯坦将这一基本原理的表述以方程$E=mc^2$的形式首次与世人分享，为核物理学的蓬勃发展奠定了基础。这也使得物理学家、科学普及者阿瑟·爱丁顿[④]将核聚变描述为太阳等恒星内部产生能量的基本机制。爱丁顿在1926年出版的《恒星内部结构》（*The Internal Constitution of the Stars*）一书中穿越了1.5亿千米的太空，让我们第一次窥见了太阳内部的运行机制，揭示了太阳的几乎全部能量实际上都来源于所有元素

上图：出生于新西兰的英国科学家欧内斯特·卢瑟福是他那个时代最伟大的实验物理学家。他于1908年获得诺贝尔化学奖。

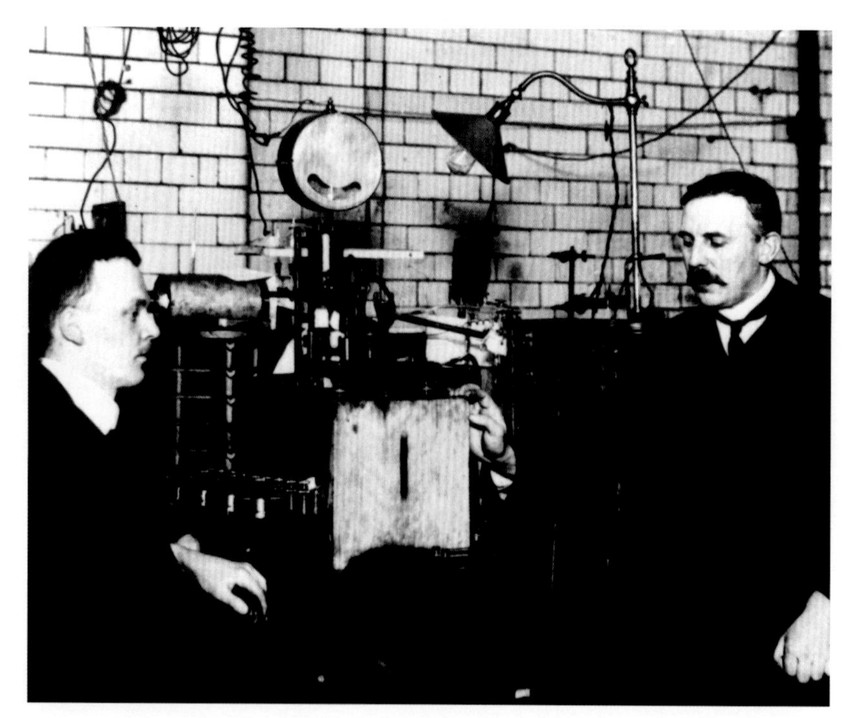

右图：欧内斯特·卢瑟福（右）和汉斯·盖革[②]共同设计了一种方法来探测镭所发射的α粒子并对其进行计数。

① J. J. 汤姆孙（1856—1940），英国物理学家，电子的发现者，1906年荣获诺贝尔物理学奖。——译注

② 汉斯·盖革（1882—1945），德国物理学家。他和卢瑟福在α粒子散射实验中共同设计了一种探测α粒子的计数器，后来又和他的学生米勒（1905—1979）对其进行了改进，使其可以用于探测所有的电离辐射。——译注

③ 阿尔伯特·爱因斯坦（1879—1955），美籍犹太裔物理学家。他创立了作为现代物理学两大支柱之一的相对论，并由于光电效应方面的贡献而于1921年荣获诺贝尔物理学奖。——译注

④ 阿瑟·爱丁顿（1882—1944），英国天体物理学家。他通过观测证实了爱因斯坦的广义相对论和引力引起的光线弯曲，并将相对论传播给英语国家，在研究恒星演化过程和内部结构等方面也有重要贡献。——译注

> **“一颗恒星正在以我们所不知道的方式利用某种巨大的能量库，这个能量库中的能量几乎只可能是亚原子能。众所周知，亚原子能大量存在于一切物质中。我们有时会梦想着有朝一日人类将学会如何释放它，并利用它为自己服务。”**
>
> 阿瑟·爱丁顿

中最简单的一种——氢。

爱丁顿根据爱因斯坦提出的原理推测，在太阳的巨大质量所产生的巨大压强之下，氢原子可能会被挤压在一起，在一瞬间发生聚变——氢原子聚变成氦原子，这会释放出巨大的能量。在我们对核聚变、热核能，甚至恒星主要是由氢和氦组成的这一事实有所了解之前，爱丁顿就已采用了质量和能量等效的原理，并推测4个氢原子可以结合起来形成一个氦原子。他还进一步得出结论：在这一过程中，由此产生的质量净变化会释放出异常巨大的能量，将像太阳这样的恒星内部的温度升高到数百万摄氏度。爱丁顿从理论上说明，一颗恒星只需要占其质量的5%的氢就可以产生这些能量。这是我们理解恒星内部机制的开始，也是理解恒星生命故事的第一步。

还要再过5年的时间，并且需要“天文学史上最杰出的博士论文”发表，科学才会在爱丁顿的假设的基础上继续发展，并揭示出氢远非太阳的一个次要成分。事实上，氢是太阳中最丰富的元素，不仅在恒星中是如此，在宇宙中也是如此。这篇“杰出论文”的作者是出生在英国的天文学家塞西莉亚·佩恩-加波施金[①]。1919年，她是剑桥大学的一名本科生，她在聆听了阿瑟·爱丁顿的演讲后受到启发，开始学习天文学。在爱丁顿的鼓励下，佩恩-加波施金决定保持自己的学术热情继续深造。她认为女性天文学家在美国比在英国有更多的机会，因

上图：由于对氢聚变反应的研究，爱丁顿的梦想正在逐渐实现。发挥首要作用的是一台被称为JET的装置，即欧洲联合环状反应堆。

右图：阿瑟·爱丁顿（右）和阿尔伯特·爱因斯坦（左）的研究为我们理解恒星能量的来源奠定了基础。

① 塞西莉亚·佩恩-加波施金（1900—1979），英裔美籍天文学家，她首先提出了恒星主要是由氢和氦组成的。——译注

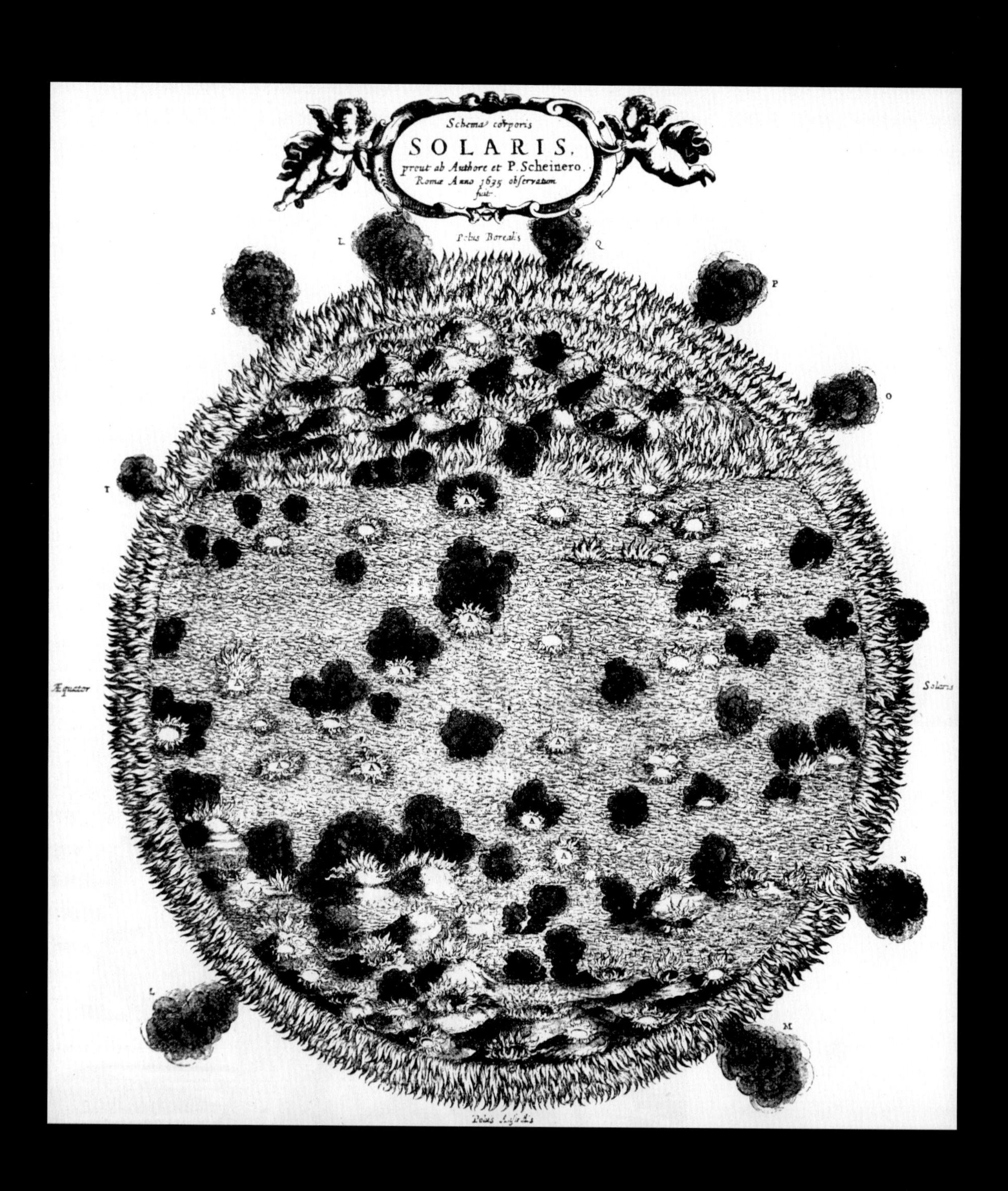
Schema corporis
SOLARIS,
prout ab Authore et P. Scheinero.
Romæ Anno 1635 observatum
fuit.
Polus Borealis
L
Q
S
P
O
T
Æquator
Solaris
N
L
M
Polus Australis

恒星的元素

氢、氦、锂是宇宙中最早出现的元素。下面是它们在现代原子模型中的原子结构，这一模型解释了电子的量子轨道。

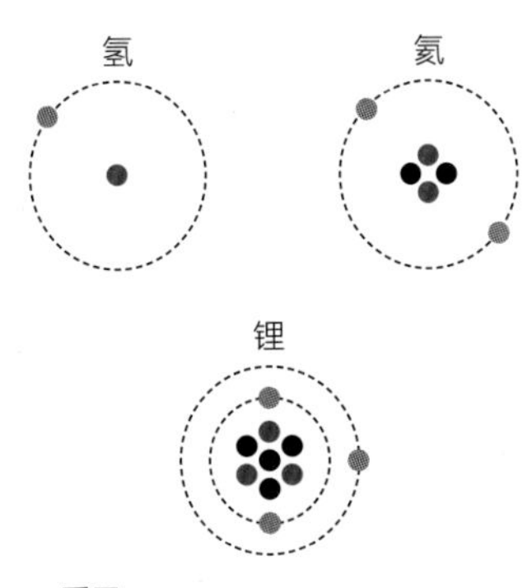

● 质子
● 中子
● 电子

此她接受了一份奖学金，前往拉德克利夫学院学习，这是当时哈佛大学唯一接收女性的学院。

佩恩－加波施金在哈佛大学天文台工作时，不仅利用光谱分析计算了太阳的成分，还计算了许多其他恒星的成分。她由此得出结论：这些恒星主要是由氢组成的。（我们现在知道，恒星质量的大约74%是氢。）在佩恩－加波施金发表论文的时候，长期以来的共识是太阳与地球的元素构成完全相同。因此，当她详细阐述氢丰度理论的论文被发送给同行评审时，立即遭到嘲笑。在接受女性对宇宙的看法方面，美国看来并不像佩恩－加波施金所希望的那样进步。她最终由于受到各位审稿人（其中尤其是因赫罗图而出名的亨利・诺里斯・罗素①）的压力，将她自己的开创性计算和结果说成是“站不住脚的”。又过了4年，当罗素发表了他采用一种不同技术获得的类似发现后，佩恩－加波施金的研究才得到了一些应得的赞誉。虽然罗素在他发表的论文中肯定了佩恩－加波施金的开创性工作，但这并没有阻止人们认为佩恩－加波施金虽然发现了这个充满恒星的宇宙的燃料仅仅是氢，但仍需要解释，这一解释将与罗素的名字牢牢锁定。无论佩恩－加波施金是多么明亮的一颗明星，但她似乎也只是消失在当时男性主导的学术界阴影中的又一位女性科学探索者。

在接下来的20年里，我们学会了去适应一种这样的认知：白天我们沐浴在以氢为燃料的太阳的光芒之下，晚上我们置身于布满了数千颗以氢为燃料的恒星的天空之下。在那段时间里，我们观察宇宙的窗口发生了变化，我们第一次看到了一个不只有一个星系的宇宙——一个岛宇宙，一个充满了恒星岛屿的宇宙。这些恒星岛屿就像仙女座中的那个大旋涡星系，充满了比我们想象的更多的太阳。也正是在那段时间里，我们开始思考一个具有开始、中间和结束阶段的宇宙这样一个概念。一个不断膨胀的宇宙，可以回溯到时间之前的某个时刻，回溯到一个

“任何想法都不应受到压制……而且这适用于那些看起来像胡说八道的想法。我们不能忘记，有些最好的想法一开始看来就像是胡说八道。真理终将战胜一切。根据某种思维的万有引力定律，胡说八道将由于其自身的重量而坠落。即使我们用棒子反向击打它，也只会让错误在空中多停留一点时间。新的真理将进入轨道。”

塞西莉亚・佩恩－加波施金

对页图：17世纪的物理学家、天文学家克里斯托夫・沙伊纳描绘了他所感知的太阳表面是怎样的。

右图：尽管塞西莉亚・佩恩－加波施金做出了开创性贡献，但她的开创性贡献一开始得到的是男性学者的嘲笑。

① 亨利・诺里斯・罗素（1877—1957），美国天文学家。他创建了恒星的绝对星等（或光度）与类型（或有效温度）的统计分布图，这个结果与丹麦天文学家埃纳尔・赫茨普龙（1873—1967）的研究结果一样，因此这一分布图后来被称为赫罗图。——译注

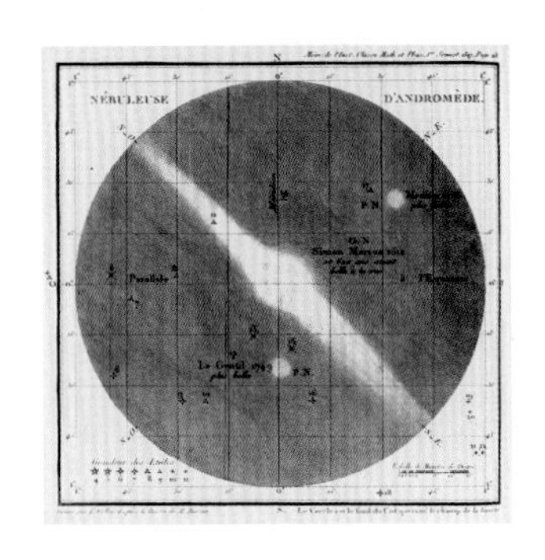

投向仙女星系之外的一瞥

964年，波斯天文学家阿卜杜勒-拉赫曼·苏菲在他的《恒星之书》(*Book of Fixed Stars*)一书中将仙女星系描述为一片“模糊的污迹”。

自古以来，仙女星系就吸引着众多观星者和科学家，各种星图将它标记为“小云”。1745年，皮埃尔-路易·莫佩尔蒂[1]提出的理论认为，天空中的这个模糊的点是一个岛宇宙。再后来，查尔斯·梅西叶（又译查尔斯·梅西耶）在1764年将仙女星系归类为M31天体。1785年，天文学家威廉·赫舍尔得出结论：“仙女星云”是所有大星云中距离我们最近的，并错误地估计其距离不超过天狼星距离的2000倍，约为18000光年（相当于5.5千秒差距）。1850年，第三代罗斯伯爵威廉·帕森斯[2]为我们绘制了仙女星系旋涡结构的第一幅图。

1885年，人们在仙女星系中发现了一颗超新星（称为仙女S超新星），这是在该星系中首次观测到的超新星。当时，仙女星系被视为一个距离较近的天体，因此这颗超新星被视为一个亮度低得多的新星，当时它被命名为“新星1885”。

1888年，艾萨克·罗伯茨[3]拍摄了仙女星系最早的照片之一，误认为它和与之类似的一些“旋涡星云”是正在形成的恒星系统。

虽然我们用肉眼就能看到仙女星系，但由于科学家拥有更强大的技术，尤其是哈勃空间望远镜，因此通过他们的研究，仙女星系向我们揭示了更多关于宇宙历史的信息。近几年来，我们不仅得以窥视仙女星系，还有机会一睹那些更远的星系。

没有昨天的日子，回溯到一个无穷小变成无穷大的那个开始时刻。我们慢慢地开始接受我们是一个故事的一部分，而这个故事始于一场大爆炸，并最终形成了一个充满了上千亿个星系、包含了亿亿万万颗恒星的宇宙。但在整个20世纪30年代和40年代，宇宙的故事并没有情节，关于其中的主角如何塑造和推动这一切的命运，没有明确的指向。

20世纪50年代中期，随着科学史上最深刻的见解之一的发表，故事的这一部分才终于被填补上。这一见解将彻底改变我们对太阳、地球和我们自己的看法，它首次揭示了我们是由什么组成的，以及我们来自哪里。

这篇论文以4位作者——玛格丽特·伯比奇、她的丈夫杰弗里·伯比奇、威廉·福勒和弗雷德·霍伊尔的姓氏首字母命名为B2FH，其基础是霍伊尔关于恒星核合成概念的早期假设：元素（即物质的构成材料）是在恒星内部形成的。在过去的几十年里，人们提出了许多关于宇宙物质起源的理论，包括所有物质都是在大爆炸的那一刻产生的观点。但是，霍伊尔在1946年和1954年发表的一系列论文中提出，只有最轻的3种元素——氢、氦和锂是在宇宙大爆炸的那一瞬间产生的。他认为其余的元素都是恒星的产物。

随着1957年B2FH论文的发表，这项工作达到了顶峰。从表面价值看，这是一篇综述性论文，因为其中包含的许多研究成果已经发表，但其真正的价值来自它结合了研究恒星功能的3种不同视角，其中包括霍伊尔关于恒星核合成的理论研究、伯比奇夫妇关于宇宙中元素相对丰度的观测研究，以及福勒作为一位实验核物理学家关于恒星内部核反应的研究。这篇论文首次将这些不同的视角结合在一起，其结果是对宇宙的故事给出了一种更具说服力的、彻底革命性的叙述。

恒星所做的不仅仅是使氢发生聚变，它们是宇宙工厂，用最简单的配料（氢、氦和少量的锂）生产出所有其他元素，而这些元素构成了一切的结构，其中包括你、我、我们能看到和触摸到的一切，乃至自然界的一切、地球上的一切。恒星把两三种配料转变成了元素周期表中的所有元素。从现在起，我们都将容忍我们是由星尘组成的这一认知。我们是一代又一代的恒星生老病死的产物。

对页图：对梅西叶31（M31）的这一观测结果显示了一些年轻、炽热的大质量恒星所在的那些蓝色区域，那里正在形成恒星。橙白色的“核球”是由较冷的年老恒星组成的，它们形成于很久以前。

左上图：查尔斯·梅西叶[4]绘制的“仙女星云”（M31）草图，其中显示了仙女星系的两个伴星系M32（底部）和M110（顶部）。该图最早发表于1807年。

① 皮埃尔-路易·莫佩尔蒂（1698—1759），法国数学家、物理学家、哲学家。他最先提出地球接近扁球形，并最早提出最小作用量原理。——译注

② 威廉·帕森斯（1800—1867），爱尔兰天文学家，他对旋涡星云的发现和观测有开拓性的贡献。——译注

③ 艾萨克·罗伯茨（1829—1904），英国工程师、商人、业余天文学家，星云天文摄影领域的开创者。——译注

④ 查尔斯·梅西叶（1730—1817），法国天文学家，他编制了著名的“梅西叶星云星团表”。——译注

我们的太阳

光球层（可见层）

温度：6000摄氏度

密度：2×10^{-9}克/厘米^3

厚度：400千米

对流区

温度：200万~6000摄氏度

密度：2×10^{-7}克/厘米^3

厚度：18.2万千米

辐射区

温度：200万摄氏度

密度：20~0.2克/厘米^3

厚度：37.5万千米

太阳核心

温度：1500万摄氏度

密度：150克/厘米^3

直径：27.7万千米

色球层

温度：6000~2万摄氏度

密度：2×10^{-12}克/厘米^3

厚度：1700千米

过渡区

温度：2.2万~100万摄氏度

密度：2×10^{-13}克/厘米^3

厚度：100千米

日冕（外层大气）

温度：100万~300万摄氏度

密度：2×10^{-13}克/厘米^3

厚度：2900万千米

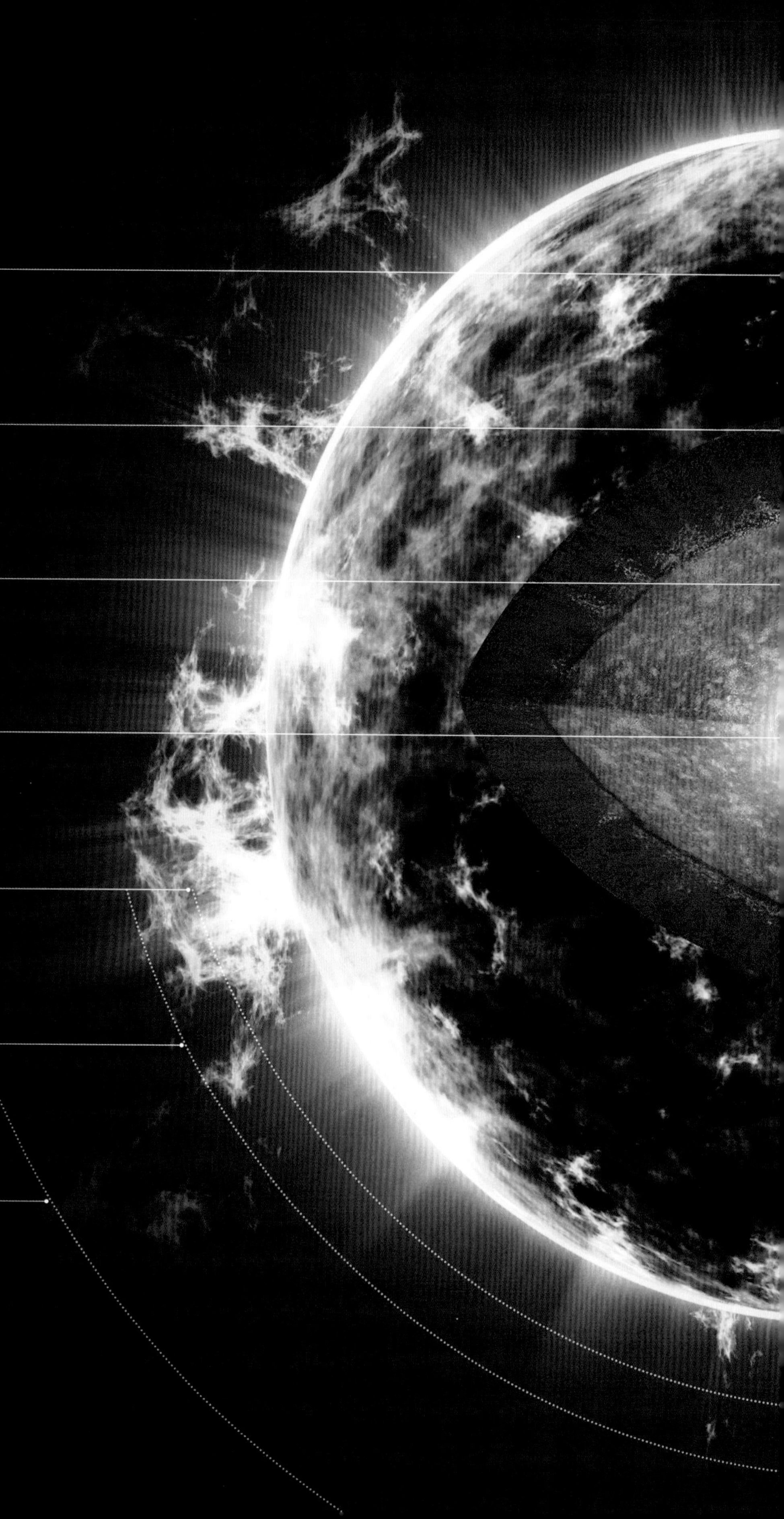

太阳耀斑

太阳耀斑和日冕物质抛射（coronal mass ejection, CME）将等离子体和射电波释放到太阳风中。

太阳米粒

太阳光球层上的米粒是等离子体在对流区中升降时形成的对流泡。炽热的等离子体在这些对流泡的中心上升，而较冷、较暗的等离子体则在这些对流泡之间的狭窄空间中下降。一个典型的米粒直径为1500千米，持续8~20分钟后消散。任何时候太阳表面都被大约400万个米粒所覆盖。

太阳风

太阳风是来自太阳的粒子、磁场和辐射组成的持续流。太阳耀斑和日冕物质抛射将等离子体和射电波释放到太阳风中。阳光在8分钟内到达地球，太阳风在4天内到达地球。

化学成分

太阳是由等离子体形态的物质构成的。等离子体是一种类似气体的物质状态，但其中的大多数粒子已经电离，这意味着其电子数量相对于中性情况增多或减少。太阳的大约四分之三是氢，氢不断通过一种被称为核聚变的过程生成氦。氦几乎占了剩下的四分之一。太阳质量的很小一部分（1.69%）由其他元素（铁、镍、氧、硅、硫、镁、碳、氖、钙和铬等）构成。这1.69%似乎微不足道，但其质量仍然达到了地球质量的5628倍。

太阳黑子

太阳表面的太阳黑子（暗区）是磁场活动的区域，其温度比太阳表面的其他部分的温度低。它们从一边到另一边的距离从数百千米到数千千米不等。

世世代代

我们的恒星——太阳的直径达139.3万千米，比地球大100多倍。正如我们现在所知道的，这个不可思议的能量来源几乎完全是由氢聚变成氦的过程驱动的。当仰望阳光明媚的天空时，你看到的是我们的恒星正在以每秒大约6亿吨的速度将氢聚变成氦，这一过程可以用爱因斯坦的方程$E=mc^2$来概括。在短短的一分钟内，2.5亿吨氢转化为辐射到整个太阳系的能量，塑造了它所接触的一切。在地球上，这种力量通过我们在周遭看到的生机勃勃的景象显现出来，这条不间断的能量链从太阳直接流向地球上几乎所有活着的东西。

数千年来，人类一直在仰望太阳，把它看成是永恒的，是光、热和生命的永恒源泉。但是，就像其他恒星一样，我们的太阳也有一个生命历程。我们现在沐浴在一颗燃烧了50亿年的中年恒星的光芒之中，但它的构成中包含着一个更深的秘密，那是关于它的历史、它的诞生故事以及整个宇宙的历史的。通过对太阳的了解，我们可以真正理解在其他恒星中可能会发生什么（能量在其中是如何流动的，风来自恒星的何处，以及有多少能量和风），并对其生命周期获得有价值的见解。

太阳在其生命的当前这个阶段几乎完全由氢和氦组成，而剩下的质量则由微量的较重元素组成，这些元素在天文学上被称为金属元素（在天文学中，所有比氢和氦重的元素都被简称为金属元素）。在我们的太阳中，这些重元素中含量最丰富的是氧，其次是碳、氖和铁。虽然这些重元素的存在就太阳的构成而言是

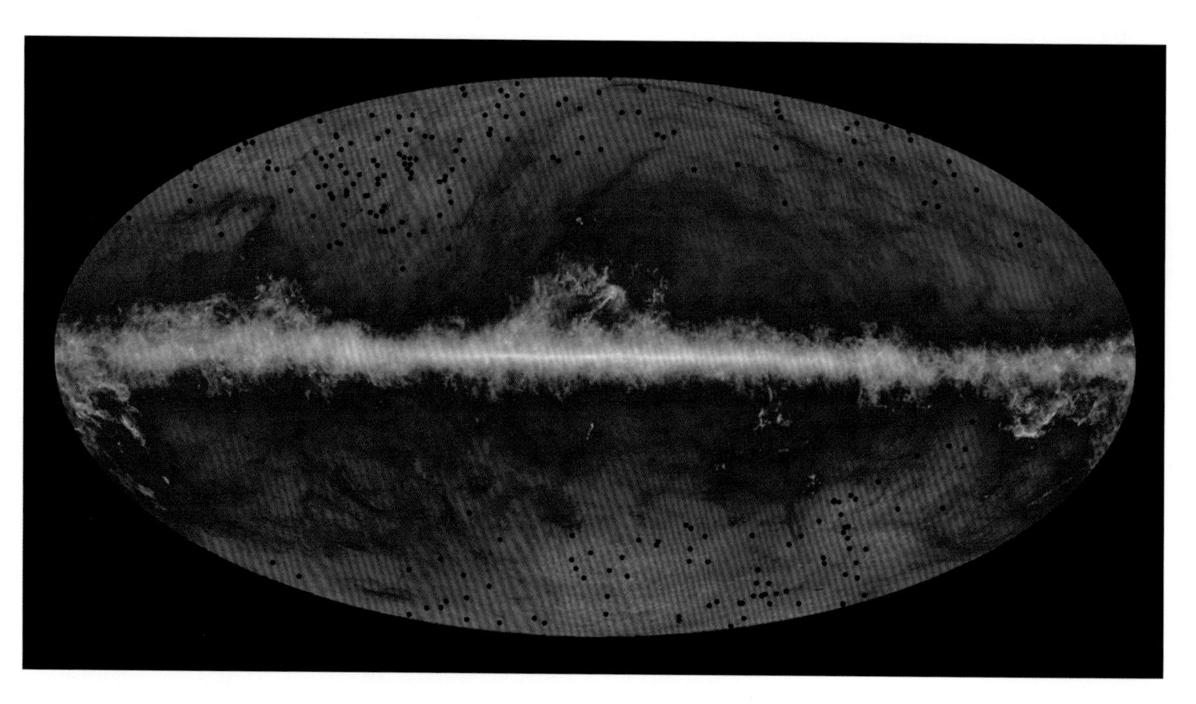

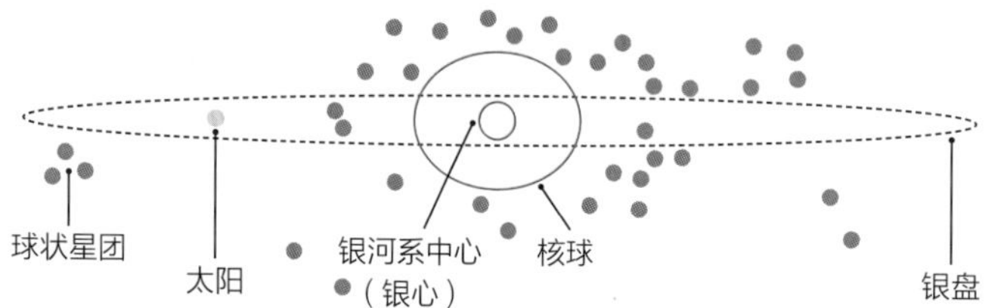

上图：欧洲空间局（European Space Agency, ESA）的普朗克卫星拍摄到的图像，其中黑点表示宇宙中的球状星团，中间的横线揭示了银河系中的尘埃。

微不足道的，但它们实际上是一条线索，使我们不仅能够了解我们的太阳，还能够了解宇宙中所有恒星的更深层次的历史。

这些非常微量的重元素记载着我们的太阳承袭的历史，它在恒星族谱中的位置就写在这些元素中，就像我们世世代代的故事写在我们的基因中一样。这些重元素告诉我们，太阳在宇宙的历史长河中是一颗相对年轻的恒星，它富含早期宇宙中不可能存在的元素，因此它可能是第三代恒星。这样的恒星被称为星族Ⅰ恒星，科学家认为这些恒星形成于100万年到100亿年前，它们富含重元素，而这些重元素必然是上一代恒星的产物。比这些恒星更古老的是星族Ⅱ恒星（形成于100亿年至130亿年前），重元素的含量相对较低。这意味着形成这些恒星的气体只可能存在于早期宇宙中，在那之后还要经过一两代恒星才会翻腾出我们在年轻恒星中看到的那些更丰富的成分组合。

星族这一概念最早是由德裔美籍天文学家瓦尔特·巴德在20世纪50年代初提出的。在整个第二次世界大战期间，巴德一直在加利福尼亚州的威尔逊山天文台工作。他利用战时停电导致光污染减少、使观测条件改善的机会，首次分辨出了靠近仙女星系中心方向的恒星。正是这些观测引导他定义了两代恒星。他观测到较年轻的星族Ⅰ恒星往往出现在像银河系这样的星系的旋臂中，而较年老的星族Ⅱ恒星则往往出现在星系中心附近的一个被称为核球的区域中。

巴德的观测结果表明宇宙中只有两代恒星，直到1978年恒星族谱中才增加了一代。这是由宇宙中最古老的恒星组成的那一代（可以追溯到大爆炸后的最初几亿年），它们毫无意外地被称为星族Ⅲ恒星。这些巨大、明亮、炽热的恒星是第一批照亮宇宙的恒星，因此它们的组成成分完全是纯的，不含任何重元素。这些恒星是由大爆炸后宇宙中仅存的氢和氦形成的。正是这些恒星充当了最早的工厂，创造出最早的重元素，这些重元素将进而构建以后世世代代的恒星和行星。与我们在夜空中观察到的其他两代恒星——星族Ⅰ恒星和星族Ⅱ恒星不同，这些最古老的恒星只存在于天文学家的脑海中，是假设的祖先。我们几乎可以肯定它们曾经照亮整个宇宙，但是只能通过理论宇宙学的想象来观察。这些恒星将我们带回到大爆炸后刚过1.8亿年的时候，宇宙在瞬间发生了变化。随着第一颗恒星的诞生，宇宙突然被星光照亮，并由此具备了所有的潜力。

搜寻第一批恒星

2012年至2017年间，由欧洲空间局的拉查纳·巴塔瓦德卡领导的一个欧洲研究团队开始研究早期宇宙中的第一代恒星，即星族Ⅲ恒星。

巴塔瓦德卡和她的团队使用哈勃空间望远镜研究星系团MACS J0416及其平行场（上图），探测了大爆炸后5亿年到10亿年的早期宇宙。尽管他们无法找到这些恒星存在的任何证据，但在这个过程中，他们使人们看到了对这些星系团及其背后的星系所做的最深入的观测。这项研究还发现了一些星系，它们的质量比以前用哈勃空间望远镜观测到的任何星系都要小，它们的距离对应着宇宙年龄不到10亿年时。因此，在没有恒星群和低质量星系的任何证据的情况下，科学家推断，就目前而言，这些星系最有可能是形成第一批恒星和星系的候选星系。

上图：球状星团是由恒星构成的球状集合，恒星被引力紧密地束缚在一起。银河系中已知的球状星团大约有150个，其中包含了银河系中最古老的一些恒星。

宇宙是由什么构成的

拉纳·伊兹丁，佛罗里达大学天文学家

我们思考宇宙构成的方式是从它的生命中的3个不同点或不同时刻来看待它。因此，如果回看大爆炸，我们就会知道宇宙在那一刻之后仅仅几秒内就诞生了。当时的宇宙只由氢、氦和少量锂构成。再往后大约1000万年，第一批恒星形成了，它们就是由这些元素构成的。它们只含有这些元素——氢、氦和锂。

第二代恒星是由气体和最早的恒星（第一代恒星）遗留下来的物质形成的。这意味着无论在第一批恒星的生命结束时其内部存在着什么、形成了什么，其内部的物质都会通过超新星爆发的形式喷射到周围的气体中。因此，第二代恒星带有第一代恒星存在的直接证据。如果能够探测并研究第二代恒星的化学成分，那么我们就能了解第一代恒星存在于何种环境中，它们是如何生存的，它们形成了什么样的元素，以及它们的生命是如何结束的。

这是我们在银河系考古学中做研究的前提。我们设法找到一直生存至今的第二代恒星。我们在银河系中发现它们是因为它们的质量比第一批恒星的小得多，这意味着它们的寿命比第一批恒星的长得多。因此，当我们找到它们并研究它们的化学成分时，不仅可以直接推断出第一批恒星所处的环境，还可以推断出早期宇宙中发生的不同的化学增丰事件。

第二代恒星拥有任何恒星所能拥有的最早的那些重元素，它们的核心不断形成越来越多的元素。当它们通过超新星爆发的形式死亡时，就会将这些元素喷射出来带到下一代中。因此，在一代又一代的更替过程中，恒星一直在用越来越多的元素为宇宙增丰，直至今天我们看到像太阳这样的近期恒星，它含有如此多的重元素。这是通过元素的宇宙循环而产生的。

下图：哈勃空间望远镜拍摄的梅西叶5是银河系中的一个古老的球状星团。它的大多数恒星形成于120多亿年前，但其中也出现了一些出乎意料的新成员（蓝色），为这个年老的族群增添了一些活力。

恒星的分类

天文学家根据恒星的光谱特性对其进行分类，分析来自恒星的电磁辐射，以确定其电离状态，从而对光球层的温度给出一个客观的测量值，并指示恒星光谱的峰值颜色。大多数恒星被划分为主序星，字母O、B、A、F、G、K和M表示温度的高低（从高到低）。

赫罗图是恒星的散点图，显示恒星的绝对星等（或光度）与光谱型（或有效温度）之间的关系。这幅图是1910年左右由埃纳尔·赫茨普龙和亨利·诺里斯·罗素各自独立绘制的，它代表着人类在对恒星演化的理解上迈出了重要的一步。

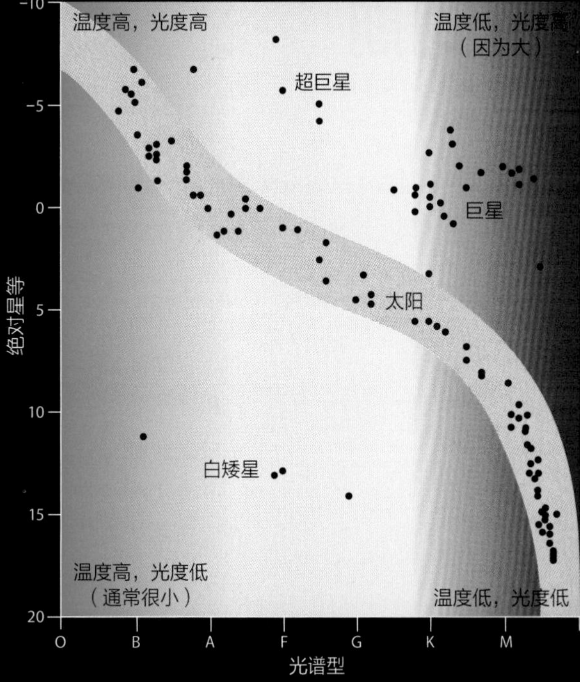

温度高，光度高
温度低，光度高
（因为大）
超巨星
巨星
太阳
白矮星
温度高，光度低
（通常很小）
温度低，光度低
绝对星等
-10
-5
0
5
10
15
20
O
B
A
F
G
K
M
光谱型

	主序星							巨星	白矮星	超巨星
	宇宙中的大多数恒星，包括太阳							接近生命末期的低质量恒星	内爆恒星的垂死残骸	接近生命末期的大质量恒星
光谱型	O	B	A	F	G	K	M	主要是G、K或M	D	O、B、A、F、G、K或M
温度/开	40000	20000	8500	6500	5700	4500	3200	3000~10000	<80000	4000~40000
半径（太阳半径=1）	10	5	1.7	1.3	1	0.8	0.3	10~50	<0.01	30~500
质量（太阳质量=1）	50	10	2	1.5	1	0.7	0.2	1~5	<1.4	10~70
光度（太阳光度=1）	100000	1000	20	4	1	0.2	0.01	50~100	<0.01	30000~1000000
寿命（$\times 10^6$年）	10	100	1000	3000	10000	50000	200000	1000	—	10
重元素丰度	0.00001%	0.1%	0.7%	2%	3.5%	8%	80%	0.4%	5%	0.0001%

黑暗时期

让我们回到138亿年前，回到星光出现之前，此时新生的宇宙迷失在黑暗之中，这段时间被称为宇宙黑暗时期。在这片由粒子构成的毫无特征的海洋中，就在大爆炸发生后的1亿年左右，宇宙开始试探性地迈出了从一无所有走向创造万物的最初几步。这个时期是形成今天的宇宙的基础，是暗物质为构建所谓的宇宙网奠定基础的时刻。从一个只含有两种原始成分（氢和氦）的宇宙转变为我们今天看到的宇宙，其中充满了90多种不同的元素，这些元素形成了无数种恒星、行星和卫星等。

到处都充斥着最简单的原子，它们飘浮在这个空荡荡的宇宙中，这一切都没有任何理由改变，这个故事本可继续下去——一个永恒的、简单的宇宙，它的形式和功能在其诞生后的瞬间就在时间里凝固了。那么随后又发生了什么？为什么会发生变化？从何而来的触发因素触发了宇宙历史上最深刻的那场转变？

为了理解这一关键时刻，我们的视线需要越过当时已存在的那些简单原子。仅仅靠它们是无法跨越从简单到复杂、从黑暗到光明的界限的。我们需要更深入地观察黑暗，才能了解这些原子是如何变成光的；我们需要看到隐藏在阴影之中的结构，这是一种横跨整个宇宙的神秘结构，而我们对它的了解才刚刚开始。

2019年10月，由日本理化学研究所（RIKEN）的秀木秀树领导的一个国际科学家小组报告，他们使用智利的甚大望远镜（Very Large Telescope, VLT）首次窥探到了一种我们长期以来一直预测存在而又从未直接观测到的古老结构。研究人员凝视着宇宙中120亿光年之外的一个被称为SSA22的星系团，详细地观察这片古老的区域，从而看到了宇宙中的一些最古老的星系。此外，他们还观察到了这些明亮的恒星岛屿之间存在着什么。SSA22的结构不仅包含星系，还包含大量气体，这些气体处于巨大的气泡状结构中，其体积之大甚至超过了那些星系本身。

“我们发现星系和超大质量黑洞是沿着纤维状结构形成的，它们由宇宙网提供能量。这是我们第一次真正看到连接多个星系的纤维状结构。”

秀木秀树，日本理化学研究所

利用这架望远镜的威力去观察这片空间，我们可以瞥见一个巨大的星系温床，这里是宇宙物质的集中地，为数十亿颗恒星的形成提供了完美的沃土。这还不是他们的全部发现。使用甚大望远镜上的一种相对较新的仪器——多元光谱探测仪（Multi Unit Spectroscopic Explorer, MUSE），他们得以窥视到了3条巨大的曲臂或纤维状结构。他们认为这些结构形成于大爆炸后20亿年之内。星系和气泡排列成线，而不是沿着这些曲臂随机取向。这个区域的强度不同于我们所见过的任何东西，它是一个致密的聚合体，星系和气泡交织在一起，形成一个巨大的、精美的、纠缠着的网络。我们相信，我们是在最近的距离上观察诞生出第一批恒星和星系的结构，这是一个我们预测过而从未见过的结构——宇宙网。

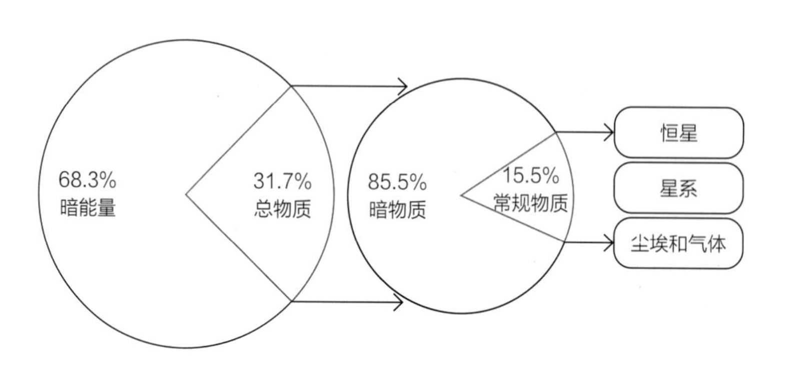

右图：构成宇宙的绝大部分成分是我们知之甚少的暗物质，以及我们更不了解的暗能量。

对页图：左边的分布图显示了多元光谱探测仪探测到的纤维状结构（蓝色），右边是C-EAGLE模拟的一个大质量星系团的图像。在这些纤维状结构的聚合处，一个大质量星系群正在聚集起来。

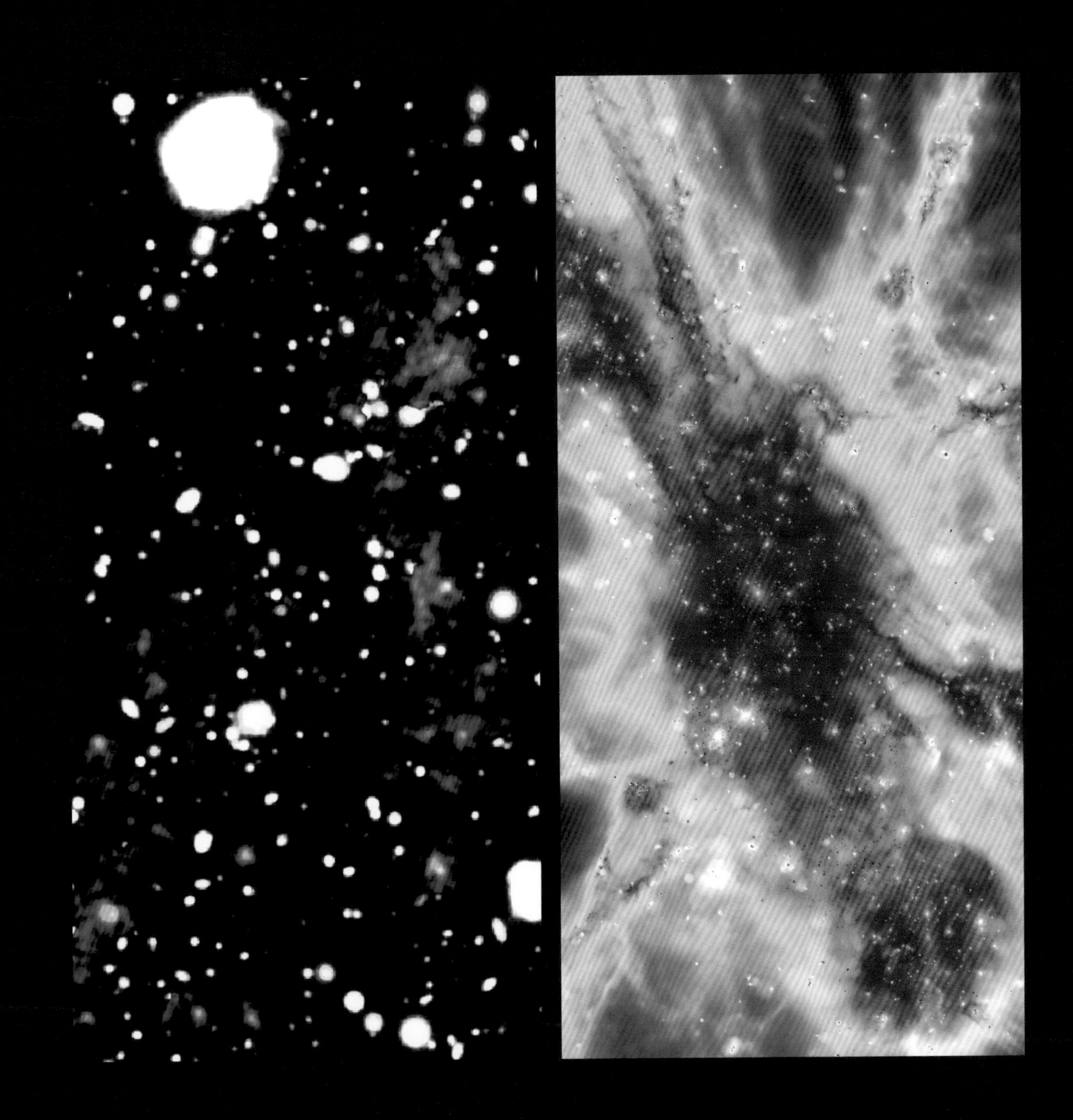

暗物质和宇宙网

宇宙网这个术语用于描述暗物质纤维和暗物质晕构成的网络，它们由于引力的作用而形成和坍缩，实质上已经历了数十亿年时间。在此期间，暗物质在宇宙中的某些部分高度聚集，并因此在宇宙的其他部分被清空了。这实际上形成了一种类似蜘蛛网的结构，宇宙网因此得名。

归根结底，我们认为正是暗物质使得奠定宇宙基础的过程得以发生。但是，我们其实对暗物质是什么还没有一个完整的概念。你认为的暗物质位于不同的地方，宇宙网中最初结构的形成实际上也会发生变化。因此，一些暗物质模型实际上在很早的时候（本质上是第一批暗物质粒子存在时）就停止产生结构了，而其他暗物质模型则在很晚的时候才开始产生结构。当然，这意味着第一批恒星和星系的形成可能会延迟，也可能不会，这要视情况而定。下面这些就是天文学家问自己的问题：我们如何才能真正设法去探测宇宙中最早形成的那些恒星与星系，以了解第一批暗物质结构是在何时形成的，因此暗物质的性质可能是什么。

索纳克·博斯，
哈佛大学天体物理中心研究员

对SSA22的观测揭示出一个跨越300多万光年的网络，它由巨大而致密的气体纤维构成。这些气体由早期宇宙中的氢和氦组成，我们已经知道它们为演化出第一批恒星提供了燃料。正是在这些纤维状结构交叉的地方，即密度最高的那些区域，我们看到了恒星、黑洞和星系的形成，这表明这是了解第一批恒星如何从早期宇宙的黑暗中出现的关键。

宇宙诞生后刚过1亿年，一切仍然迷失在黑暗中。宇宙中充满了由氢和氦构成的云团，没有恒星在黑暗中发光，也没有光线照亮天空。这是一个不断变化的宇宙，它正在从诞生时的极端高温中冷却下来，这使得物质在早期是不可能存在的。此时，它正在达到这样的一种状态：原子不仅存在，而且实际上可以非常缓慢地移动，从而在越来越大的引力作用下开始聚集在一起。

随着宇宙逐渐冷却下来，不仅普通物质（即氢和氦）开始慢慢形成结构，另一种东西也在黑暗中发展起来，创造出一种宇宙可以建立在其上的隐藏结构。那就是暗物质，我们知道这种神秘物质的存在，但它仍然是现代物理学中最大的谜团之一，它一直在缓慢地创造一个具有致密结构的网络，这个网络扩散到整个宇宙中。随着暗物质的冷却，氢和氦越来越被这些结构所吸引，在不可抗拒的引力作用下落入密度最大的那些区域。这个过程渐渐地造就了一个丝缕交错的网络，普通物质和暗物质交织在一起，并延伸到整个宇宙中。这就是宇宙网，一张我们今天仍能看到的网，它创造了将黑暗变成光明的框架。这就是我们所知的宇宙，它一直在演化，慢慢地重新配置，形成新的星系和新的恒星。正是在这张最早形成的网络的最密集处，条件刚好适合第一批恒星诞生，从而使宇宙能在慢动作的舞蹈中成形。

对页上图：计算机模拟结果显示了难以捉摸的暗物质在近域宇宙中的分布，这是望远镜无法探测到的。

对页下图：就像蜘蛛网一样，宇宙网是在引力作用下形成的、由暗物质纤维和暗物质晕构成的复杂精细的网络。

右图：多元光谱探测仪是一台三维摄谱仪，它具有用于发现宇宙新图景的大视场，并配有低温冷却系统。

一颗恒星的诞生

从天空中的太阳到宇宙中最早形成的那些恒星，每一颗曾经存在过的恒星的诞生都遵循相同的基本物理原理。尽管我们从未能够一窥那些最早的恒星，哪怕是一颗，但我们可以利用这些物理原理对它们进行更详细的描述。

大爆炸发生大约1亿年后，在宇宙网最密集的交叉点处的黑暗中，大量气体缓慢而稳定地增长，它们在引力作用下聚集到一起，形成了横跨数百万光年的巨大云团。在引力作用下，在潜伏在黑暗中的暗物质的驱动下，这些由原始的氢和氦构成的云团开始凝结，在某些地方变得越来越致密、越来越炽热，从而产生了巨大的压强，使得原子本身也无法抵抗。

在宇宙早期历史的某个阶段，在一片巨大的云团中，4个氢原子聚集在一起，被挤压到不能再单独存在的程度。在这一刻，这4个原子合而为一，聚变成了一种新的元素——氦。这个过程释放出了令人难以想象的巨大能量。也许这类事件发生了数百万次，甚至数十亿次，却没有发出光。但就在其中一片云中，就在某个时刻，一个失控的过程开始了，大量的氢原子开始聚变，释放出越来越多的能量，直到这个大旋涡中出现了某种不寻常的东西。

“一颗恒星就是一台能量机器。”

凯利・科雷克，
美国国家航空航天局
太阳物理部项目科学家

当这些巨大的气体云发生坍缩并迫使大量的氢原子发生聚变时，气体云的中心变得越来越热，温度高达10000开。一颗原恒星诞生了。致密的氢原子云持续存在，其温度和压强是如此之高，以至核聚变不只是偶尔发生。大约在137亿年前，在那片古老的气体云的内部，失控的核聚变反应在宇宙中导致了一种新结构开始形成。当云团在引力作用下向内坍缩时，核聚变反应产生了一种相反的力，这是一种向外的压力，可以对抗引力坍缩。一开始，这会带来湍流和混沌，但随着时间的推移，这两种力会达到平衡——一种在坍缩和膨胀之间的平衡。而这种平衡会慢慢地使云团变成一个稳定的球体，这是一个气体球，是一颗恒星。当气体和尘埃从这个新形成的结构周围散开时，第一批光子被从这个新结构的深处释放出来，出现在宇宙中。

就在这一刻，宇宙黑暗时期结束了，第一颗恒星诞生了，星光时代开始了。这时，宇宙中充满了它的第一颗恒星发出的星光。130多亿年后的现在，我们正试图理解这些星光的起源。

我们从未观测到第一批恒星中的任何一颗，但正如宇宙学中经常发生的情况那样，你不必直接看到某样东西也可以得到它存在的证据。2018年，经过多年的艰苦工作，一个名为“探测再电离时期全局特征实验”的项目终于提供了第一条线索，将我们与宇宙中最早的那些恒星形成的时刻联系了起来。“探测再电离时期全局特征实验”团队在位于澳大利亚西部红色的、尘土飞扬的内陆地区的默奇森射电天文台工作，他们使用一架看起来微不足道的射电天线（其大小不超过一张小桌子），结果探测到了一个微弱的射电信号，这个信号似乎正是来源于宇宙被光淹没的那一刻。

对页上图：1952年，贵宾们正在观看在马绍尔群岛开展的早期氢弹爆炸试验。

对页下图：氢弹利用核聚变产生的能量，其规模比太阳内部进行的聚变小得多。

第一批恒星的作用

第一批恒星的质量很可能比我们的太阳大得多，即使达不到太阳质量的上千倍，或许也能达到太阳质量的数百倍。它们会在天空中发出明亮的光，比我们的太阳更明亮，而且由于它们的体积巨大，它们很可能看起来很蓝。它们的运动速度很高，意味着它们的温度很高，再加上它们的体积很大，结果会导致它们彼此相距很远，稀疏地散布在太空中。然而，第一批恒星的寿命非常短暂，因为它们燃烧氢燃料的速度很快，所以它们很可能只存在了几百万年，然后就以超新星的形式爆发了。

为了寻找这个信号，亚利桑那州立大学的贾德·鲍曼领导的团队在宇宙微波背景辐射中进行了艰苦的搜寻。宇宙微波背景辐射是宇宙起源留下的指纹，我们将在第5章中加以讨论。这些古老的辉光在大爆炸发生38万年后形成，标志着宇宙的温度已变得足够低，从充满电子和等离子体的炽热致密的初始状态转变成氢原子可能存在的状态。在那一刻，早期宇宙中的雾消散了，光子（光）第一次可以在太空中自由穿行，产生了我们今天仍然能看到的那种微弱信号。

宇宙微波背景辐射不仅是我们在宇宙历史上能看到的光的最早形式，而且是一种甚至在恒星出现之前就已存在的光，也是我们能用以研究古老事件的基准。“探测再电离时期全局特征实验”团队一直在寻找宇宙微波背景辐射中最微小的变化，这些变化可能是发生在遥远过去的那些事件的遗迹。这里所依据的理论是，当第一批大质量的蓝色恒星开始发光时，能量的突然释放会在充满早期宇宙的大片新形成的氢原子中引发震动。当这些恒星照亮周围的气体时，氢原子被激发，从而开始吸收来自宇宙微波背景的某种特征波长的辐射。

如果这是正确的，那么按照物理理论，第一束光发出的那一刻，即宇宙的黎明，应该在宇宙微波背景辐射中留下某种痕迹，即在构成宇宙微波背景辐射的光谱中的某一特定点产生一个特殊的下凹。这是这些恒星的光在宇宙微波背景辐射中造成的阴影。但理论只是理论，要证明它则困难得多。

宇宙中充斥着由银河系中无数不同的射电源产生的射电波。“探测再电离时期全局特征实验”团队寻找的信号也在亿万年的时间里被拉长了。随着宇宙的膨胀，它发生了红移，偏离了最初的可预测波长。该团队为了过滤掉所有噪声，找到光谱的准确部分来搜索发生红移的信号。他们需要过滤掉99.99%的背景辐射，专注于一个信号。这个信号仅占来自银河系的射电噪声的0.01%。这样的挑战意味着需要最尖端的技术，但在科学中外观有时可能具有欺骗性。尽管“探测再电

下图：这根微小的天线安装在澳大利亚偏远内陆的一块大板上，它使“探测再电离时期全局特征实验”团队得以发现了宇宙中的古老信号。

对页右下图：这幅图展示了早期宇宙中恒星的形成看上去可能会是怎样的，明亮的蓝白色恒星在原星系中形成。

质子－质子链

当两个质子（^1H）在太阳中相遇时，它们发生相互作用，随后仍然分为两个质子。在极少数情况下，会生成一个氘核（^2H），并放出一个正电子和一个中微子。这些反应提供了太阳总能量的10.4%。

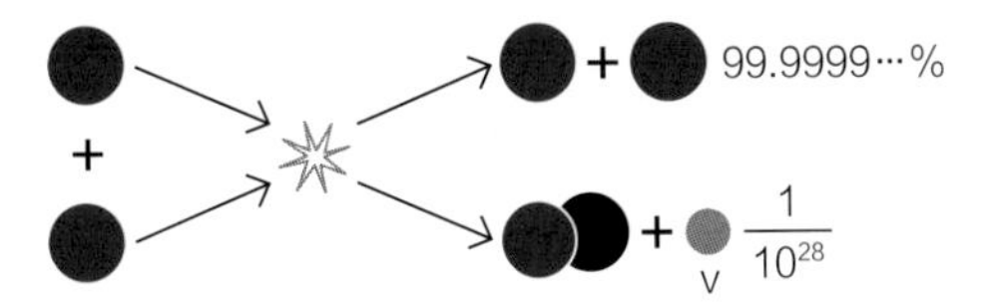

离时期全局特征实验”所使用的天线看起来像一张廉价的花园桌子（因而令人印象深刻），但它位于澳大利亚西部偏远的内陆地区，可以免受人类活动产生的射电波的干扰。这使得鲍曼和他的团队能够专注于研究早期宇宙发出的古老信号，并在背景辐射中“看到”宇宙从亮变暗的那一刻。我们现在认为，这个时刻出现在136亿年前，也就是在大爆炸发生1.8亿年之后。

还要再过86亿年，我们最熟悉的恒星，也就是我们的太阳，才会出现在充满光线的拥挤的宇宙中。宇宙中有数以亿计的星系，每个星系中都有数以亿计的恒星，而太阳只是一个星系中的一颗恒星，但毫无疑问，我们的恒星以及所有恒星的故事就在这一刻开始了。第一批巨大的蓝色恒星至少比太阳大100倍，是迄今为止存在过的最大的恒星。它们的诞生标志着宇宙中每一颗恒星的起源。第一代恒星之神以猛烈的动荡支配着原始宇宙，这种动荡将决定我们所有的历史进程。

第一批恒星核心深处发生着一个过程，这个过程将永远地改变宇宙的性质。当氢原子在这些恒星核心深处发生聚变时，一连串事件开始了，最终将创造出宇宙的各种构成要素，即构成每颗行星、每颗卫星以及它们上面的一切（包括每一种生物的每一个部分）的物质，也正是构成你的那些物质。

太阳中的氢氦聚变

在这个质子－质子链中产生的氘核很容易与另一个质子结合，聚变成氦3（^3He）。这些反应提供了太阳总能量的39.5%。两个^3He原子聚变生成一个氦4（^4He）原子和两个质子，这些反应提供了太阳总能量的39.3%。可以笼统地说，4个质子（^1H）通过聚变生成一个氦原子。

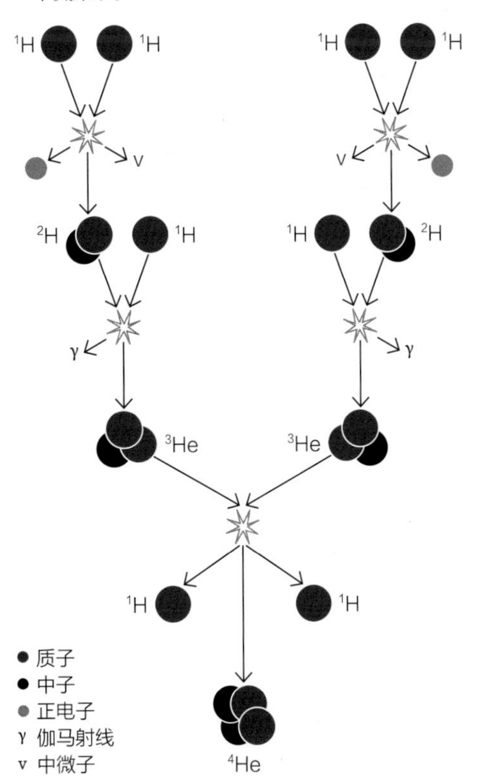

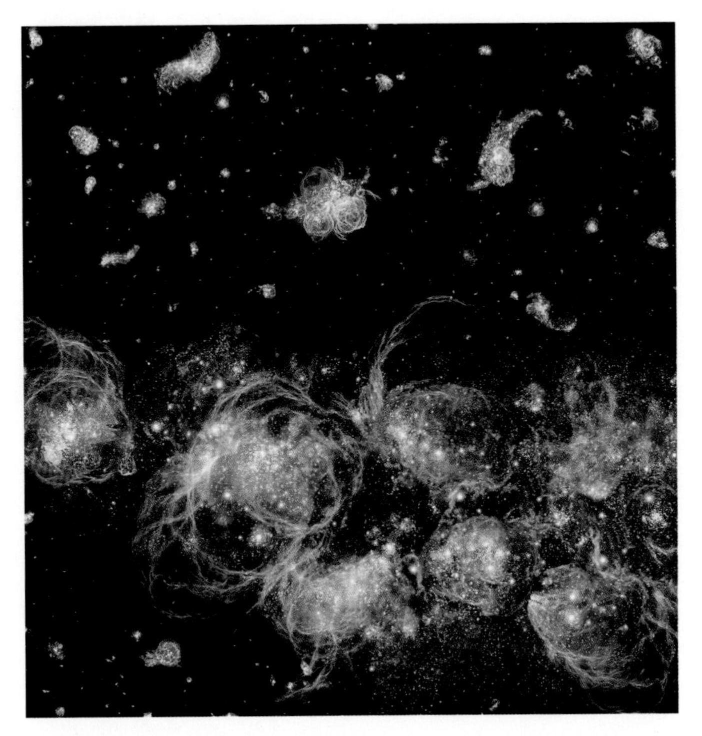

第一行：钻石。

第二行：石墨。

第三行：石墨烯和碳纳米管。

第四行：地球上的所有生物都是碳基生物。

碳的创造

一旦氦元素在恒星内部形成，它的两个原子就可以聚变成一个铍原子，然后一个铍原子可以与另一个氦原子聚变成一个碳原子。碳是地球上所有生命的构成要素。

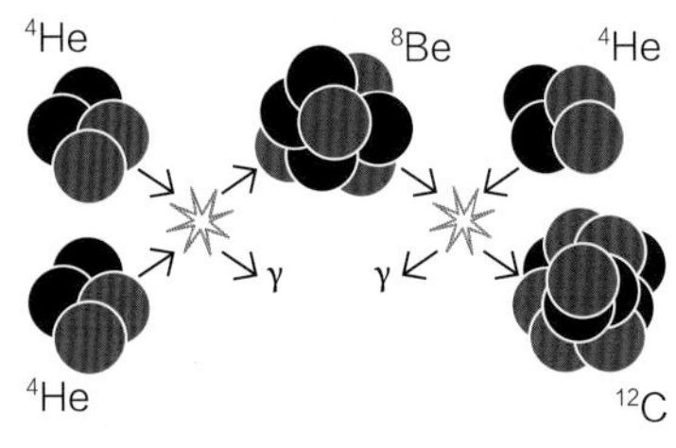

●：质子
●：中子
γ：伽马射线

氢是最简单、最轻的元素，它的原子核中只有一个质子，但在恒星核心深处的极端高温和高压作用下，4个氢原子撞击在一起，其结果是不仅释放出了巨大的能量，而且会产生一个较重的新原子——氦，它的原子核中有两个质子。在这些最早的恒星中，氢聚变成氦的过程的强度超过了我们今天看到的任何恒星中正在进行的聚变过程的强度。一些模型显示，这些最早的恒星的质量是太阳的1000倍，它们的体积巨大，亮度是太阳的数百万倍。它们的表面温度高达110000开，约是太阳表面温度的18倍。要产生这种等级的能量，氢的聚变速度必然是惊人的。

不过，产生如此巨大能量的不仅仅是氢。随着氦在这些恒星中的含量逐渐升高，聚变过程将会进入下一个阶段。我们不能确切地知道在恒星生命周期中氦聚变是从何时开始的，但我们确实知道在某个时刻，当氢供应不足时，氦聚变将取代氢聚变，氦成为恒星的主要燃料。当氦以一系列被称为三阿尔法过程的反应发生聚变时，3个氦4原子核可以通过级联反应转变成一种较重的新元素——碳。直到这一过程在第一批恒星中发生之后，宇宙中才可能存在这种元素。在第一批大质量的蓝色恒星的生命周期中的某个时刻，3个氦4原子核会聚集在一起，创造出一个有6个质子的原子，进而继续改变宇宙的历史。碳是地球上所有生命的基础，而且据我们所知，它也是宇宙中可能存在的所有生命的基础。所有的碳原子都是以这种方式形成的。大约95亿年后，碳会迸发成生命，再过若干年后，又会迸发出意识。无论是间接地还是直接地，这些最早的恒星使我们成为具有意识的产物。完全是因为我们的恒星祖先，碳基生物才可能存在。

但是，第一批恒星中发生的炼金魔法并未终结于此。随着恒星的温度越来越高，原子的聚变从一种元素传递到另一种元素，创造出越来越多的重元素——氮、氧、钠、钾。元素周期表中的元素一种接一种地诞生在这些最早的恒星的中心，这些元素最终为宇宙、为我们的行星、为我们带来了生命。

大爆炸不是宇宙的诞生，而是宇宙的孕育。只有经过几百万年在黑暗中的缓慢发展过程，我们才能看到我们所知道的宇宙的开端。第一批恒星的诞生标志着宇宙中除了氢以外的元素变得丰富起来的那一刻到来了，但当这些最早的恒星燃烧这些元素时，它们具有的所有潜力都被锁在它们的中心。如果不是因为它们的另一个特征，它们就会一直停留在那种状态。这是因为这些明亮的、炽热的、狂暴地燃烧着的恒星生命短暂，死亡来得很快，而伴随着死亡而来的是最伟大的结局。

在宇宙中播种

当大多数恒星的生命历程刚刚开始时，第一批以蓝色光芒照亮宇宙的恒星已接近死亡。这些恒星在诞生仅仅200万年或300万年后就失去了控制，向内的力与向外的力之间的平衡已无法维持，稳定被不稳定取代。在这些恒星的中心，曾驱动聚变过程的燃料行将耗尽，不能再持续产生更重的元素。随着聚变的减弱，它所造成的向外的压强也不断降低，使恒星成为球体的流体静力学平衡（即向内的压强与向外的压强之间的平衡）将无法再维持下去，而引力由此占了上风。此时，恒星的核心已充满了大量新元素，它在自身重量的作用下开始坍缩，以几乎无法想象的速度向内部挤压。随着速度达到70000千米/秒，第一批恒星的核心在不到四分之一秒的时间内坍缩，导致温度与密度同样迅速升高和增大。

在我们的宇宙中，这一灾难性的时刻可能会引发一系列后果，包括黑洞和中子星的产生。这些最早的恒星的核心如此猛烈地坍缩时究竟发生了什么，我们还不确定。在不知道这些恒星的确切大小和组成的情况下，我们很难将现今的物理学应用到那一刻。但是，我们可以相当确定的是在一些最初的恒星中，这种坍缩过程导致其核心被挤压得如此紧密，以至于其直径不超过30千米，密度相当于原子核内部。作为比较，如果地球的密度增大到地核的平均密度，那么其半径将只有200米左右，是它现在的实际半径的三万分之一。不过，引力只能推动到这种程度了，这种大规模向内坍缩的进程最终会停止。随着温度至少达到1000

恒星的演化

恒星在星云中形成。核心的核反应使它们发光发亮，成为主序星，就像太阳那样。最终，驱动这些反应的氢燃料行将耗尽，恒星膨胀、冷却并改变颜色，成为红巨星。接下来，像我们的太阳这样的小恒星会抛去外层，变成行星状星云，然后变成白矮星，而大质量恒星则会以超新星的形式爆发，留下非常致密的中子星或黑洞。

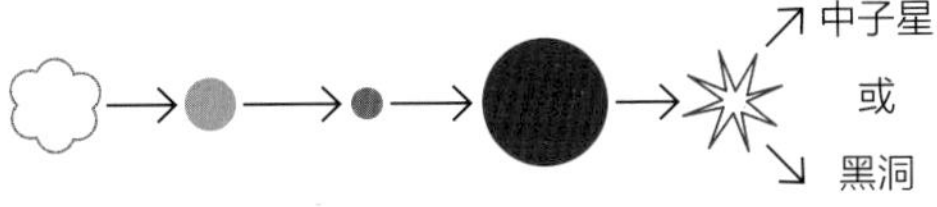

亿开，这个微小恒星核心的变化至少可以说是非常激烈的。随着恒星耗尽燃料而缓慢停止的聚变过程在这些新的极端条件下突然被猛烈地重新引发，在极短的一瞬间，核心发生反弹，物质几乎在顷刻间转化为能量，宇宙间最伟大的表演——超新星爆发照亮了黑暗。

第一批恒星在死亡中开始重新塑造宇宙，将它们的残骸以超新星爆发的形式抛射出来，将仅由氢和氦构成的二元宇宙转变为一个富含多种成分的宇宙。这些成分将在几百万年内继续形成新的恒星，组成这些恒星的不仅有氢和氦，还有越来越多的其他微量元素。它们创造出第二代恒星（星族Ⅱ恒星）来填充我们的宇宙。

如今，利用地球上的有利位置，我们可以把望远镜对准天空，看到一些非常古老的恒星。这些恒星几乎自宇宙存在以来就一直在发光，比如被命名为HE 1523-0901的那颗恒星。它是一颗距离地球7500光年的红巨星，位于银河系内的遥远区域，其年龄大约为132亿年。与像我们的太阳这样的恒星相比，HE 1523-0901中的重元素相对贫乏，我们认为它非常古老，很可能是由照亮宇宙的第一代蓝色恒星喷发出的残骸直接形成的。这颗恒星见证了宇宙的几乎整个历史，并将在未来的很长一段时间里继续燃烧，直到它最终冷却，失去外层，变成一颗白矮星。白矮星是这颗恒星核心的残骸，将继续在宇宙中微弱地发光，直到时间的尽头。

自从大爆炸发生1.8亿年后出现第一批恒星以来，许多恒星生生死死，度过它们的一生，用新的元素丰富了早期星系，从而形成了更多种类的恒星。不同大小、温度和颜色的恒星在某种程度上互不相同，但都属于同一个家族。这个大家族的故事是一个关于生与死、创造与毁灭的故事，这个故事始于130亿年前，但到现在仍然只是刚刚开始。

在数以亿计的恒星中，有一颗较小的黄色恒星，它位于一个普通棒旋星系的外缘。这颗恒星将其温床中的丰富化学物质组织起来，并发挥出惊人的作用——培育了宇宙中唯一的已知生命。

对页图：1054年，金牛座中的一颗恒星死亡，留下一颗喷射出高能粒子的超高密度中子星。

左图：银河系中最古老的恒星HD 140283的数字化巡天图像，这颗恒星距离我们190光年。

太阳的诞生

在一个阳光明媚的日子里抬头仰望，你会看到一颗让我们的世界充满光明和温暖的恒星，那就是我们的太阳，它是第一批蓝色恒星的直系后代，是那些在星光初现的时刻生存过而又死去的狂暴祖先的孙辈。当这些恒星死亡时，在它们的中心锻造出来的那些新原子被抛射到整个宇宙中，开始一段旅程。这段旅程将把其中一些原子送入新恒星的中心，它们在那里再次成为生命最宏伟的周期的一部分。这种再生在我们的宇宙历史上已经发生过无数次。

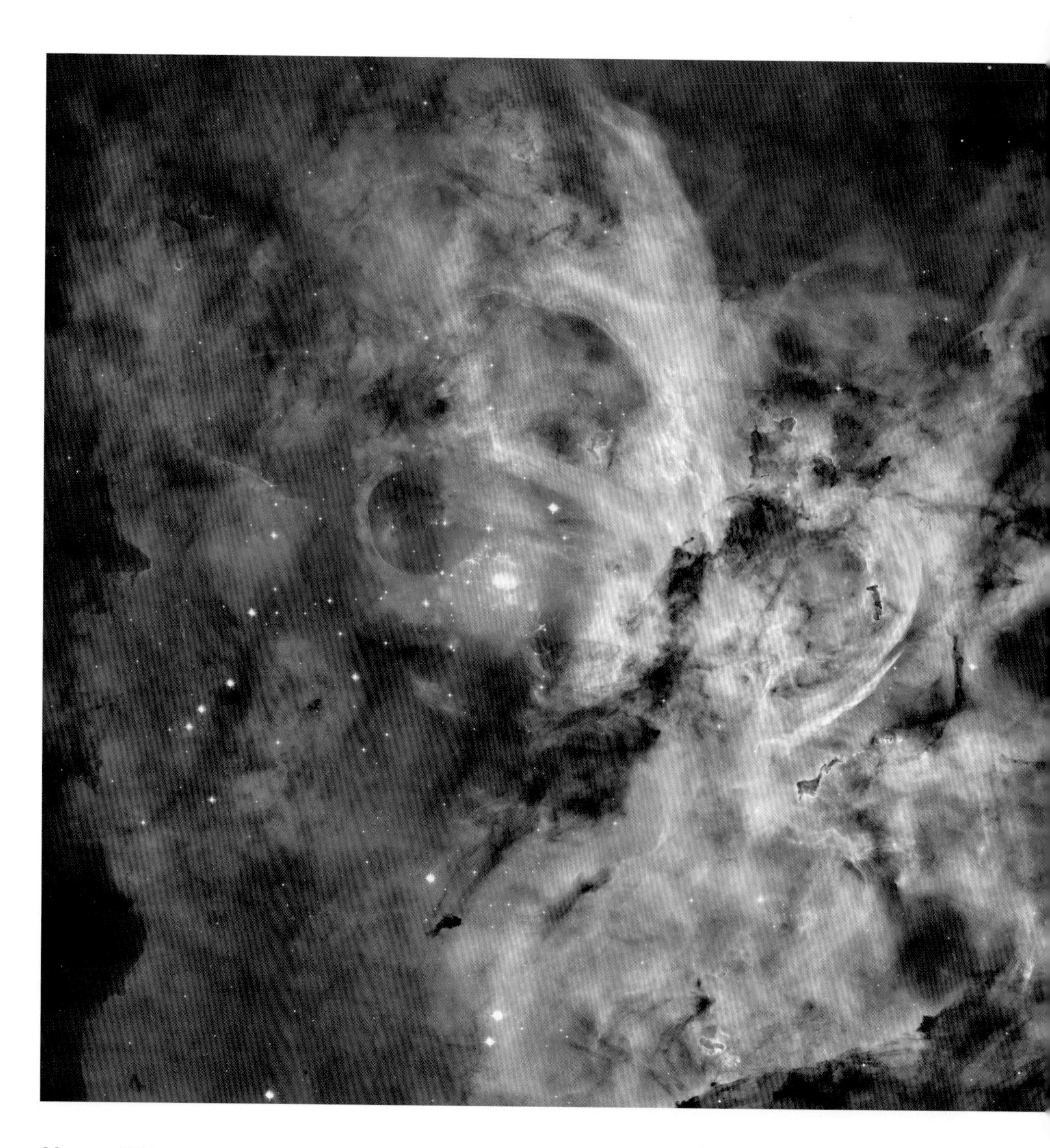

“‘挥霍生命，英年早逝’这句谚语适用于质量最大、光度最高的那些恒星，因此那些比较小、比较安静的恒星成了最伟大的宇宙历史见证者。”

格兰特·特伦布莱，
哈佛–史密松天体物理中心
天体物理学家

太阳的直系祖先毁灭在诞生、生存和死亡的巨大循环中。我们可以窥视第一批蓝色恒星的生命中的一切从何而来，但我们永远不会知道在50亿年前还有多少恒星生存过而又死去，创造了最终在银河系外围共同旋转的大批原子。我们所知道的是，大约50亿年前，这片巨大的尘埃云可能受到了远处超新星爆发时产生的激波的推动，在其自身质量的作用下开始坍缩。在成千上万颗已死亡的恒星的灰烬中，我们的太阳诞生了。

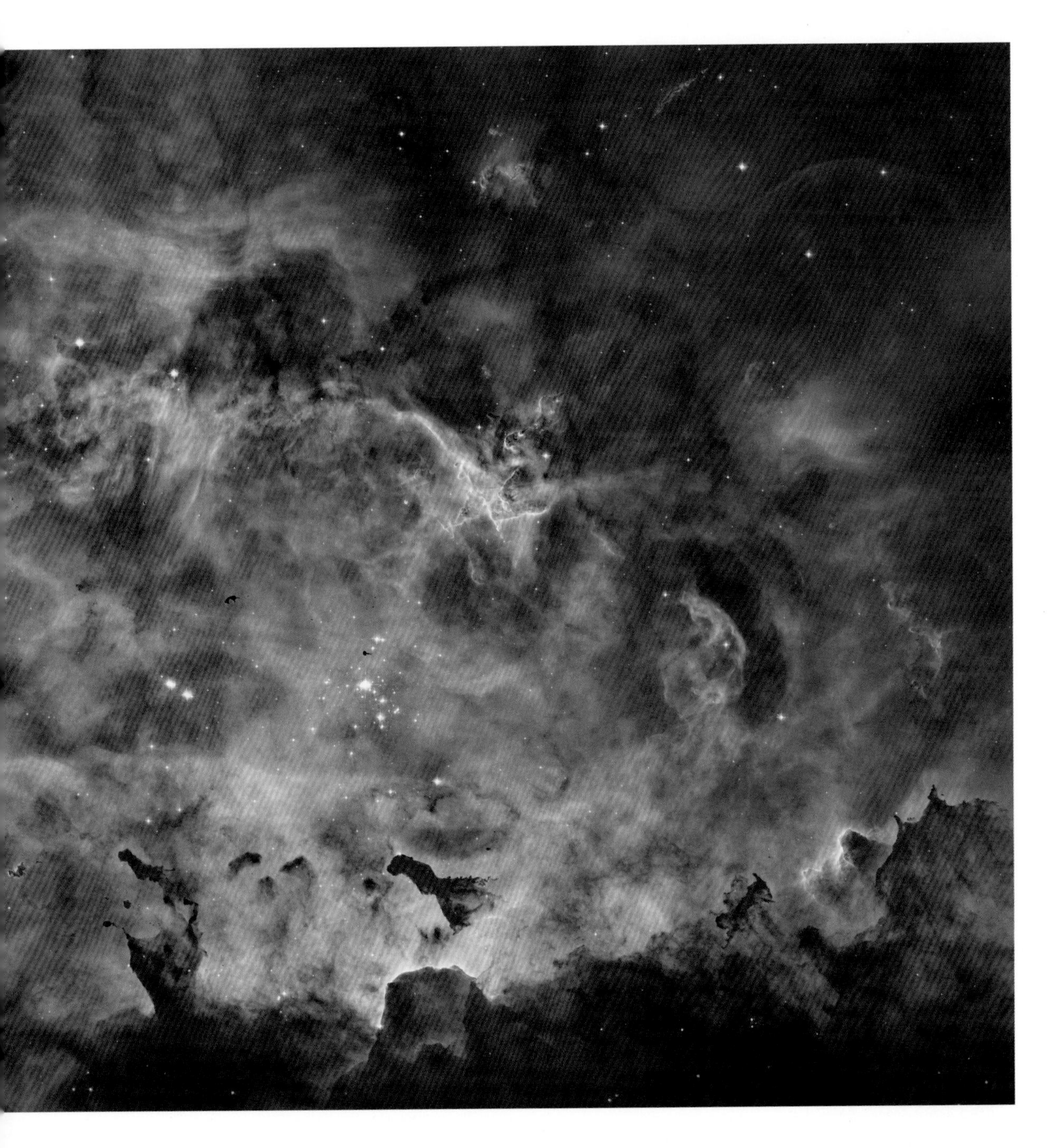

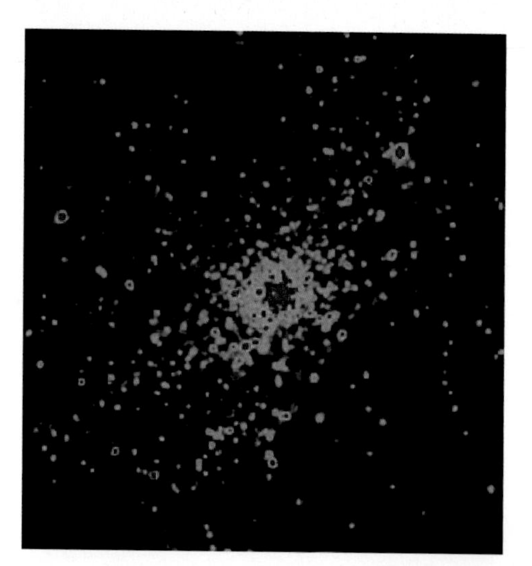

太阳就像它的每一个古老的祖先一样，也是通过引力坍缩过程形成的。它慢慢地从一片几乎完全由大爆炸中形成的氢和氦所组成的巨大的分子云中浮现出来。这片分子云中只有一小部分（也许约为1%）是由较重的元素组成的，它们是由在太阳尚未成为天空中的一抹亮光时就已经生存过而又死去的恒星所锻造出来的。但正是在这1%物质的帮助下，这颗新生恒星的精确特征才得以创造。

起初，那里只不过是一个由气体和尘埃组成的不断旋转的圆盘。它收缩成一个致密的、炽热的核心，在这个核心内可能会形成原恒星。一颗胚胎期的恒星贪婪地从周围的云团中吸积更多的物质，在长达5亿年的时间里以云团为食，直到最后云团无法再为它提供食物。这仍然是一颗暗星，没有光子能够逃逸出来。氢聚变尚未开始，其内部深处的温度尚未上升，但最终它将不再是一颗原恒星。在我们的太阳诞生的那一刻，由尘埃和气体构成的包层被吹走，它发射出的第一批光子进入了远处的黑暗宇宙。

我们从未目睹过太阳诞生这个过程，但我们在黑暗中能够窥视到的其他恒星的生命历程中看到了这个过程的影子。哈勃空间望远镜捕捉到了HBC 1这颗年轻恒星诞生瞬间的图像，形成它的缕缕云团仍然围绕着它。HBC 1的图像展示的是一个被称为主序前的阶段，这是一个处于胚胎期的原恒星与成年期的主序星之间的青春期。我们的太阳曾经就是这样的，这是它在走向成熟的过程中所处的一个过渡时刻。只有当这些年轻恒星的巨大质量进一步减小时，温度才能升高到足以触发氢聚变，这时恒星的生命才真正开始。

我们的太阳就是这样诞生的，它是一颗不起眼的主序星，位于一个不起眼的星系中的一个看似不起眼的地方。就像我们在夜空中观察到的数千颗其他主序星一样，太阳的生命历程在它诞生的那一刻就已经确定，它的质量是它的生命将要经历的过程的决定性预言者。质量太大的恒星会很快燃烧殆尽，一颗诞生时质量为太阳质量10倍的恒星会在大约2000万年内完全烧尽。在天平的另一端，我们发现了寿命最长的那些恒星——所有恒星中最小的红矮星，它们的质量只有太阳质量的一半，我们认为它们要持续存在1000亿年才会消失在黑暗之中。

恒星的寿命不仅取决于其质量，还取决于其亮度和颜色。恒星的质量越大，它发出的光就越亮、越蓝；恒星的质量越小，它发出的光就越暗、越红。在这一切中的某个地方，我们发现了我们的太阳——一颗较小的黄色恒星。从诞生的那一刻起，它就注定要存活100亿年以上。

太阳在诞生之初是孤独的，周围环绕着它从中形成的那些气体和尘埃云的残留物。在生命的前100万年里，太阳的疆域中没有任何行星可以照耀。把最微小的粒子聚集在一起，将尘埃变成小块岩石，再将小块岩石变成巨石，最后通过一场无休止的碰撞和积聚游戏，一些行星开始从云团中出现。这些新世界由太阳的远古祖先从内部创造出来的原子构建而成，死亡已久的星尘被重塑成一个围绕着新生恒星运行的行星系。

前页图：位于银河系船底座旋臂中的NGC 3603是200万年前形成的一个恒星密集区。

上图：钱德拉X射线天文台拍摄的位于银河系船底座旋臂中的NGC 3603区域的这幅图揭示了大约200万年前在一个爆发式的恒星形成过程中诞生的数十颗极大质量恒星。

恒星温床

这片崚峋的奇幻山峰被缕缕云雾所笼罩，看起来就像托尔金的《指环王》（*The Lord of the Rings*）或瑟斯博士的书中的一幅奇异风景，至于究竟像什么，就要取决于你的想象力了。这幅由美国国家航空航天局的哈勃空间望远镜拍摄的图像比小说更具戏剧性。它捕捉到了3光年高的气体和尘埃柱上的混沌活动，这些气体和尘埃正被附近的明亮恒星的灿烂光芒吞噬。这个柱状物也受到来自内部的攻击，因为埋藏在里面的幼年恒星会喷出气体，这些气体喷流可以从那些高耸的山峰上看到。

这个动荡的宇宙尖峰位于距离我们7500光年的南天星座船底座中的一个被称为船底星云的动荡不定的恒星温床内。这张照片是为了庆祝哈勃空间望远镜发射并进入环地轨道20周年而拍摄的。

来自这片星云的超热新恒星的灼热辐射和快速风（带电粒子流）正在塑造和压缩这些柱状物，导致新恒星在其中形成。我们可以看到炽热的电离气体流从这个结构的脊上流下，在星光照耀下的缕缕气体和尘埃飘浮在高耸的山峰周围。柱状物密度较高的部分抵抗着辐射的侵蚀，就像犹他州纪念碑谷中高耸的山峰抵抗着水和风的侵蚀那样。

这片密集的山脉中孕育着初生的恒星，长长的电离气体流从图像最上方的底座朝相反的方向喷射。在图像中心附近的另一个高峰处，可以看到另一对喷流（分别称为HH 901和HH 902）。这些喷流是新恒星诞生的标志，是由这些年轻恒星周围的涡旋盘发射的，这使得物质被慢慢地吸积到恒星表面。2010年2月1日和2日，哈勃空间望远镜的宽视场相机3观察到了这个柱状物。这张合成图像中的颜色对应于氧（蓝色）、氢和氮（绿色）、硫（红色）的辉光。

对页图：这张由美国国家航空航天局的哈勃空间望远镜拍摄的图像捕捉到了鹰状星云中巨大的气体和尘埃柱，其中的一些幼年恒星正在喷射气体。

下图：这4张照片是由哈勃空间望远镜拍摄的，揭示了位于猎户复合体中被气体和尘埃环抱着的恒星的诞生。

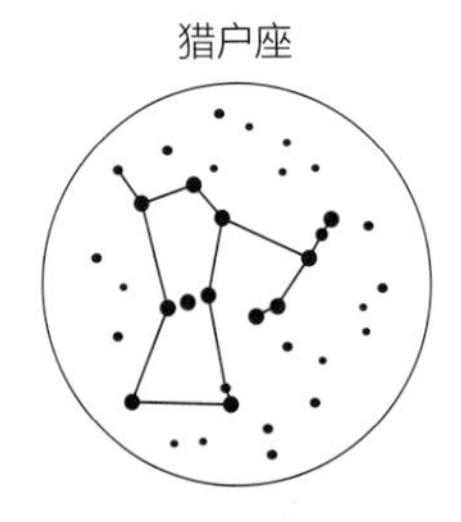

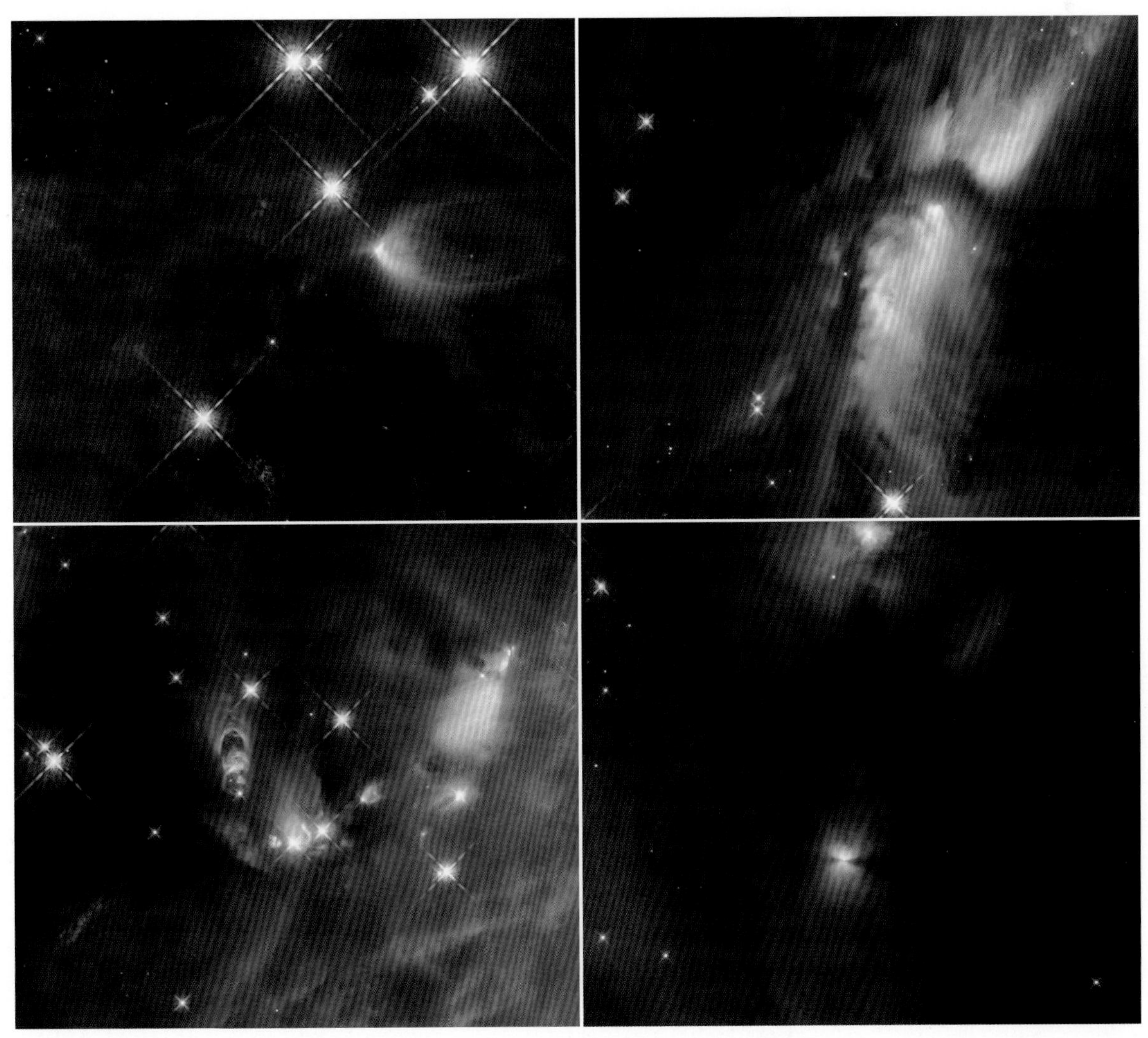

引擎

大约45亿年前，当太阳系从阴影中出现时，它与它的行星开始了一场持续至今的舞蹈。太阳的质量占太阳系总质量的99.8%，它不仅凭借其大小，而且凭借其能量在太阳系内占据主导地位。一开始，太阳的能量就塑造了其周围的世界，它将能量倾泻到4颗岩质行星——水星、金星、地球和火星上。太阳是绝对的统治者，对其管辖范围内的一切事物行使着生杀大权。

水星是一颗焦金流石的行星，它离太阳如此之近，以至于白天的温度可以高达430摄氏度，晚上则会降至零下180摄氏度。这使得它不太可能维持任何已知的生命。金星的大小和结构与地球相似，因此它经常被称为地球的孪生兄弟。科学家认为，金星曾经是一个水世界，并且可能是一处生命庇护所，但如今它的表面温度为465摄氏度，飓风等级的风每隔4天就会在这颗行星的周围吹起酸性云。它现在是一个有毒的、沸腾着的地狱，是太阳系中最炽热的行星。火星作为距太阳第四近的行星，是一个四季分明的世界。探索结果表明，数十亿年前，海洋曾在那里流动了数百万年，但现在它是一个寒冷的、布满尘土的、死气沉沉的世界。

这一切都是由太阳的力量驱动的，这是一种神一般的力量，它可以剥离一颗行星上的海洋，搅碎毁灭大气层，加热表面，直到它熔化。在这场行星之舞中，似乎只有地球才受到这位全能之神最温柔的抚摸而幸免于难，因为地球是唯一保留着海洋、保存着大气、控制着温度的行星。这样，我们所知道的生命才能得以生存和繁荣。但即使在地球上，我们的恒星创造和毁灭事物的力量也随处可见，每天都得到见证。正是太阳驱动着环绕地球的水循环，它的热量导致液态的

左图：地球将太阳的能量以热长波辐射的形式反射出去。图中的蓝色条带代表厚厚的云层，云层的顶部非常高，那是地球上最寒冷的地方之一。

能量预算

来自太阳的能量与地球反射（或发射）的能量相平衡。在到达地球的全部太阳能中，29%被直接反射回太空，23%被大气吸收，48%被地球吸收。地球将能量以上升暖气流、蒸散等方式释放到大气中，然后大气将其释放回太空，平衡了太阳的初始输入。不过，地球释放出的热量中有很大一部分被大气层所捕获，温暖着地球。

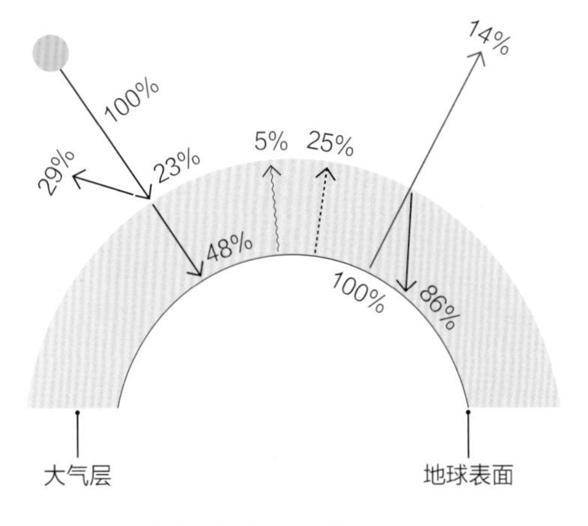

和冰冻的水蒸发，每天使海洋中大量的水升空。数百万年来，水循环雕刻出巨大的峡谷和沟壑，塑造了地球表面。正是太阳驱动着我们的大气层，创造了成为我们这个世界的特色的千变万化的天气。从飓风到季风，从龙卷风到暴风雪，所有这些都是由一颗距离地球1.5亿千米的恒星中发生的氢聚变提供动力的。

太阳不仅是地球的动力之源，还是太阳系的引擎。倘若没有太阳，行星就只不过是在寒冷的太空中漂流的一块贫瘠的岩石，但是有了太阳，这些不宜居的岩石就变成了由不断变化的气候所塑造的、充满活力的、有生命的世界，在太阳的驱动下产生了季节变换和气候带。我们不仅在地球上看到了这些，在其他岩质行星上也看到了。在火星上，我们看到每年夏天冰盖融化，还有巨大的沙尘暴席卷火星上的大片区域。在金星上，我们看到在酸性云层的上方，巨大的风暴系统在高层大气中盘旋。即使在距离太阳45亿千米的地方，我们也能看到活跃的地质活动——在海王星的冰冻卫星海卫一上由太阳的热量驱动的冰间歇泉。

所有这些创造变化的力量、创造一颗有生命的行星的活力，都来自一条奇妙的物理定律。我们可以用最简单的话把这条定律表达为：如果有温差，就可以做一些被称为“功”的事情。在物理学中，功是一个专业术语，描述的是“当一个物体在外力作用下移动一段距离时发生的能量转移的度量，其中外力至少部分作用在位移的方向上”。做功，本质上就是能量被转移了。就我们的目的而言，这意味着你可以创造变化，创造活力，比如压缩气体，或者用外部磁力引起物体内部的运动。这就是为什么我们在工业革命的机器内部点燃的火能够产生这样的变化——在任何给定的系统中从一个热点到一个冷点的能量转移产生了动力。在发动机中，温差是驱动活塞做功的最终因素。在日地系统中，冷的东西是太空，热的东西是太阳。没有温差，就不可能做功，太阳系的任何地方就都不会有风，也不会有雨。太阳和其他恒星一样，是创造的引擎，是我们的创造引擎。对于它，我们才刚刚开始有了正确的理解。

左图：太阳是地球的动力之源，每天都在哺育着地球上的生命。

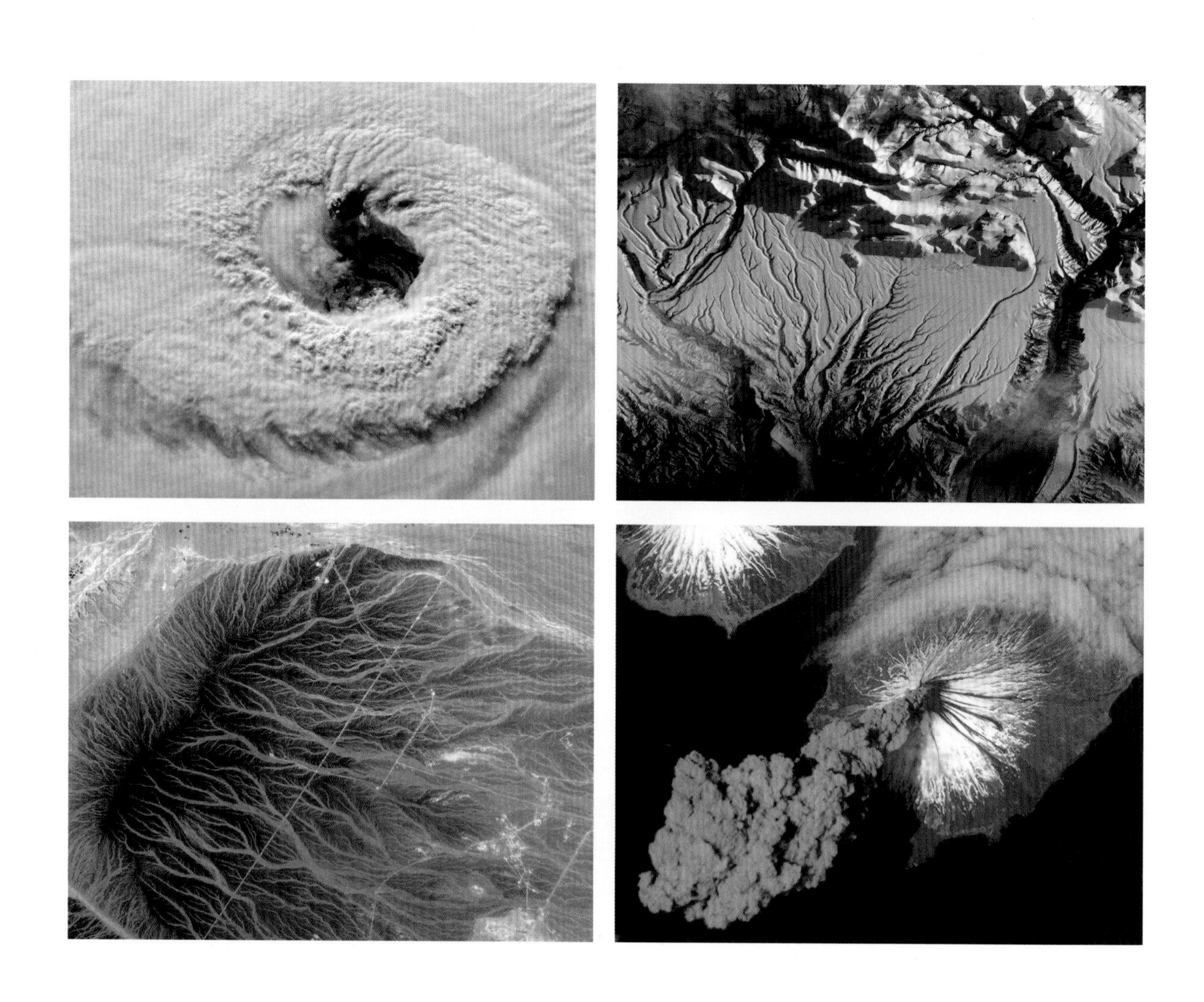

上图：太阳在地球上做的功在这里随处可见，如雕刻峡谷和沟壑，推动从海洋进入天空的水循环，以及搅动不断变化的天气（从飓风到季风，从龙卷风到暴风雪）。

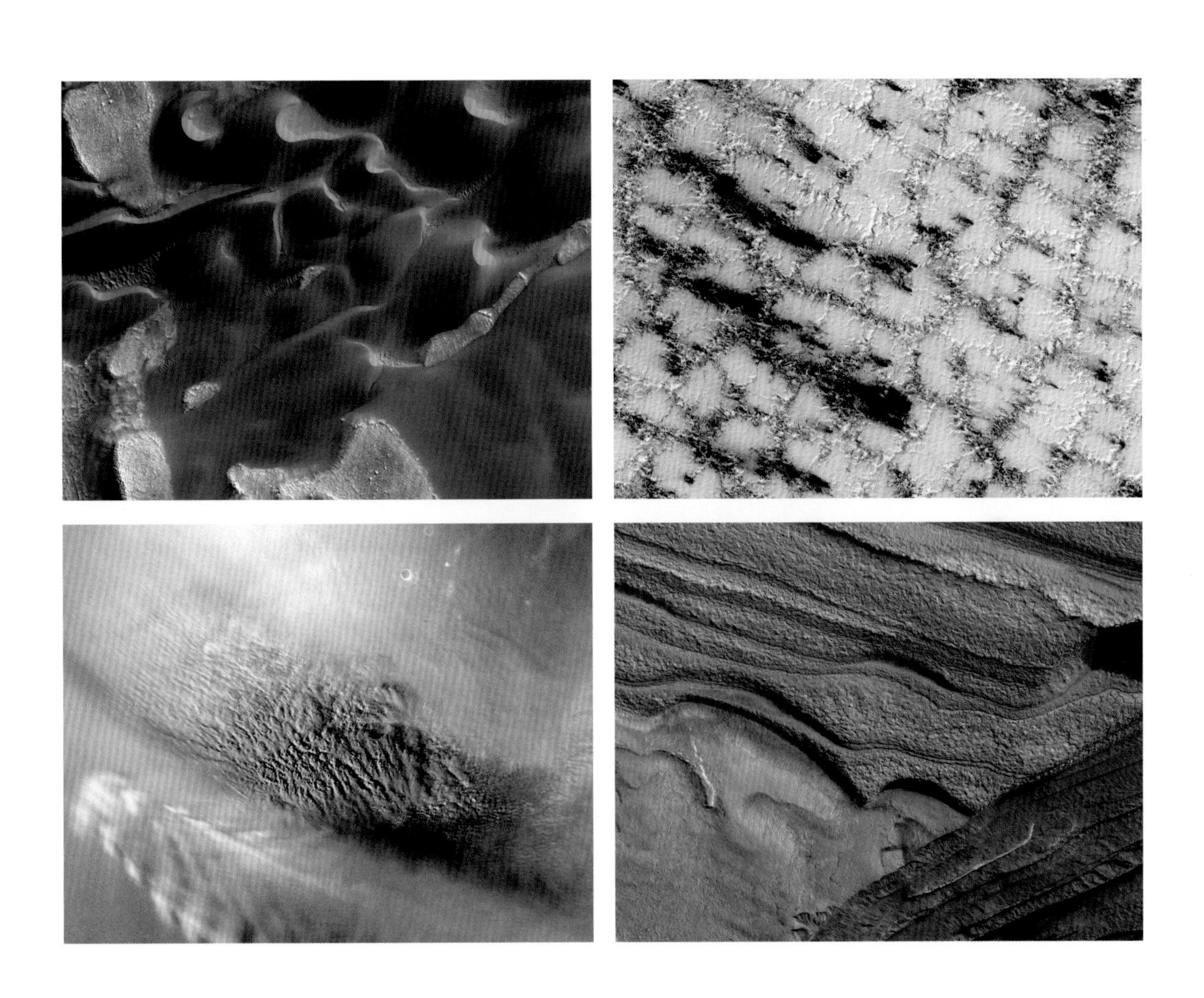

上图：火星在失去大气层后早已了无生气，其表面被太阳射线蹂躏，冰盖融化，巨大的沙尘暴笼罩着这颗行星。

触摸一颗恒星

几个世纪以来，我们一直在仰望天空，一直在试图了解太阳的奥秘。但只有在最近的60多年里，我们才能够用一大批越来越先进的探测器去探索我们的这颗恒星，带我们更接近太阳的种种极端，观察它，探测它，并最终触摸它，以求了解它的全部力量。

我们的第一位太阳探索者是1960年3月11日发射的“先驱者5号”探测器。这个靠自旋稳定的探测器的质量只有43千克，直径只有半米多。尽管它的尺寸很小，但是它从卡纳维拉尔角空军基地离开地球时带着远大的目标，它的一系列任务目标会使我们比以往任何时候都更接近太阳。最初制订的计划是飞掠金星，但发射日期被推迟，这样一来就错过了机会窗口，因此飞行计划被重新调整为直接进入金星与太阳之间的一条环日轨道。在140小时的时间里，这台探测器从行星际空间发回了数据，跨越3640万千米的太空，传回了3兆比特数据。接收这些数据的是焦德雷班克天文台的洛弗尔望远镜和夏威夷瓦胡岛的卡恩纳点卫星跟踪站。这些珍贵的数据直到1960年4月30日才被接收到，随即证实了我们长久以来一直怀疑的一个关于太阳的问题。太阳系中有一个巨大的磁场，即日球层。它绵延上百亿千米，远远超出了冥王星的范围。它是由太阳风拖曳太阳磁场而产生的，对它接触的所有行星都有影响。它与地球磁场相互作用，创造了太空天气以及像北极光这样的一些现象。

在“先驱者5号”探测器取得成功以后，美国国家航空航天局发送了一系列航天器从远处观测太阳。“先驱者6号”至“先驱者9号”都进入了与地球的环日轨道距离相近的轨道（地球距离太阳1天文单位，而这些探测器的轨道到太阳的距离为0.8~1.1天文单位），这些探测器都带着人类的雄心壮志去更详细地观察和探测我们的这颗恒星的特征。1983年5月，“先驱者9号”最后一次“触摸”太阳之后，我们通过美国国家航空航天局的“太阳极大使者”、日本的“阳光号”和欧洲空间局的“尤利西斯号”继续从远处观测太阳。但直到1995年太阳和日球层探测器发射，我们对太阳的成像和探索才真正有了巨大的飞跃。太阳和日球层探测器是欧洲空间局与美国国家航空航天局合作的成果，原本预计只完成一项为期两年的任务，但在太空中飞行了20多年之后，这位太阳探索者仍在发送关于太阳的新信息，使我们能够探索太阳核心深处，直至日冕外层。这台航天器上的各种仪器还提供了太阳的大量新图像，它们揭示了太阳炽热表面的暴烈与美丽。太阳和日球层探测器捕捉到了我们有记录以来所发现的最大的太阳耀斑。现在我们不仅能够观察到，而且能够测量太阳表面的这些爆发，它们将数十亿吨磁化气体以720万千米/时的速度抛向太空。

但是，尽管像太阳和日球层探测器这样的航天器带来和创造了许多新的认识与奇迹，但直到最近我们才有胆量和技术去眺望太阳，尝试触摸它。太阳的质量占太阳系质量的99%以上。它的表面积是地球表面积的近12000倍，而它的质量则是地球质量的330000倍。

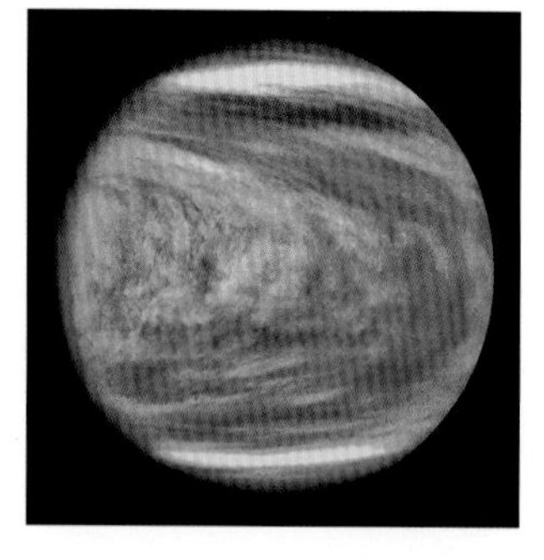

上图：金星被完全包裹在延绵不断的云层之中。这是“先驱者号”在飞往太阳的途中飞掠金星时拍摄的。

上图和右上图：1960年美国国家航空航天局的“先驱者5号”的发射场景以及想象中它在太空中向太阳进发时的景象。

我们的太阳泡在太空中移动

日球层（由太阳磁场和太阳风构造出的围绕太阳的泡状结构）内部空间的温度比其周围空间的温度高。红色表示温度在100万摄氏度左右。黑线表示日球层内部的太阳风和外部的星际风的流动方向。

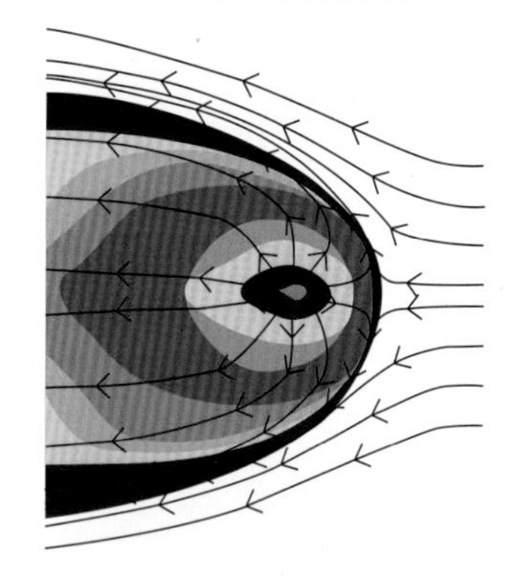

帕克太阳探测器于2018年8月12日发射，它将带我们比以往任何时候都更接近我们的恒星。在撰写本书时，它与太阳的距离之近已经超过了以往的任何人造物体。在2021年1月17日最接近太阳时，它距离太阳表面不到1350万千米。不过，这只是个开始，因为在为期7年的任务中，它每年都会飞掠金星，每次都会利用这颗行星变轨，进入越来越小的椭圆轨道。到2025年，当它第24次绕太阳运行时，将到达距离太阳表面600多万千米处，并首次进入被称为日冕的太阳大气区域。事实上，我们将第一次触摸一颗恒星，那就是我们的太阳。

尽管我们对太阳有了这么多的理解，但关于它的许多方面仍然成谜。它的表面温度约为6000摄氏度，但在其上方肆虐的等离子体云——日冕的温度超过100万摄氏度。

如此接近这颗恒星，将为我们揭示它的许多奥秘提供非凡的新机会。帕克太阳探测器的任务目标是探索日冕过热的机制是什么、太阳风是如何产生并被推动穿越太阳系的、复杂的太阳磁场是如何起作用的，并在如此接近太阳的情况下拍摄一些前所未有的图像。

然而，伴随着这些新机会而来的还有风险。帕克太阳探测器将暴露在任何其他探测器从未经历过的环境之中，在太阳的这部分恶劣的大气中，温度将超过

“帕克太阳探测器是革命性的，因为这是我们首次真正越过了94%的日地距离去体验日冕。它以64万千米/时的速度朝着太阳呼啸而去，成为最快的人造天体。”

凯利·科雷克，
美国国家航空航天局
项目科学家

100万摄氏度。再加上高能粒子的攻击和无休止的强烈磁暴，这是一个不利于精密科学仪器发挥功能的环境。而使帕克太阳探测器不至于毁灭的是一个厚度仅为115毫米的热防护系统。这是一个直径为2.5米的隔热罩，当隔热罩外侧的温度上升到1400摄氏度时，它可以将飞船的主体保持在30摄氏度这一适宜的温度。这种碳复合夹层会保护帕克太阳探测器，使其能够在那些恶劣的环境中发挥功能。不过，即使有这种保护和其他冷却措施，这台探测器仍然需要椭圆度很高的轨道。这样它只需在火海中短暂停留一会儿，然后就会以200千米/秒（即72万千米/时）的速度飞离太阳，这会使它成为太空探索史上速度最快的人造物体。这项任务才刚刚开始，但它已经在揭示我们的这颗恒星的真实特征。它的大气层经受着暴力的折磨，火山爆发使其剧烈震动，爆炸将其撕裂。这不是一位仁慈的神，这是一位生来就暴力十足的神、一位足以毁灭世界的神。

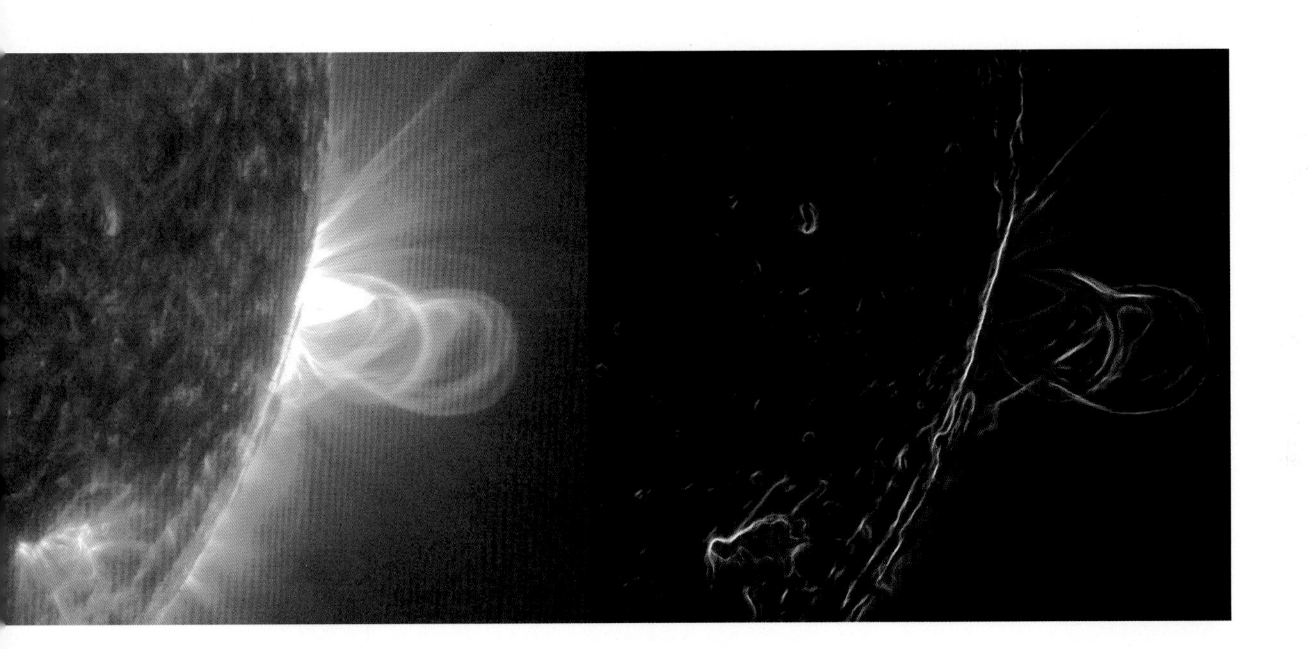

上图：这张照片拍摄于2012年7月，太阳大气层中的磁场将日冕抛射的物质扭曲成一种独特的、富于曲线美的形状。

对页图：日球层电流片是太阳系中太阳磁场的极性从北向南变化的表面，这就在日球层中形成了一个贯穿太阳赤道平面的磁场。电流片的形状是由太阳的旋转磁场与太阳风相互作用决定的。电流片的厚度在地球轨道附近约为10000千米。

帕克太阳探测器

凯利·科雷克，美国国家航空航天局项目科学家

帕克太阳探测器需要金星的7次引力协助才能进入指定轨道，因为它必须确实降低能量才能越来越接近太阳。而真正做到这一点的唯一方法是跳一场与金星进行7次引力抛射[1]的舞蹈，以拉近距离。要做到这一点，帕克太阳探测器必须以64万千米/时的速度快速飞行，而这是由它的轨道决定的。该轨道的椭圆度很高。根据开普勒第二定律可知，探测器必须在通过这部分轨道时加速，在进一步接近金星和地球时减速，然后返回太阳附近。

帕克太阳探测器之所以如此超乎寻常，是因为它有一套很棒的仪器，它们可以协同工作，从各个方向进行观察，探索我们认为需要了解的东西，以解开日冕加热和太阳风的那些大谜团。关于这一点，一个非常有趣的事实是，当这台探测器离太阳最近时，我们实际上还需要加热器。因此，我们必须完成的多项工程奇迹之一是制造一个隔热罩，在探测器接近太阳的过程中用它阻挡25000摄氏度的高温。但在探测器的后端，由于所有太阳光都被遮住了，没有其他光线，因此它只能看到深空，我们实际上需要给它安装一个加热器。

帕克太阳探测器的测试条件是非常极端的，我们必须非常有创意才行。没有多少地方可以用来测试这种类型的仪器。大多数地方没有这么高的温度和强烈的辐射。对于那个太阳探测杯[2]，几位工程师想到了IMAX电影放映机，因为如果把一个通常将光投射在多层墙壁上的IMAX电影放映机反转，然后让其聚焦在这么大的物体上，那么最终会模拟出太阳周围的环境。所以，我们取了4台IMAX电影放映机，将它们的镜头反转，并将它们发出的光聚焦到一个腔内，以测试太阳探测杯。这只是解决了太阳探测杯的问题。

所有部件都经过了不同的测试。整个探测器进入位于马里兰州格林贝尔特的戈达德太空飞行中心的这个巨大的三层大拱顶中。在那里，人们将其密封并抽出所有空气，然后将其置于不同的温度之下，再将其暴露在极端的环境中，确保它是真正安全的。他们还把它放在一个有巨大扬声器的房间里，大致来说就是向飞行器播放发射时的声音，使其振动。这是一项声学测试，以确保它在火箭发射时不会因振动而散架。

发射时的情景真是令人叹为观止。第一天晚上没有发射，因为阀门出现了一点问题。帕克太阳探测器是在第二天晚上发射升空的，我知道它要发射升空了，感到五内翻腾，辗转难眠。与我见过的其他发射相比，德尔塔-5重型火箭是一种速度非常慢的火箭，所以我只是看到在我所爱的东西下方出现了火球，有一段时间感到非常害怕，然后随着它慢慢升入空中，才意识到一切都顺利。

自发射以来，帕克太阳探测器发现了一些非常有趣的、令人惊叹的事情。太阳并不是我们从地球上看到的那个静止的球体，它实际上是一团不断翻滚变化的气体，所以拍摄的照片和监测结果，即使不说是几乎每秒，也是每天都在真正地改变着我们的看法。一项发现改变了我们在磁场方面的研究路线。我们原以为研究路线是要寻找某种平缓的曲线，但我们现在看到的这些磁场看起来基本上是急转式的，它们非常迅速而急剧地转向。

帕克太阳探测器发现的另一个有趣的现象是尘埃。我们没想到那里会有尘埃。它们来自太阳的最初形成过程，我们原以为这些尘埃会在太阳形成后消失，但帕克太阳探测器仍然要经过一片尘土飞扬的地区。关于尘埃是如何留下来的，什么会留下，什么不会留下，这不仅仅对我们的这颗恒星有意义，而且对所有恒星的演化都有意义。

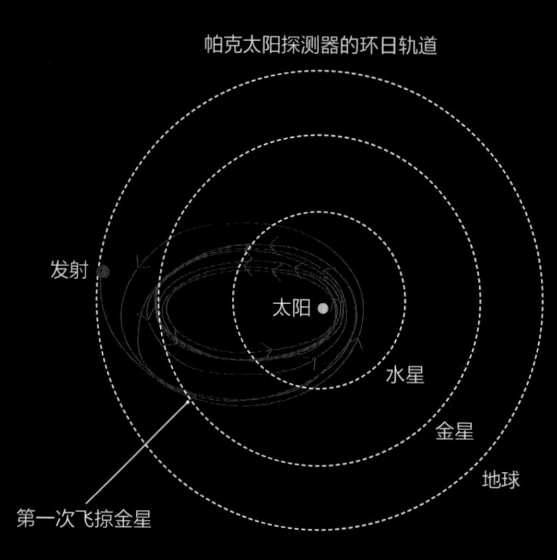

① 引力抛射，也称为引力弹弓效应，是指航天器利用天体的引力急剧加速并改变航向的飞行。——译注

② 太阳探测杯，又称法拉第杯，是帕克太阳探测器的探头上不受隔热罩保护的仪器，用来测量太阳风中的离子、电子等带电粒子的入射强度。——译注

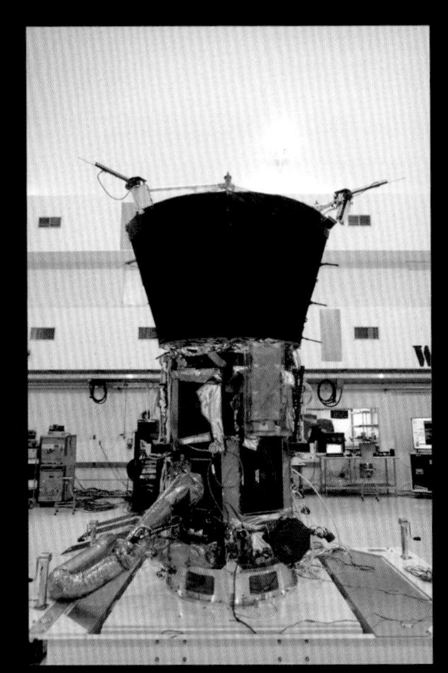

左图、中图、右图：在星技公司的处理设施中，为执行帕克太阳探测器的任务做测试。一旦测试完成，探测器就被封装入有效载荷整流罩（中图）。

上图：发射时刻——2018年8月12日，这是一项危险的任务，帕克太阳探测器将进入太阳周围充满辐射的高热环境之中。

对页图：帕克太阳探测器第一次与太阳相遇时捕捉到的冕流。

地球的能量来源

大约46亿年前，当地球从太阳形成时留下的尘埃和气体中浮现出来时，这颗新行星与母恒星开始表演一场舞蹈。地球在形成之初是一个充满敌意、不适合生命生存的地方。由于在形成时受到不断的碰撞加热，因此当时的地球表面呈熔融状态，火山活动在其慢慢冷却的过程中重塑地表。在地球生命最初的8亿年里，地表的熔融物质凝固成坚实的岩石表面。我们对地球历史上的这个冥古时期知之甚少，但我们可以回看并想象一个没有大气层、没有海洋、没有岩石表面，当然也没有生命的世界。在当时的年轻太阳辐射的能量的不断冲击下，这里绝不是伊甸园。如果当时没有大气层作为屏障，太阳辐射的能量就会倾泻到地球的有毒表面上，不让任何新生的生命扎根。但就在最初的5亿年中的某个时刻，

下图：火山活动重塑地表。

“宇宙诞生后，并没有发生过什么特别有趣的事情，但这正是一切的牢固基石。这一切随后散布到整个宇宙中，使它看起来像今天的这个样子。事实上，它正是在那个时候被雕塑的。”

索纳克·博斯，
哈佛大学天体物理中心研究员

生命开始在我们的星球上出现了，那是远离有毒表面的原始生命——最有可能出现在海洋深处。这种简单生命的祖先——古菌现在仍然与我们同在。即使到现在，这些古菌仍然隐藏在海洋深处，躲避太阳的破坏性影响。目前我们还不能明确地解释这种简单的生命为什么会突然发生变化，但一定有那么一天，生命只是迈出了一小步，而这会成为地球演化史上的一次巨大的飞跃。

宇宙的时间尺度是如此之大，超出了人类心智的想象，以致我们很容易迷失在宇宙故事所包含的永恒时间里。我们的星球经历了数十亿年的演化，这让我们忽视了这样一个事实：会有那么几天，一切都会改变，在那些关头，宇宙、地球和地球上的所有生命都会在瞬间变得面目全非。我们的这颗星球已经经历了许

下图：科学家认为，地球上的生命可能起源于海底喷口，这些喷口将富含矿物质的水喷入海洋，充当水生生物的能量中心。

多这样的日子。地球表面布满了陨石造成的伤痕，一些陨石在一个平淡无奇的日子降临，但在一个爆炸性的瞬间就改变了所有生物的演化进程。转折点并不总是那么富于戏剧性，这种变化可能在瞬间发生，但其后果可能需要数百万年甚至数十亿年的时间才能显现出来。

大约35亿年前就有这样的一天，最小的变化导致了地球上有史以来最大的生命转变。这一天的开始与其他任何一天并无不同。当地球绕其轴线沿逆时针方向旋转时，太阳会从东方升起。当地球转动时，那些最原始的生命形式会隐藏在地球表面之下——海底喷口周围，从地球内部释放的热量中吸取其生命的力量。如果地球一直保留着这个样子，那么它现在看起来就会如此简单——有生命，但本质上又没有生命。然而在那一天，宇宙做好了改变的准备。10多亿年来，一代代恒星用构成行星的成分为银河系增丰。在我们的这颗行星上，这些成分已结合在一起形成了有生命的有机物质。那种生命在那一刻已准备好去做一件非凡的事情，跨越1.5亿千米的太空与我们的恒星连接，在生命与光之间建立一条纽带，而这条纽带将改变一切。在那一刻，太阳会从毁灭者转变成创造者，为地球上的生命注入大量的能量。

我们可以解构那一“天”发生的事件，将其分解成一个个极小的细节。这一天开始于距离地球1.5亿千米的太阳深处，那里的氢原子通过聚变释放出巨大

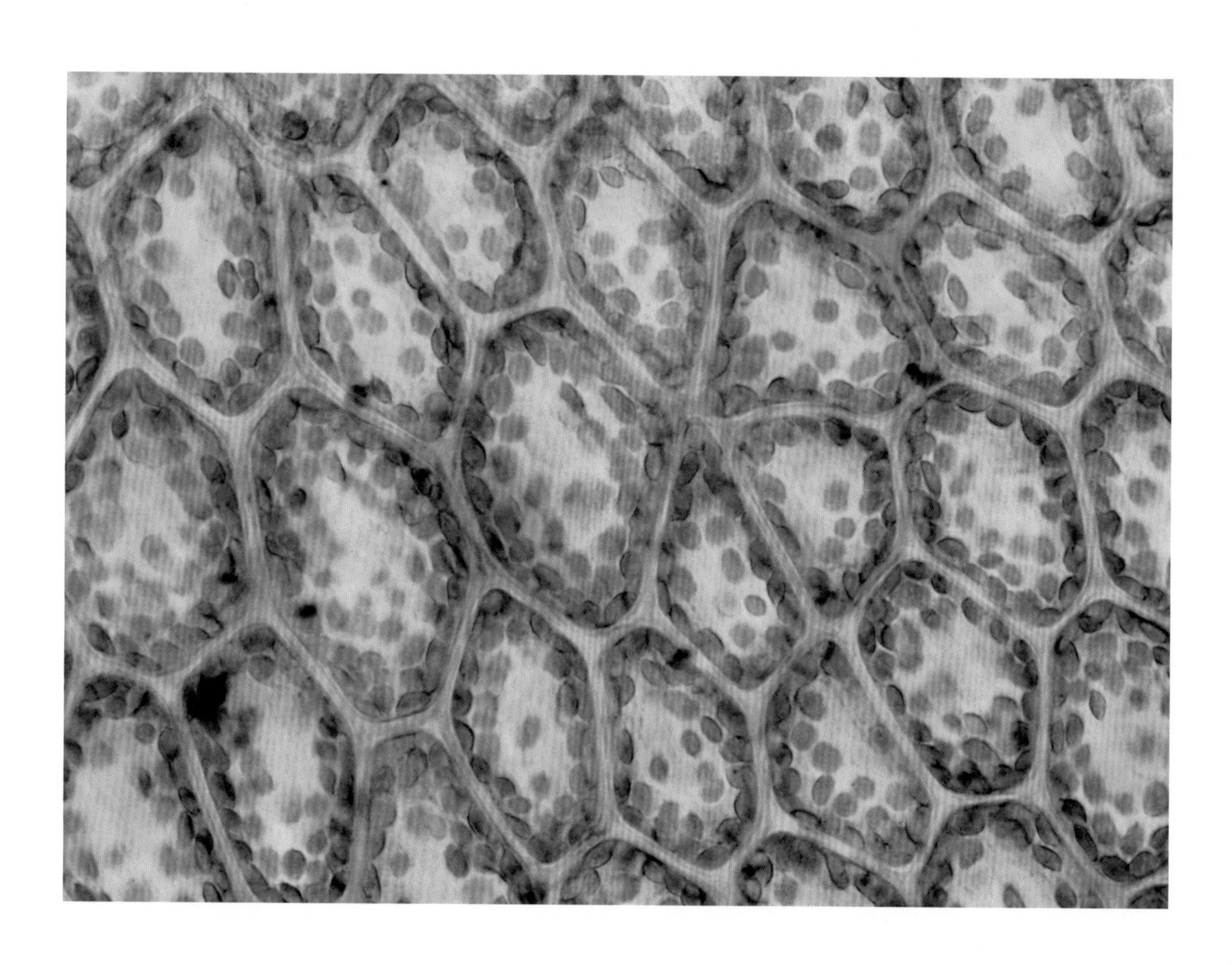

光之旅

光子是纯能量粒子，是作为太阳核心处的氢聚变的副产品发射出来的。光子一旦产生，就必须到达太阳表面，它们在那里以光的形式逃逸，但通往太阳表面的道路是曲折的。每当一个光子与一个原子碰撞时，它都会被推向一个随机的方向。数学家将这种形式的运动称为“醉汉的行走”，并估计光子需要5000~500000年（取决于核心处粒子的密集程度）才能到达太阳表面。但它一旦到达太阳表面，从那里到地球就只有8分钟的路程了。

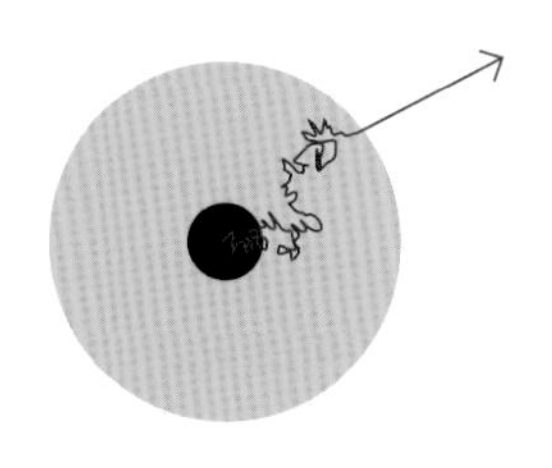

“在某些方面，我们认为太阳的存在是理所当然的。但想想看，地球上生命的存在与太阳息息相关，这就让我们很难认为这是理所当然的了。”

尼娅·伊马拉，
加利福尼亚大学天体物理学家

对页图：光合作用改变了地球上的一切，为我们的年轻行星带来了生命和能量。

的能量——通常包括光子的产生。每一个新的光子从太阳内部到太阳表面都有着各自独特的旅程，从它们产生的那一刻（被无数其他原子吸收和发射）到它们最终完成在太阳内部的旅行并离开太阳表面，需要5000~500000年的时间。太阳表面每秒释放的光子数量比地球上的沙粒数量还要多100亿亿倍以上。我们的这颗恒星发出的光芒照亮了太阳系中的每一颗行星和卫星，标志着我们在整个宇宙中的存在。

自从地球诞生以来，这束巨大的光将太阳的能量源源不断地带到地球的表面，通过每天的明暗循环照亮和加热地球表面。大约40亿年前，有一个光子离开了太阳，做了一些截然不同的事情。这个光子以近30万千米/秒的速度穿过1.5亿千米的太空，花费大约8分钟到达地球表面。与它一起旅行的数十亿个光子击中了陆地和海洋，然后就那么消失了。而这个光子与众不同，它射入海洋，遇到了一种新的生命形式，这是一种不再需要地球的热量的生命形式。

我们不知道确切的原因和方式，但在大约35亿年前，地球上的原始生命不再躲避恒星的光芒，而是从中获得能量。那些古菌远离海洋深处，越来越靠近阳光可以到达的海面。它们利用太阳的能量，而不是躲避阳光。这些古菌从太阳的光子中获取能量，并利用这些能量为一种非凡的化学转化提供动力。它们吸收二氧化碳和水，将其转化为糖，转化为一种以化学形式储存的能量——食物。就在这一瞬间，一种新的联系建立起来了，生命直接依靠一颗恒星的能量来维持生存。据我们所知，这是宇宙历史上的第一次。生命不再依靠地球的热量，而是利用宇宙中最强大的能量来源。而在我们的这颗行星上，这种能量无处不在。能量将生命从深处解放出来，为一条庞大的食物链建立基础。有朝一日，这条食物链会毫不费力地将太阳的能量从最简单的生命形式传递给有史以来行走在地球上的最伟大的生物。

光合作用的演化结果改变了一切，不仅将太阳的能量储存在简单生命的细胞中，而且至关重要的是产生了一种废物——氧气。氧气大量涌入地球的大气层，并改变地球上几乎所有生命的能量过程。细胞燃烧氧气——有氧呼吸，使生命从原始的藻类和细菌演化为我们今天在地球上看到的复杂的多细胞生命。每种植物、每种真菌、每种动物和人类都是光合作用给地球带来能量的过程发生巨大变化的结果。

自宇宙诞生以来，已经存在过数万亿颗恒星，但据我们所知，只有在太阳的周围才发展出了光合作用。由于数十亿年前的一次偶然突变，这颗独一无二的恒星每天都能穿越太空，养活一颗行星。这使我们的太阳在宇宙中是绝无仅有的。它是造物主。我们爱的每个人，我们珍视的一切，我们作为一个文明的创造者所拥有的最大成就，所有这些的存在最终都要归功于太阳。

末日

如今，我们生活在一个星光灿烂的时期。仅银河系就包含了约2000亿颗恒星，更高的估计表明在我们的邻近地区可能有4000亿颗恒星。离我们最近的星系是仙女旋涡星系，它所包含的恒星数量是这个数字的两倍多。远处的宇宙中至少还有2000亿个星系，我们的保守估计表明平均每个星系包含1000亿颗恒星，这是很多恒星。但在许多方面，寻找这个数字就像试图数清总是用于比较的沙粒数量一样，可能并没有那么有用。我们可以确定的是，宇宙中充满了似乎无限多的恒星，而且我们发现自己生活在一个恒星异常丰富的时期，这是宇宙历史上的一个永远不会重复的时刻。几千年来，我们对夜空抱有永恒的幻想，曾相信恒星会永远存在，但这是不可持续的一刻。

“宇宙的演化就像一场慢速播放的烟花表演。数千亿亿亿年后，总有一天，在宇宙的某个地方，最后一颗恒星将诞生，我们将进入一个新的黑暗时期。”

格兰特·特伦布莱，
哈佛－史密松天体物理中心
天体物理学家

当看到恒星之神的种种生命故事在我们的头顶上演时，我们逐渐意识到，即使神也不能幸免于宇宙的终极真理——万物都必须死亡。有光明的地方就会有黑暗，有生长的地方就会有衰败。恒星是创造者，但它们也严守着自己创造的东西；它们在死亡时也不会放弃构成它们的一切，并不是把所有成分都归还给宇宙，使它们在一代代恒星无穷无尽的更替中能被再次利用。相反，它们保留了自己在一生中创造的一些元素，把它们深藏在自己的核心。死去的恒星变成在太空中流浪的、行星大小的化石，并且随着越来越多的化石散落在宇宙中，越来越多的生命元素被锁定，使宇宙中制造新恒星所需的物质慢慢变得匮乏。

地球之外的生命

天文学家看到像TRAPPIST-1这样的系统时，确实非常兴奋。不是一颗行星，也不是两颗行星，而是3颗行星在这个可能存在液态水的非常特殊的区域内运行。每当发现任何行星在这个特殊的区域内运行时，我们都会感到兴奋。但TRAPPIST-1的情况尤其令人兴奋，因为这颗特殊的恒星是一颗小恒星，是一颗小质量恒星。该恒星将继续在其核心将氢聚变成氦，并且可能在数千亿年甚至更长的时间里继续将其光芒照射在它的那些行星上。因此，如果其中任何一颗行星上有生命存活下来，那么它们将会有上千亿年的时间来增殖并持续生存下去。如果我们能找到可能有水的行星，也就是可能有生命的行星，那么这种生命就可能会生存上千亿年。

菲尔·缪尔黑德，
波士顿大学天体物理学家

对页图：艺术想象图：想象站在TRAPPIST-1e的表面上观察绕着它运行的各颗行星和恒星的情景。

上图：这张旅行海报的设计灵感来自这样一个事实：TRAPPIST-1的各颗行星之间的距离非常近，以至于如果你站在其中一颗行星上，就可以看到各颗相邻的行星。

我们已经处在宇宙历史上死亡的恒星比诞生的恒星多的时刻。仰望夜空时，我们看到的是一个处于无法察觉的衰退之中的宇宙，尽管我们的头顶上有无数颗恒星，但一个星光灿烂的时代已经在走向终结。

当然，恒星不会突然消失，在未来的数万亿年里，它们仍将存在，但随着时间的推移，我们的宇宙将慢慢地、不可避免地变得越来越暗、越来越冷、越来越空。许多恒星将在接下来的亿万年中死去，只有少数特定类型的恒星将继续存在，以见证将要到来的一切。

1999年发现的TRAPPIST-1是一颗已经发光75亿年以上的恒星，这表明它的年龄约是太阳的1.6倍。这颗相对较近的恒星距离地球只有40光年，由于其表面发出的光线非常暗，因此它在阴影中隐藏了这么长时间。TRAPPIST-1是一颗很小的恒星，其大小只有太阳的十分之一，释放的能量不到太阳释放的能量的0.05%，其中大部分是以红外线形式发射的，因此我们从地球上用肉眼看不到它。这确实是最暗的恒星之一，是我们研究过的红矮星的最好例子之一，并且是一颗“超冷”恒星。它的燃烧速度缓慢，表面温度只有约2200摄氏度，而相比之下，太阳表面的温度高达6000摄氏度。但是，这类恒星在其恒星兄弟中显得如此黯淡的原因也是它如此引人注目的原因。像TRAPPIST-1这样的红矮星的低光度意味着它们与最早的恒星祖先不同，它们具有非凡的寿命，可以缓慢燃烧12万亿年。这比宇宙中任何其他类型的恒星都长寿。这一生命期限会达到当前宇宙年龄的数百倍，因此这颗恒星将见证宇宙从幼年到老年的整个生命历程。

比在这个系统中心缓慢燃烧的这颗红色恒星更有趣的是我们发现了围绕它运行的7颗岩质行星，其中5颗行星的大小与地球相似，另外两颗稍小一点的行星的大小在火星与地球之间。与太阳系不同的是，这7颗行星都靠近它们的母恒星，紧密地绕着母恒星旋转。每一颗行星到母恒星的距离都比被烤焦的水星到太阳的距离更近。不仅如此，当它们相互靠近时，还会在彼此的天空中创造出一个奇观，多颗行星（远比月球看起来要大）在彼此的地平线上若隐若现。这一切都意味着这个行星系的许多方面与我们的行星系迥异，它们的公转周期只有几天，行星被锁定在轨道上，一面永远对着冰冷的太空，另一面则是面对着母恒星的永昼。

在这种陌生感之外，也有一种奇特的熟悉感。虽然这些行星可能离它们的母恒星很近，但由于那颗母恒星是一颗红矮星，因此距离近并不意味着它们会像水星一样被烤焦。我们有证据表明，其中3颗行星位于宜居带内，TRAPPIST-1b、TRAPPIST-1c和TRAPPIST-1d各自都在一条使它们既不太热也不太冷的轨道上运行，因此海洋有可能流过它们的表面，大气有可能充满它们的天空。这是哈勃空间望远镜在2017年对准TRAPPIST-1方向时所暗示的一种诱人的可能性。

目前所有的证据都表明，这些行星可能成为生命的家园，而这种生命要生活在一颗两个半球分别被锁定为永昼和永夜的行星表面，蜷缩在一起，从一颗微弱闪烁的恒星那里获取光和温暖。

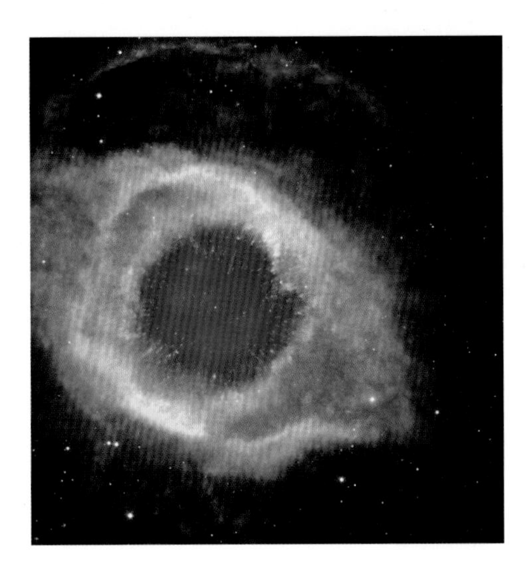

我们不知道外面的生命是什么样子（如果有的话），但如果我们允许自己有片刻的梦想，想象其中一个异星世界中不仅仅存在生命，而且它们是有意识的生命，那么我们很快就会意识到站在TRAPPIST-1的一颗古老行星的表面上，就好像占据了观景台上的一个座位，可以观看正在展开的宇宙大戏。这会使我们得到一种地球人无法想象的时间观。我们会看到，从幼年时期的宇宙开始，所有星系在漫长的时间中发生演化、并合，然后坍缩，仿佛只经过了几天。当你生活在一颗将存在数万亿年的行星上时，时间就有了不同的意义。夜空中的恒星出现后又消失，在50亿年后的某一天，你会看到一颗遥远的恒星闪烁一段时间后又变得暗淡。我们的太阳在TRAPPIST-1的那些行星的天空中只是一闪而过，在这个恒星系统还处于婴儿期的时候，太阳就已经出现过而又消失了。

太阳为我们的这颗行星注入了生命，50亿年后它早已不复存在了，留下的是其前身的一个幽灵，只剩下一个被烧毁的外壳。它成了一颗白矮星，在褪去外层后只留下一个由碳和氧构成的核心，用它早已停止的聚变产生的热量隐约发光，直到最终停止发出任何光和热，成为寒冷的宇宙中的一颗黑矮星。

到目前为止，我们认为宇宙的年龄还不足以让任何黑矮星存在，它们只是一种纯粹的假设，但我们认为总有一天，每一颗像太阳一样的恒星都会面临这一命运。

黑矮星的到来将标志着星光终结的开始。从我们在TRAPPIST-1世界中的有利位置来看，宇宙的光芒已经慢慢熄灭，恒星的时代即将结束，但TRAPPIST-1将继续存在，在未来的很长一段时间内徘徊不去。

在10万亿年后，这个古老的幸存者也会进入临终的日子，它将慢慢冷却，直到最终与黑暗相遇。我们不可能知道TRAPPIST-1是不是宇宙中的最后一颗恒星，但我们确实知道最后一颗恒星将是它的同类之一。为星光时代拉下最后帷幕的将是一颗红矮星。随着最后一颗恒星的逝去，宇宙将再次变得黑暗。

这场黑暗将标志着一个始于许多年前的一片气体云的故事的结束。在过去曾有的黑暗与未来将有的黑暗之间，有一些惊人的狂暴时刻，最终形成了一个令人惊叹的美丽和多样的宇宙，并最终形成一颗非常特别的恒星，那就是我们的太阳。我们的太阳诞生了，它经历了数十亿年的时间以及无数恒星的诞生和死亡。（据我们所知）只有太阳为一颗行星注入了生命，产生了一个以星光为动力的文明，而这个文明好奇地探索着宇宙。我们的恒星的生命，甚至恒星时代都将结束，但既然我们还在这里，就至少可以领会恒星所创造的东西，并重新满怀敬畏地认识到它们给宇宙带来光明和生命这一辉煌成就。

对页上图：这幅示意图展示了一次明亮的X射线爆发，这次爆发源于一颗白矮星。白矮星可能是科学家已观测到的数量增长最快的天体。

对页下图：棕矮星（大小介于巨行星和小恒星之间）旋转并发出可见光。

上图：这颗正在喷出热气体和紫外线的恒星（中心的白点）处于死亡的痛苦之中，它正在变成一颗白矮星。

第3章

星系

“没有人是一座孤岛，可以自全，每个人都是大陆的一片，是整体的一部分。”

——约翰·多恩[①]（1623）

① 约翰·多恩（1572—1631），英国诗人。这段文字摘自他的一篇布道词《没有人是一座孤岛》（*No man is an island*）。——译注

一座岛屿上的家园

站在海洋的边缘，站在一条看起来有着无尽韵律的海岸线上，如果你认为围绕着你的这种美丽和结构是不朽的、不可移动的、永恒的，那么这样想是情有可原的。在人类生命的短暂瞬间里，我们一眼之下可能会对周围的动态和变化视而不见。但从更长远的角度再看一下，你就会看到一个全然不同的故事在上演。在地球的海岸线上，布满了这颗行星的历史上无休止变化的证据。现在高耸的悬崖之巅，曾经是充满生命的海底；现在大块花岗岩滚入海中的地方，曾经流淌着一座沉寂已久的火山的炽热岩浆；当看到海岸线消失在远处时，我们看到的是古老土地的锯齿状边缘在天地相接处被撕裂。只有带着这种最深刻的时间感，你才会开始看到我们这个世界之美背后的真实故事，而在地球上适用的这一切也适用于我们头顶上的宇宙深处。

在本章中，我们将探索我们的星系——银河系的美丽和脆弱。我们在头顶上看到的每一颗恒星都是银河系的一部分，但从我们在地球上的有利位置来看，我们只能远远地窥视这个恒星家族的一部分，这是因为我们身陷其中，无法真正理解更大结构的无边无际，也无法理解其历史的深度。

上图：英国多塞特郡的侏罗纪海岸有着1.85亿年的地质历史，它提醒我们自然世界在不断变化。

银河系的美丽和奇观似乎无穷无尽，这是一个雄伟的岛宇宙，自人类最初出现在地球上以来几乎没有改变过。但我们亲眼看到的短暂和稳定隐藏了这个星系的真实本质。银河系在数十亿年前诞生[①]，在引力作用下成形，并在最剧烈的碰撞中演化。这里一直是一个不安宁的、常常充满敌意的地方。然而，正是这种永恒的变化造就了太阳系、我们的家园，最终也造就了我们人类。在遥远将来的某一天，这种对转变的渴望将摧毁银河系及其内部的一切。

银河系的巨大尺度几乎是不可理解的。光从银河系的一端穿越到另一端需要10万年。相比之下，地球与太阳之间的距离约为1.5亿千米，太阳系最外边的行星海王星的轨道半径大约是45亿千米，而离我们最近的恒星在40万亿千米之外。当你意识到从银河系的一端到另一端有100亿亿千米时，这些距离就变得微不足道了。

银河系就像据估计存在于可观测宇宙中的其他2000亿个星系一样，是由恒星、气体和尘埃组成的，它们受到引力的束缚，围绕着星系的引力中心运行。从由几亿颗恒星组成的最小的矮星系到我们认为拥有100万亿颗恒星的已知最大的星系，星系的大小各不相同。星系的形状也各不相同：有些像银河系，是旋涡结构，其悬臂从中心向外弯曲，而另一些则是椭圆形，它们被称为椭圆星系。有些星系完全没有明显的结构，这些看起来混乱的星系被我们归为不规则星系那一类。

上图：M100是宏伟的旋涡星系的一个经典例子，其显著且界线分明的旋臂从致密中心向外卷绕。

中图：NGC454是一组星系对，由一个巨大的红色椭圆星系和一个富含气体的蓝色不规则星系组成。随着它们之间的距离越来越近，二者都在发生翘曲。

下图：由于缺乏独特的结构，因此像UGC 4459这样的不规则矮星系可能会显得混乱，但它们属于一种常见的星系类型。

① 也有天文学家认为银河系的年龄超过100亿年。——译注

“宇宙中的星系多如银河系中的恒星。这个数量是1000亿，比地球上的总人口还多10倍。”

帕耶尔·达斯，
萨里大学天体物理学家

这些星系中的大多数排布成更大的结构，这些结构被无穷大的引力束缚在一起。矮星系围绕着比它们更大的近邻星系运行，而星系群、星系团和超星系团中则上演着各种盛大的舞蹈，它们将越来越多的星系联合在一起。像我们自己的本星系群这样的星系群可以由50个星系组成，它们以引力之舞结合在一起。星系团可以由数千个星系组成，而超星系团（如我们所在的室女超星系团）则可以将许多星系群和星系团聚集在一起，形成已知宇宙中的一些最大的结构。

通过遍布宇宙的2000亿个星系之间，几乎什么都没有。星系间的介质是一种稀薄的气体，稀疏散布的氢原子和氦原子填充在太空中没有星系存在的巨大真空区域之中。

通过最强大的望远镜仰望天空，我们亲眼看到了一个充满星系的宇宙，但只有在银河系内，我们才能观察到一个星系的真实本质。在这个巨大的结构中，2000亿颗恒星被引力束缚在一起，它们都围绕着一个我们称为人马A*的超大质量黑洞运行。我们足够幸运，能看到银河系。它从地球上看起来就像一条光带划过夜空。早在2500年前，在古希腊哲学家德谟克利特的那个时代，就有人猜测这条明亮的光带可能是遥远恒星构成的巨大阵列。但直到2100年后，当伽利略将望远镜指向夜空时，人们才第一次看到这个结构真的是由遥远的单颗恒星组成的。

如今，我们知道银河系内充满了大量非凡的奇观，无尽的美丽结构勾画出无数恒星的诞生、演化和死亡。在鹰状星云的巨大尘埃云中，我们目睹了新生的恒星向旋转着的恒星温床发射气体喷流。在船底星云中，我们看到了船底座η双星系统的神秘结构翻腾着涌向太空。与我们的太阳不同，银河系中80%的恒星不是单星，而是双星或聚星系统。船底座η双星系统中的这两颗恒星加起来比太阳亮500万倍，而且还在不断变亮。

我们还目睹了死亡已久的恒星的残骸，例如仙后座A幽灵般的光晕。这是一颗超新星爆发后留下的遗迹，这次爆发大约发生在11000年前，它撕裂了银河系，但直到17世纪晚期才首次出现在我们的夜空中。

银河系中除了有2000亿颗恒星之外，我们现在还知道有上千亿颗行星，绝大多数恒星周围的轨道上有行星。其中一个行星系是开普勒-444，它位于天琴座，距离地球约119光年。开普勒-444是一个三合星系统，它的中心有一颗像太阳这样的主序星，还有两颗红矮星绕着彼此运行，同时绕着那颗主序星在一条高度扭曲的、周期为198年的轨道上运行。它是银河系中最古老的系统之一，据估计可以追溯到112亿年前，有5颗古老的岩质行星绕着那颗主恒星运行。这些行星几乎和银河系本身一样古老，早在我们的地球诞生之前，它们就已经见证了许多事件。

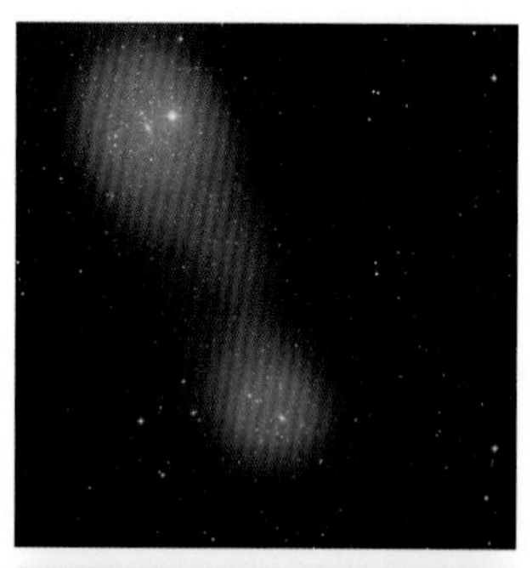

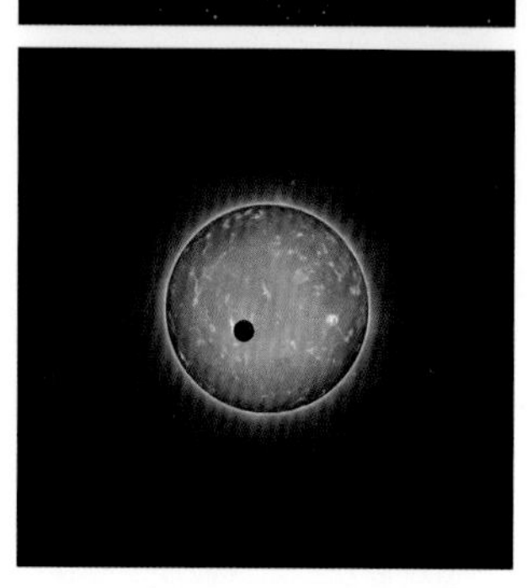

上图：一座由热气体构成的桥跨越大约1000万光年，将星系团Abell 401（上方）与Abell 399（下方）连接了起来。

下图：在开普勒-444的行星系中，一颗行星正在从其母恒星前方经过，这使我们可以通过凌星测光法从地球上探测到它。

尽管这一切如此神奇，但银河系中的每一颗行星和每一颗恒星都永远是遥不可及的。任何一个人终其一生都不可能去到最近的那颗恒星——半人马座中的比邻星。这颗恒星可能是离银河系最近的邻居，但它与我们的距离超过4光年。虽然这些距离都是如此遥远，但我们还是找到了一种方法来突破我们的局限性，开始探索我们的起源。科学使我们能够从空间和时间上都看似不可能的视角来观察银河系，并讲述它的故事。当我们在科学的指引下任由自己的想象力在银河系中漫游时，我们发现它远非一个遥远的实体，它的故事与我们自己的故事有着千丝万缕的联系。

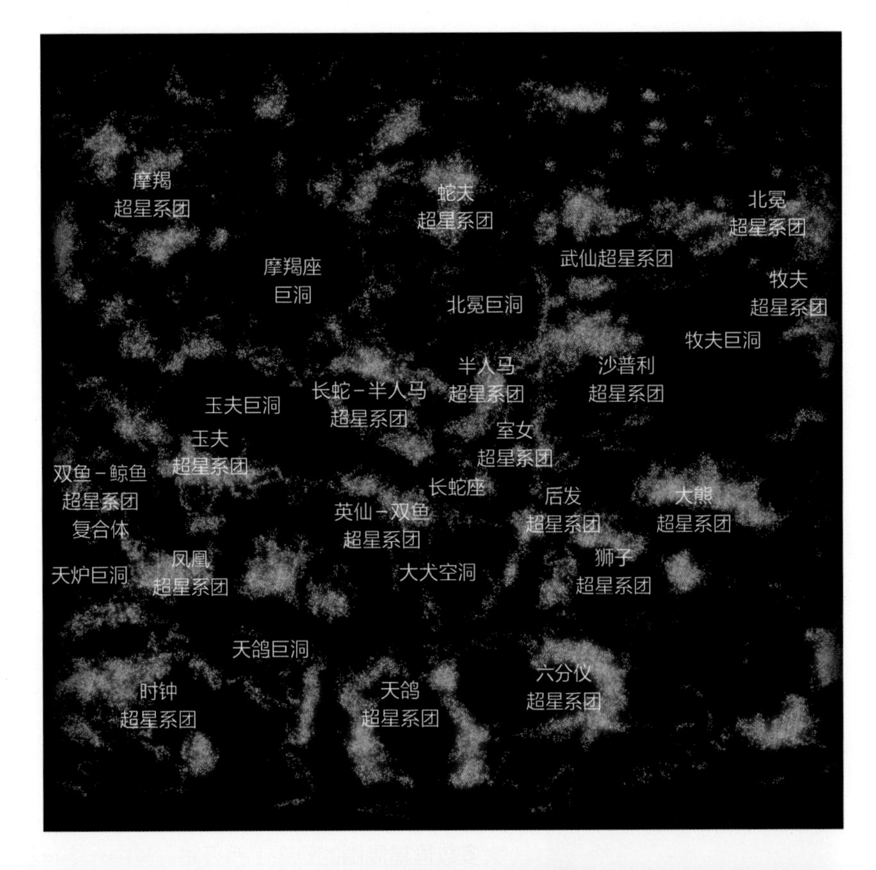

右下图：双鱼－鲸鱼超星系团复合体，长度达10亿光年，是位于其中心的室女超星系团的家园。

下图：间隔一年时间拍摄的仙后座A。这是一颗中子星，被它自身爆发后留下的、有325年历史的红外回波所包围。

<u>什么是星系</u>

请你想想太阳系，我们有一颗恒星，也就是太阳，还有一大堆行星、小行星和慧星等。所以，星系实际上只是亿亿万万个这种系统的复制品的集合。从非常简单的意义上讲，一个星系就是由数以亿计的恒星聚集在一起而形成的，其中还有大量的星际气体，这些气体主要以氢的形式存在。它们都在引力作用下沿各条轨道运行。星系与一大堆恒星的区别在于星系的中心通常有一个质量非常大的黑洞，它们称为超大质量黑洞。星系往往还含有大量的暗物质，正是这些暗物质将一切聚集在一起的。

索纳克·博斯，
哈佛大学天体物理中心研究员

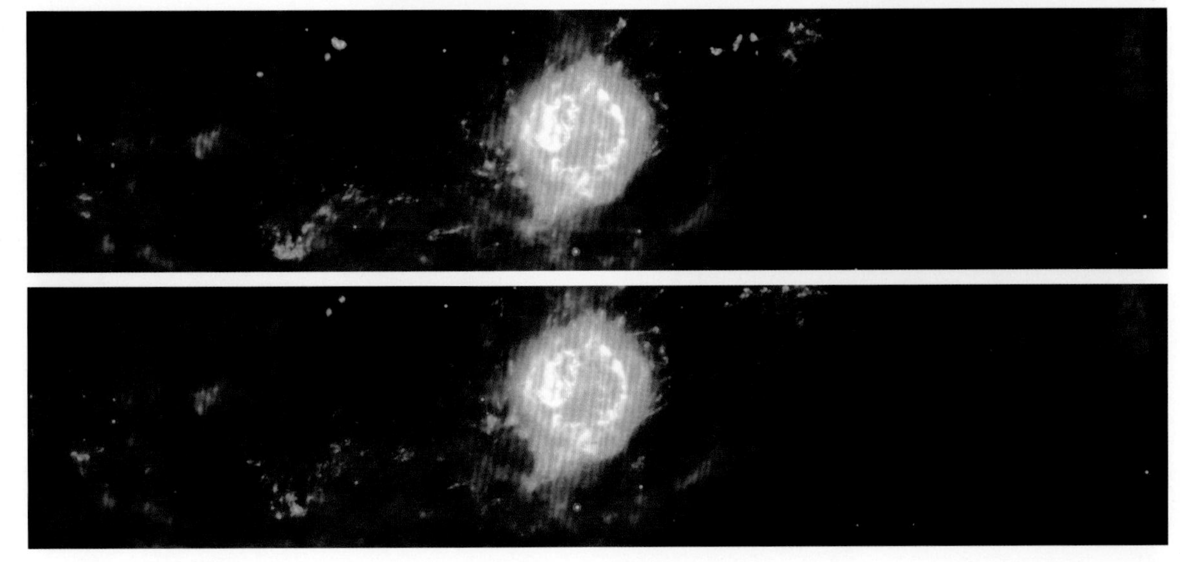

银河系是什么

索纳克·博斯，哈佛大学天体物理中心研究员

为了能够以我们在地球上的视角看到银河系，你必须住在远离市中心的地方。如果你在一个非常晴朗的夜晚到山上观察，那么你可能会看到一条由恒星构成的亮带横亘在天空中，它对应的是银河系的银盘。我们实际上生活在银河系的一条旋臂内，到银河系中心的距离约为银河系半径的三分之二。作为地球上的人类，我们位于银河系郊区的某个地方。如果观测条件良好，我们可以看到周围的一些恒星，它们是这条旋臂的一部分。

银河系是旋涡星系的一个例子。旋涡星系是宇宙在演化过程中创造出来的非常美丽的产物，它们基本上都有一个非常密集的中心，大量恒星的光集中在这里。因此，银河系的中心一直有成千上万颗恒星。围绕着这个中心的是许多旋臂，这里通常会创造出大量的新恒星。你几乎可以想象在每条旋臂中每时每刻都在形成新的太阳系。如果你能对银河系包含的所有恒星进行称重，就会发现其中的恒星总质量大约是太阳质量的500亿倍。

所有星系的组成中都有大量暗物质。就银河系而言，目前的估计是总质量的10%~15%是以普通物质的形式存在的，而其余质量中的80%甚至更多具有暗物质的形态，它们遍布整个银河系。这个由暗物质和普通物质组成的复合系统的中心是普通物质占主导的地方，而外部则是暗物质所在的地方。因此，我们本质上被暗物质晕包围着。

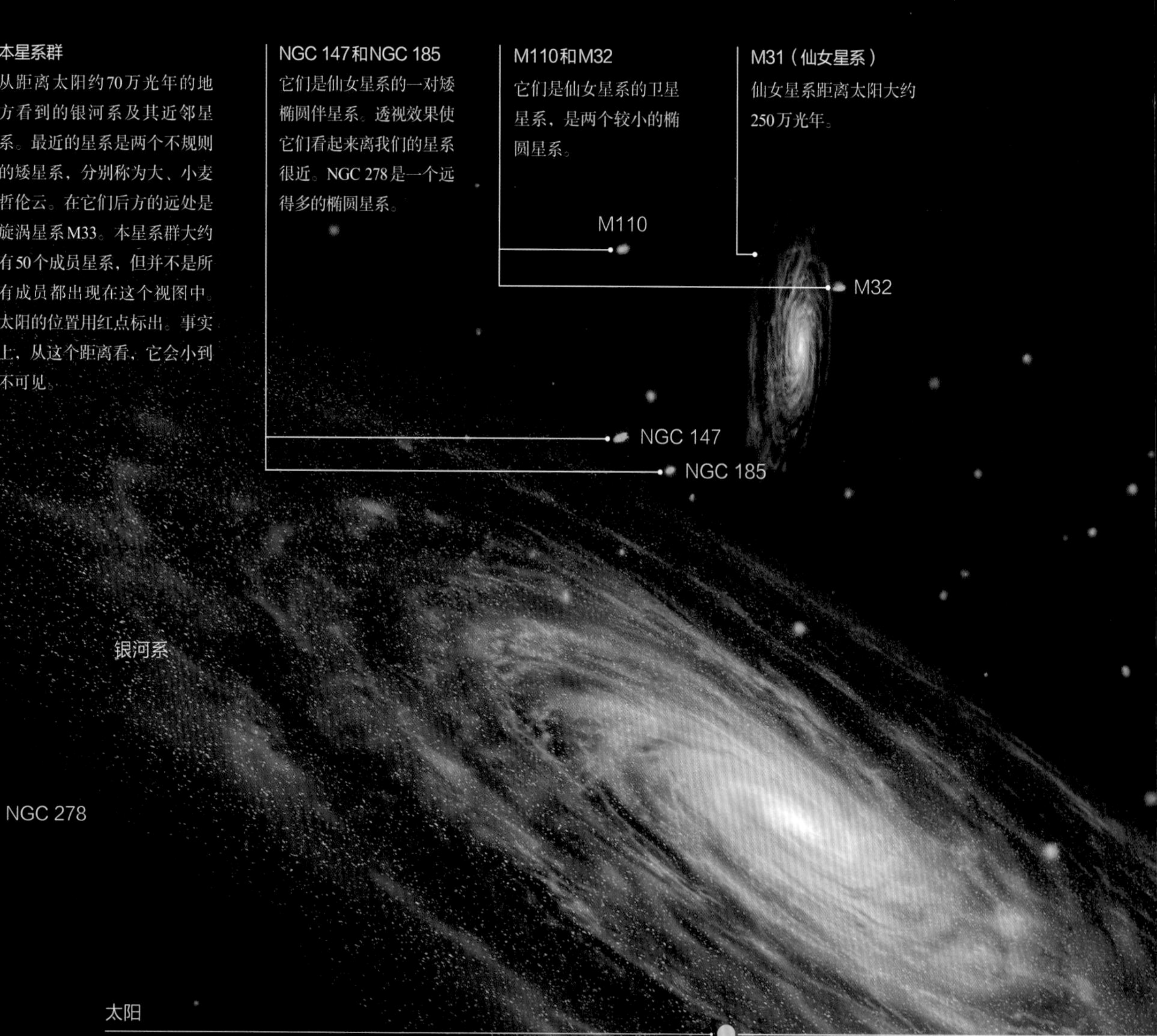

NGC 147和NGC 185
它们是仙女星系的一对矮椭圆伴星系。透视效果使它们看起来离我们的星系很近。NGC 278是一个远得多的椭圆星系。
M110和M32
它们是仙女星系的卫星星系，是两个较小的椭圆星系。
M31（仙女星系）
仙女星系距离太阳大约250万光年。
M110
M32
NGC 147
NGC 185
银河系
NGC 278
太阳

本星系群

从距离太阳约70万光年的地方看到的银河系及其近邻星系。最近的星系是两个不规则的矮星系，分别称为大、小麦哲伦云。在它们后方的远处是旋涡星系M33。本星系群大约有50个成员星系，但并不是所有成员都出现在这个视图中。太阳的位置用红点标出。事实上，从这个距离看，它会小到不可见。

核球内部
红外图像显示了银河系中心热电离气体中的大量恒星和复杂结构。

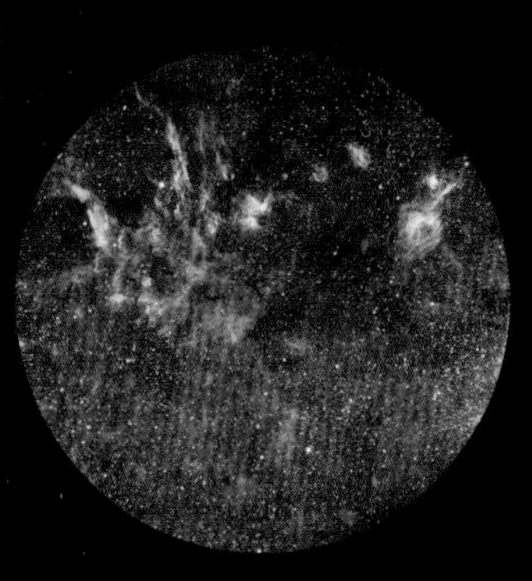

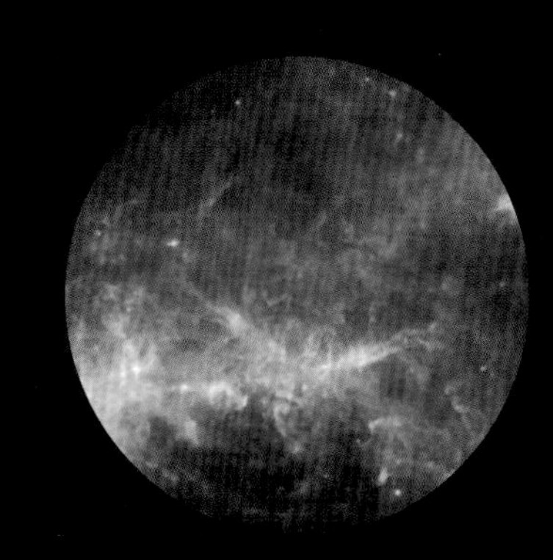

宇宙的纤维状结构
气体和尘埃构成的巨大纤维状结构揭示了物质在整个星系中的分布。这张图片显示了一个被称为G49的纤维状结构，它的质量相当于8万个太阳。

小麦哲伦云

NGC 404
这是一个椭圆星系，刚好超出本星系群的界线，可能不受其引力束缚。

麦哲伦云
它们是银河系附近的卫星星系。

M33（三角星系）
它距离太阳280万光年，是本星系群中最遥远的成员。

大麦哲伦云

球状星团

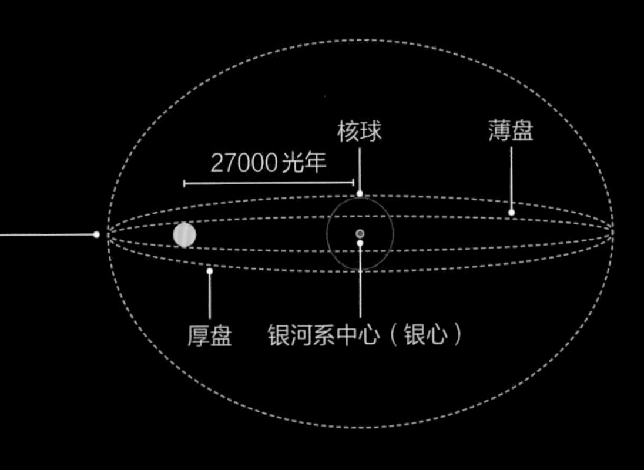

为这座岛屿绘制地图

只要人类有探索的本能，制图的艺术和科学就从未远离。通过将三维世界的信息转化为视觉形式而描绘出的地图，可以为我们在这个世界中导航，并最终让我们有能力理解如何融入其中。人们可以研究和分享一幅地图，将它所包含的知识分散到地图绘制者的经验之外，进入所有能够读懂地图尺度和符号的人的手中。随着测绘技术的准确性的提高，地图也在发展，在数年、数百年或数千年的时间里不断得以改进。这正是几个世纪以来我们所看到的。由于技术的进步，我们的制图技能也得到了发展。从指南针到六分仪，从热气球到无人机，技术上的进步一直在提高我们为周围世界绘制地图的能力。

当我们回溯过去，寻找已知的人类最早绘制的地图时，会发现他们画出的并不是那些遗失已久的海岸或河谷。我们的远古祖先最早的天性似乎不是记录他们脚下的东西，而是记录他们头顶上方的东西。

位于法国西南部的拉斯科洞穴以数百幅壁画而闻名，这些壁画装饰着这个巨大洞穴系统内部的各个腔室。这些壁画经历了几代人的创作，对生活在这一地区的动物的描绘可以追溯到大约17000年前，这使它们成为我们所见过的规模最大的旧石器时代的艺术实例之一。1940年，当地少年马塞尔·拉维达在他的狗掉进一个隐蔽的竖井后发现了这个洞穴系统。人们对这一洞穴艺术进行了深入的研究，但直到60年后，考古学家才发现这些壁画不仅描绘了动物，还画出了夜空的分布图。这些壁画中隐藏着星座的形象，包括将金牛座画成犀牛的形象，把狮子座画成马的形象，还有一幅壁画描绘了彗星撞击的景象。其中每一个星座所处的位置都与它们当时在这些艺术家头顶上的夜空中构成的图案准确对应。

观察夜空，探究夜空，追踪夜空，并最终了解我们在空间和时间中的位置，这种本能似乎在我们的悠久历史中一直存在于我们的体内。从远古的祖先把他们对夜空的了解刻画在洞壁上到我们如今用新技术绘制恒星分布图，这是一脉相承的。几千年来，我们一直受到吸引，要去仰望和绘制天空。我们现在正在绘制的分布图已经非常详细，以至于我们终于可以超越我们的岛屿，眺望海岸线以外的景色。

“我们与夜空的联系已经保持好几千年了，人类总是试图在我们在地球上的位置和浩瀚的太空之间建立某种天界的联系。”

索纳克·博斯，
哈佛大学天体物理中心研究员

有一项任务旨在绘制10亿颗恒星的分布图。2013年12月19日，位于法属圭亚那库鲁的欧洲空间局太空港发射台上的“联盟号”火箭上搭载了一架价值数十亿美元的望远镜，而它的任务就是要绘制出这张分布图。盖亚空间望远镜以希腊神话中的一位女神的名字命名，她被视为地球上所有生命的始祖。这架望远

对页图：阿根廷的“手洞”壁画，绘制于大约公元前7300年，表明了人类渴望了解自己在世界上的位置。

2013年12月19日

“注意，最后倒计时。十、九、八、七、六、五、四、三、二、一、嘟。发射！”①

镜花了三周时间才到达它的目的地——第二拉格朗日点L2，距离地球大约150万千米。它在太阳和地球的引力平衡下进入轨道，并在展开了直径为10米的遮阳板后转向永久背对太阳的方向，使它携带的敏感仪器免受太阳热量的伤害，同时利用覆盖面向太阳的那一面的太阳能电池板为自己供电。盖亚空间望远镜随后经历了数月的校准和测试，于2014年7月开始全面运行，以前所未有的规模和精度为天空绘制分布图。

盖亚空间望远镜是迄今为止人类制造过的最精确的空间望远镜。事实上，它包括两架完全相同的望远镜（它们之间的角度为106.5度），将来自星系中恒星的光会聚成一条光路。两架望远镜各自在1.49米×0.54米的主镜上捕捉恒星的光线，然后将其发送到由10面不同形状和大小的反射镜构成的一个阵列中以帮助聚焦和引导星光（星光会在3.5米的飞行器内部传播35米以上的距离），再到达10亿像素的相机和其他3台主要科学仪器。

盖亚空间望远镜的天文测量仪进行的宇宙制图工作是首先测量一颗恒星的位置，然后将对目标恒星多年的重复测量结合起来，从而计算出它的距离和运动速度。在盖亚空间望远镜运行的前5年里，它被设计为对每颗目标恒星至少测量70次，以提供一组无与伦比的数据来生成精确的坐标和速度。

① 原文为法语。——译注

盖亚空间望远镜看到的银河系

盖亚空间望远镜同时观察被一个固定的底角分开的两个视场，同时以每分钟1度的恒定角速度绕着一根与这两个视场都垂直的自转轴缓慢旋转，每6小时对着天空拍摄一圈。

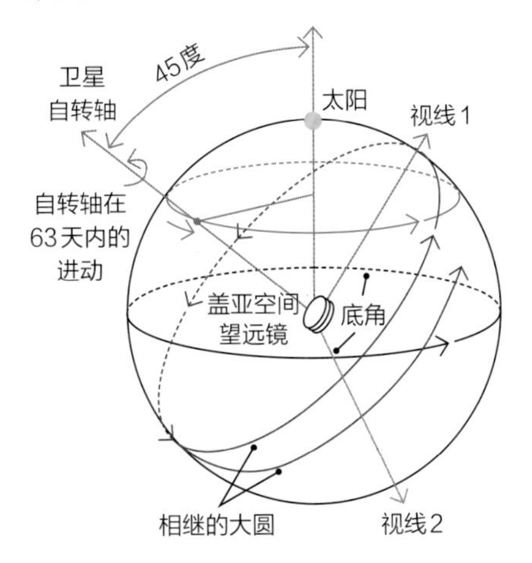

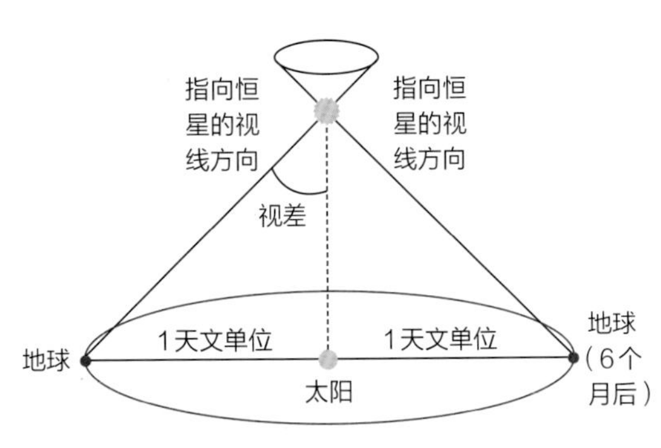

除了天文测量仪之外，光度探测器则提供了关于被测恒星光谱颜色的重要信息，揭示了诸如温度、质量和化学成分等关键信息，从而可以获悉盖亚空间望远镜所观测的每颗恒星的年龄和历史。最后一台仪器是径向速度光谱仪，它通过测量目标恒星的多普勒频移，与天文测量仪的视差技术相结合，能够显著提高恒星运动的测量精度。

盖亚空间望远镜在绕其轴持续旋转的同时进行这些精密观测，使用以氮为推进剂的微型推进系统进行微小的精确调整，以保持它的固定位置。该飞行器每分钟观测大约10万颗恒星，已经超出了其技术规格的极限。在慢慢绘制出10亿颗恒星的分布图的同时，它还对3~20等的恒星进行了仔细观测。我们通过盖亚空间望远镜获得的信息已经改变了我们对银河系以及我们在其中的位置的理解，绘制了最精确的银河系三维星表。目前，人们预计这架望远镜至少会继续运行到2024年底（根据撰写本书时的信息）。盖亚空间望远镜不仅让我们对银河系的结构有了新的认识，还揭示了它的生命故事以及它的演化历程。

在任务进行到一半时，盖亚空间望远镜已经绘制出迄今为止最详细的银河系分布图。它绘制了10亿颗恒星的位置，不仅实现了与我们同时代的星系的精确可视化，而且赋予了我们穿越时间的能力。通过绘制大量恒星的速度和方向，并将其与盖亚空间望远镜提供的单颗恒星的特征信息相结合，我们可以知道这些恒星将如何移动以及它们将去往何处，从而让我们快进到未来，看到我们的星系将会变成什么样子。我们不仅可以快进，还可以倒放。这些恒星的运动包含着它们从何而来的故事，反转恒星的运动方向可以让我们将银河系的故事倒回去，让我们第一次窥视数十亿年以前的银河系：早在太阳系诞生之前，回到银河系本身的存在还远未确定的那个时期。

盖亚空间望远镜不仅为银河系构建了最杰出的三维分布图，而且绘制了四维分布图，这转而又开创了一门全新的科学——银河系考古学。对历史的挖掘表明，我们的星系绝不是一座由恒星组成的平静岛屿，它经历了最具戏剧性的生存历程，经过了一些规模大到难以想象的事件而幸存下来，并以某种方式为太阳和地球创造了孕育生命的条件。但是，就像我们在自己的历史长河中碰上的每一个故事一样，它本来很容易走向一个全然不同的结局。在一个充满了无穷无尽的暴力和动荡的宇宙中，并不是每个年轻的星系都能成年。

对页图：拉斯科洞穴中的壁画，绘制于大约公元前15000年，有些人认为这是已知最早的恒星分布图。

上图：通过比较从地球上测得的视差角，可以用简单的三角学知识计算出一颗恒星的距离。

对页图：2013年12月，盖亚空间望远镜由俄罗斯的联盟-STB火箭从位于法属圭亚那库鲁的圭亚那航天中心发射升空。

右下图：盖亚空间望远镜的可展开遮阳板组件正在测试中。它将利用太阳能为探测器供电，同时遮蔽传感器。

发射盖亚空间望远镜

杰勒德·吉尔摩，剑桥大学天文研究所教授

20世纪90年代初，有6个人为盖亚空间望远镜撰写最初的提案，我是其中之一。我参加的团队负责管理所有的协调和研究工作。当你要完成工程与科学的最初匹配，看看你真正能做到什么时，这些协调和研究工作都是必需的。20年后，我在法属圭亚那库鲁的一个位于南美洲丛林中的高科技发射场参加了发射。

发射是在快要日出的时候进行的，那是一个美丽、晴朗的日子，一切非常完美。盖亚空间望远镜的特殊之处在于它未采用标准的火箭发射。如果你看过标准的火箭发射的话，就会发现火箭是直接升空的，在一团火焰中消失在云端。你所看到的只是持续20秒的明亮光芒，然后你听到有人通过无线电向你描述发射状况。盖亚空间望远镜的发射花了4分钟时间。你可以看到火箭的火焰，看到各级弹射，然后看到火箭最终消失在天际。

盖亚空间望远镜进入一条停泊轨道，在那里驻留几小时，而在此期间技术人员们可以说只是在慢慢地把各种仪器开开关关，然后它才进入了必须打开直径为10米的遮阳板这一关键状态。那是盖亚空间望远镜生死攸关的时刻，至关重要的就是要打开遮阳板，才能保护有效载荷免受太阳的伤害。

最后，我们收到了一条短信，得知遮阳板成功打开了。我们做了近20年的工作，这可以算是一种宽慰了。

先进的有效载荷技术

单集成仪器中的双望远镜概念包括10面反射镜、一台天文测量仪、一台光度探测器、一台径向速度光谱仪。

与地球之间的永久数据传输

以5兆字节/秒的速度，每天下载8小时，5年的数据量将达到263万亿字节。

有史以来使用陶瓷制造的最大仪器

结构由碳化硅制成，这种材料经过优化，具有稳定性、耐用性和低质量的特点。

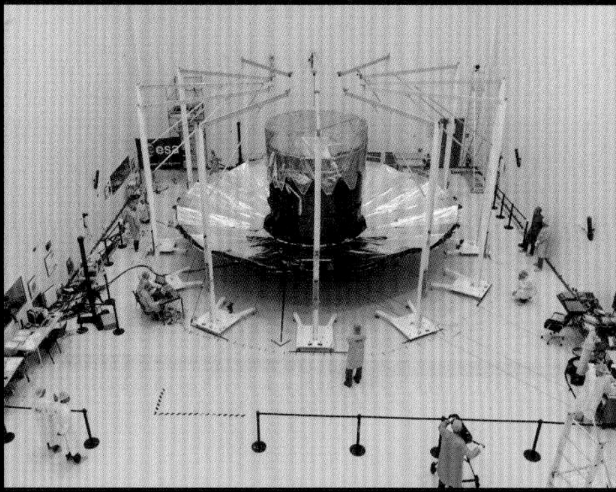

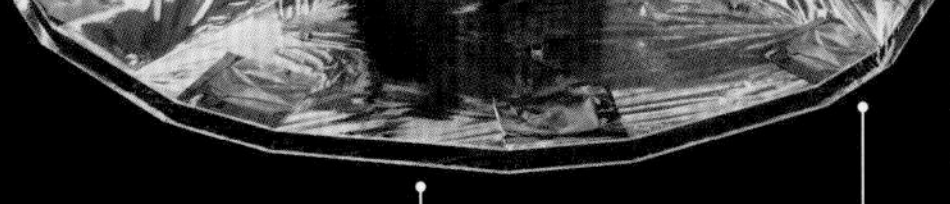

高度：3米
直径：10米（遮阳板展开时）

前所未有的精密测量仪器

分辨率为10亿像素的光度探测器，能够探测光度为肉眼可见的阈值的

隔热

耐受零下170摄氏度至

极高的指向精度

用于精细姿态控制的冷

描绘历史

要了解我们来自何处，我们首先需要搞清我们今天在宇宙中的实际位置。从我们的这颗小小的岩质行星出发，很难想象我们是太阳系的一部分，而太阳系是一个由行星、矮行星、卫星和小行星等围绕太阳运行而组成的系统，但正如我们所知，我们其实是一个比太阳系还要大得多的系统的一部分。我们不仅是太阳系的一部分，也不仅是银河系的一个部分，事实上我们还是一个多星系结构的一部分。这是一个由引力结合在一起的巨大星系旋涡，我们称之为本星系群。

在银河系附近的本星系群中，聚集的星系超过54个，而银河系只是其中之一。其他的大多数是矮星系，它们聚集在本星系群的3个巨星系（银河系、三角星系以及其中最大的仙女星系，仙女星系是一个巨大的结构，包含万亿颗恒星）周围。就像我们围绕太阳公转一样，我们的星系也在与仙女星系跳着引力之舞，围绕着位于这两个恒星岛屿之间的引力中心公转。这场舞蹈正在慢慢地将它们拉近。

不仅如此，我们还发现自己是一个更大结构的一部分——本星系群位于一个称为室女超星系团的巨大的超星系团的外缘。天文学家认为这个由引力束缚在一起的星系组成的巨大旋涡系统从一边到另一边的距离超过1亿光年，至少有100个星系群，其中包括我们的本星系群。然而，这还没完。每当我们似乎发现了一个最大的结构时，就会发现另一个家园从黑暗中浮现出来。

所以，我们先来回顾一下：太阳系是银河系的一部分，银河系是本星系群的一部分，本星系群是室女超星系团的一部分，而我们现在知道室女超星系团是

“达到了这样的一个精度，我们就可以测量天空中的一颗恒星的年运动了。从地球上看这颗恒星，它还不到从地球上看月球上的一个针头那么大。”

戴维·马萨里，格罗宁根大学

拉尼亚凯亚超星系团的一部分——我们相信这个结构中包含了大约10万个星系。然而，这个横跨5.2亿光年的庞大星系集合也不是我们的旅程的终点，因为拉尼亚凯亚超星系团是一个令人难以置信的长星系链的一部分，我们现在称之为双鱼-鲸鱼超星系团复合体。双鱼-鲸鱼超星系团复合体长10亿光年，宽1.5亿光年，是我们在宇宙中观测到的最大结构之一，总质量为100亿亿（1后面有18个零）个太阳。

双鱼-鲸鱼超星系团复合体不只是一个庞大的星系集合。这是一种被称为星系纤维的结构，而且双鱼-鲸鱼超星系团复合体不是这种结构中仅有的一个。我们已经发现了一系列这样的大质量纤维状结构盘绕在宇宙中，它们的大小从几亿光年到10亿光年以上。这些纤维状结构跨越了令人难以想象的距离，形成了一张网，其间什么都没有，只有宇宙中的巨洞。我们瞥见了这张巨大的网，我们看到的是宇宙在最大的尺度上是有结构的——星系不只是随机地分散在宇宙之中，浩瀚的宇宙中存在着秩序。

这一切都始于128亿年前的黑暗之中，一张由暗物质织成的网悬挂在新生的宇宙中，这个结构很好地隐藏了它的秘密。这就是宇宙网，一张丝丝缕缕的、纤维状的、巨大的网，绵延数十亿光年。这个巨大的暗物质丝状结构提供了一个引力磁体，巨大的气体和尘埃云可以开始聚集在这个引力磁体周围，并慢慢地凝结成一个足够大的结构，从而形成了众多恒星，还形成了一个由4亿颗恒星组成的星系——银河系。

在这团巨大的气体和尘埃云的历史早期，当它给数百万颗恒星带来生命时，它就开始坍缩成一个盘状结构，这就是我们今天看到的银河系的雏形。但在那个初期阶段，并不能保证一定会形成一个稳定的集合。银河系当时还是一个脆弱的胚胎，周围环绕着其他数百个胚胎星系。所有的星系都紧靠在一起，在宇宙网的这一片段中碰撞，它们都在挣扎着从这一原始的混沌中浮现出来。当年轻的银河系开始穿越宇宙时，它在所有方向上都被大大小小的星系所包围。在这样的环境中，有些星系是捕食者，有些则是猎物。而在这场无休止的引力对抗中，生存就意味着吞噬任何与之接近的其他星系。

左图：拱形的银河高挂在新西兰阿卡罗阿的天空中。

对页图：星系中之所以形成旋涡是因为恒星间的引力达到了平衡。

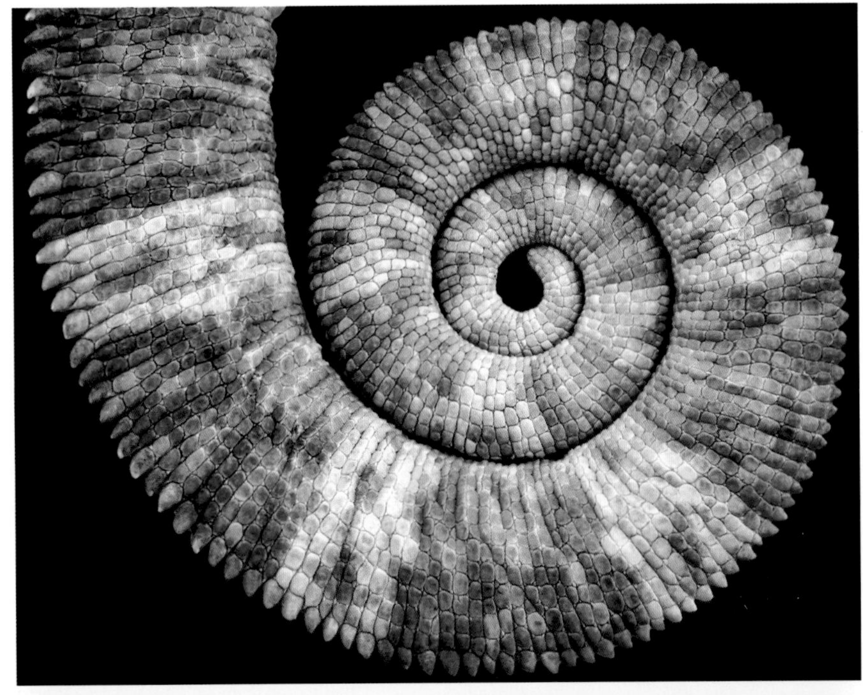

右图：旋涡在自然界中常见，它们出现在植物和动物的生长过程中。图中所示的变色龙卷曲的尾巴也呈旋涡状。

右图：星系的形成缘于多颗恒星间的引力，就像涡流的形成缘于相反的水流产生的压强一样。

隐藏的历史

在人类拥有好奇心的几千年里，我们已经能够从地球上向外看，并逐渐拼凑出我们的星系的结构——它的核球、独特的旋臂和缥缈的银晕。仰望这条横跨在夜空中的巨大的恒星弧，我们逐渐有能力探索我们在银河系中的位置，但我们很难回溯它的狂暴的过去。早期的狂暴时代已经过去了数十亿年，我们对银河系早期历史的细节一直一无所知，这种状况直到非常近期才有所改变。正如通常会发生的那样，宇宙留下了关于它的过去的种种痕迹。有了适当的技术，那些一直隐藏在我们的视野之外的线索就会突然变得清晰可见——你只需要知道该往哪里看。盖亚空间望远镜正是在这个方面使我们的能力发生了改观——让银河系的时光倒流。

2018年4月25日，盖亚空间望远镜团队发布了来自其正在执行的任务的第二批数据。这批数据称为DR2，源于这台飞行器在2014年夏季至2016年夏季的22个月的观测，其中详细描述了13亿颗以上的恒星的位置、运动和视差，是一个数据宝库。研究人员为了找出关于我们所在的各恒星岛屿的这张新分布图中所隐藏的秘密，真的在彻夜工作。

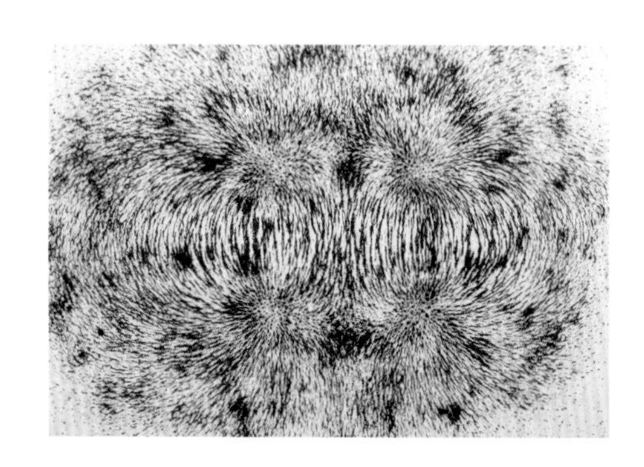

格罗宁根大学卡普坦天文研究所的阿梅尼娅·海尔米教授是争相获取DR2数据的科学家之一。海尔米和她的团队此前已经花费了数年时间，试图破解包围着银河系的银晕的起源，因此他们急于筛选数据，急于率先看到会从中得到什么新的发现。科学的进步往往是极其缓慢的，而且往往需要无穷无尽的相互合作，但当一张如此强大的新分布图同时进入地球上的每一位研究人员的收件箱时，竞争就会不出意料地变得异常激烈，这是因为不同团队都争先恐后地想看看箱子里有哪些宝石。

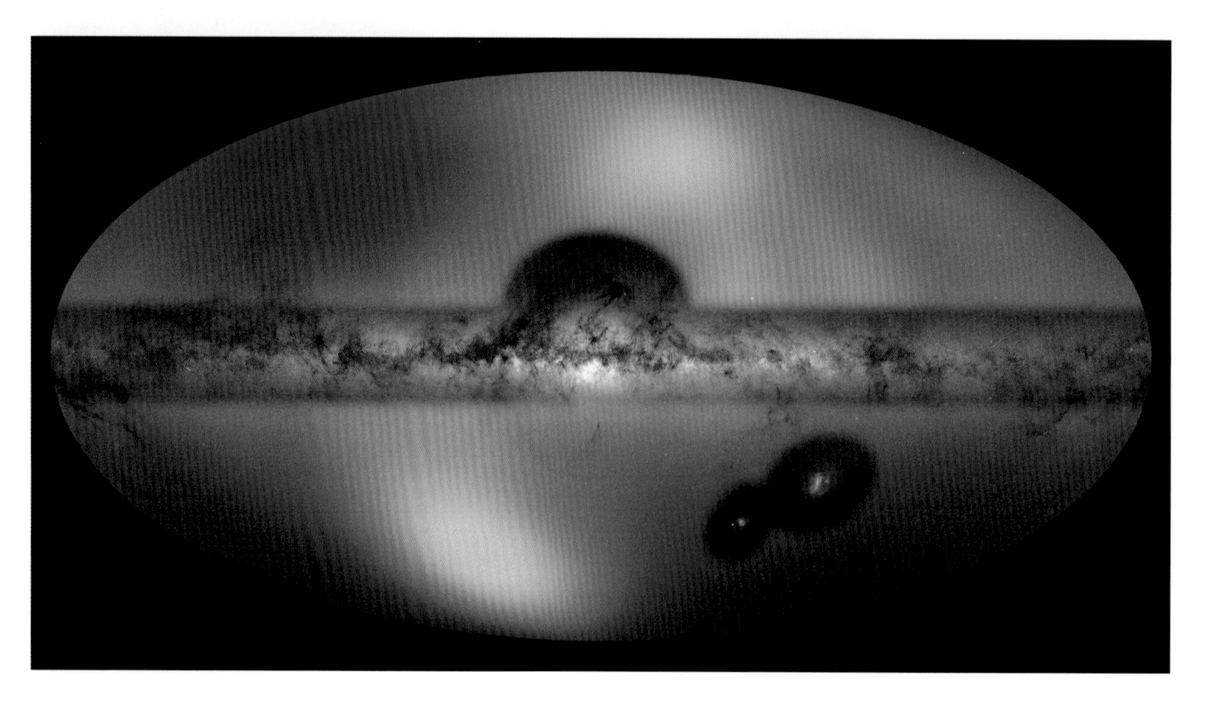

对页上图：在实验中用铁屑来展示地球上的磁场线。

对页下图：在银晕映衬下的银河系和两片麦哲伦云，越亮的区域中的恒星密度越高。

本页下图：尘埃发出的偏振光，纹路表示星系的磁场线。

本页底图：在普朗克卫星绘制的银河系分布图中，火红色的塔状物是使反射光产生偏振的尘埃粒子。

在数据传回来以后的几小时内，海尔米和她的团队开始追踪他们的第一条线索。盖亚空间望远镜的最新分布图显示，有一个由30000颗恒星构成的集合正朝着最奇怪的方向移动。银河系中充满了像太阳系一样的恒星系统，它们都位于围绕银河系中心的同一平面轨道盘内，朝着同一方向运动。这个由30000颗恒星构成的集合曾经不是这样。相反，它们看起来曾在银河系中逆流而动，它们在逆向运行。不仅如此，它们当时的运行轨道曾将它们带出平坦的银河系平面。这绝不是什么反常现象，而是我们首次掌握的一条直接证据，证明了曾经有一个非常狂暴的时刻，它永久性地改变了银河系的早期特征。如果倒过去看，这些奇怪的恒星不只是银河系的一个怪异现象，它们还把我们带回到银河系历史上的一个隐藏已久的时刻。在那个关键的时刻，新生的银河系与一个久别的邻居发生了碰撞。

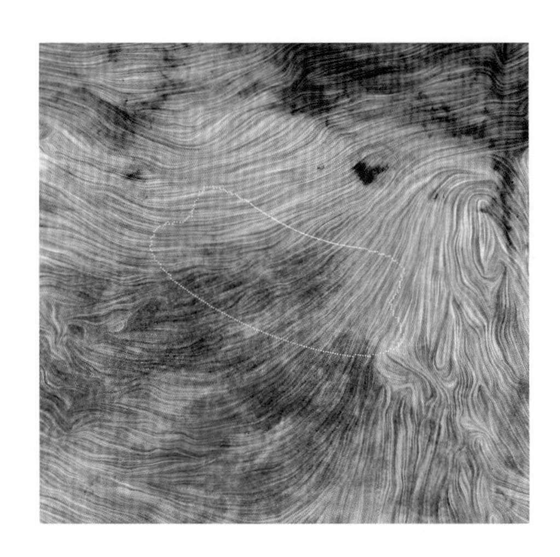

在遥远过去的某个时候，在银河系诞生后的几十亿年里，它在与另一个星系共舞。这个近邻星系曾围绕着银河系旋转了数百万年，甚至数十亿年，就像一颗行星绕着一颗恒星运行那样。我们将这个消失已久的星系命名为盖亚-恩克拉多斯（希腊神话中的巨人恩克拉多斯是盖亚的后裔）。我们相信这个矮星系在大约100亿年前跨过了一条界线，永久地改变了银河系的命运。当这个较小的星系到达银河系的邻近区域时，引力波在它的身后荡漾，数百万颗恒星在一场规模宏大的星系大战中陷入混乱。在随之而来的一切混沌之中，只有一个赢家。在这场规模如此宏大的战斗中，天体的大小真的很重要，而银河系的强大引力意味着它将成为我们的家园，它将抓住逐渐靠近的盖亚-恩克拉多斯，将这个星系的恒星都纳入麾下。

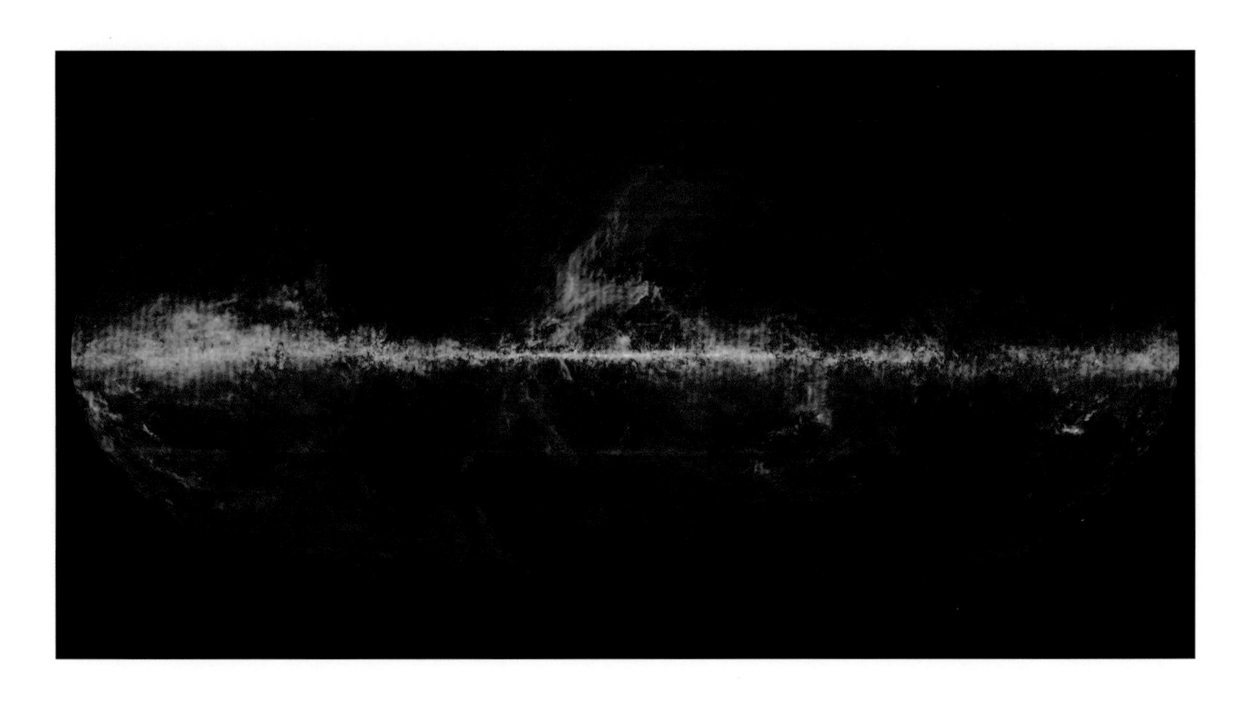

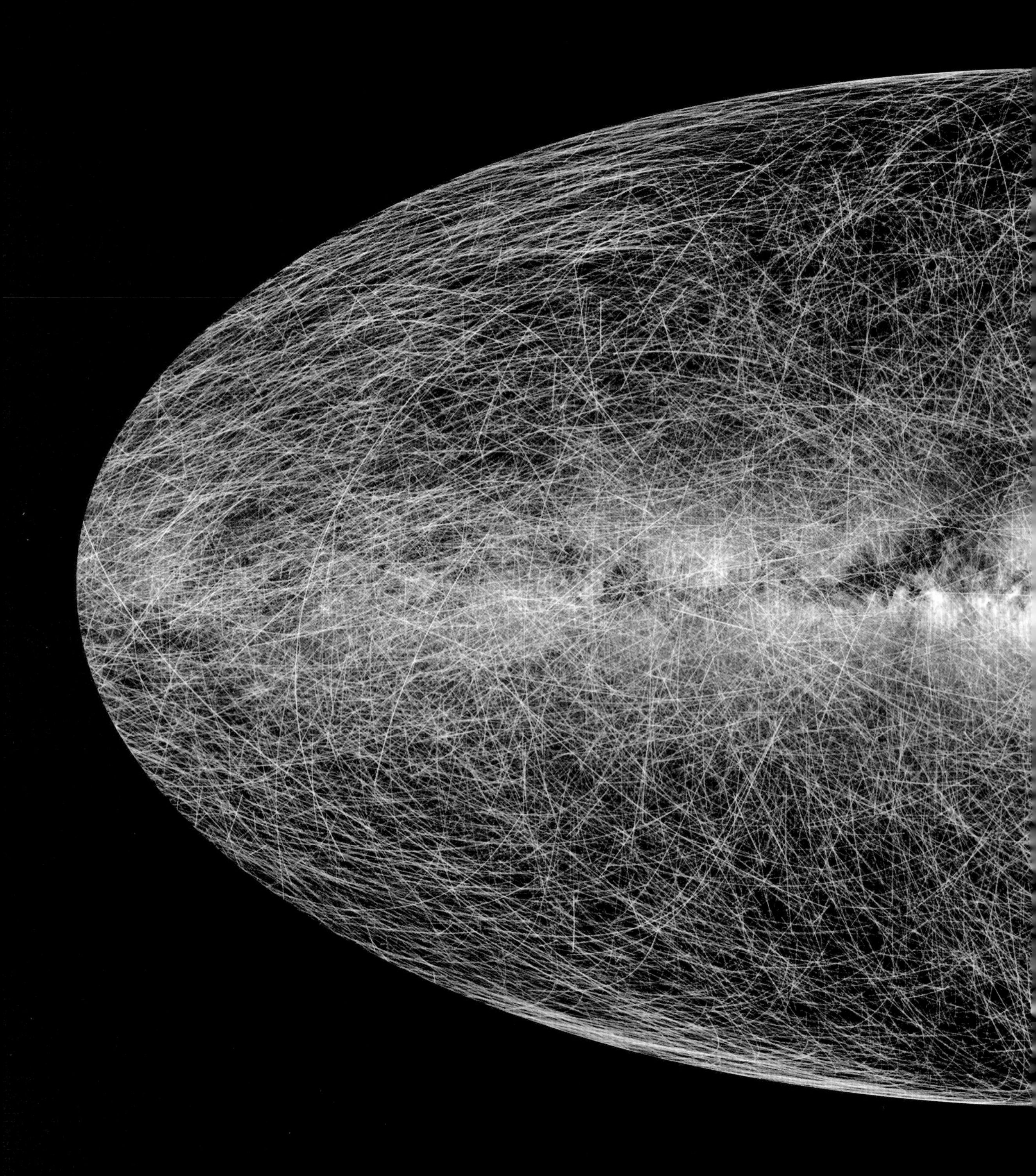

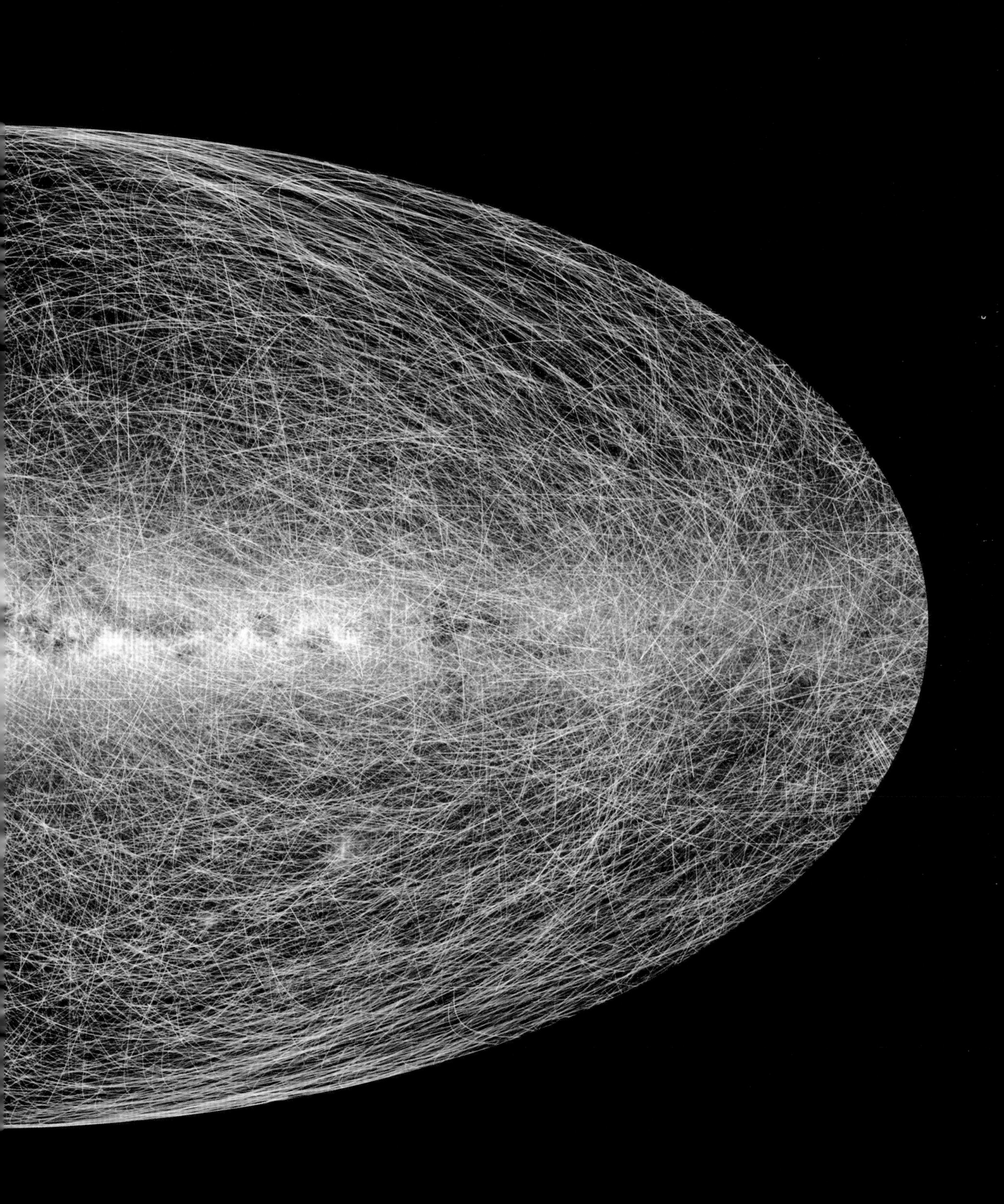

前页图：这张根据盖亚空间望远镜的数据绘制的分布图显示了40000颗恒星在未来40万年中划过天空的轨迹。

下图：这组图像展示了星系碰撞时可能形成的各种复杂结构。

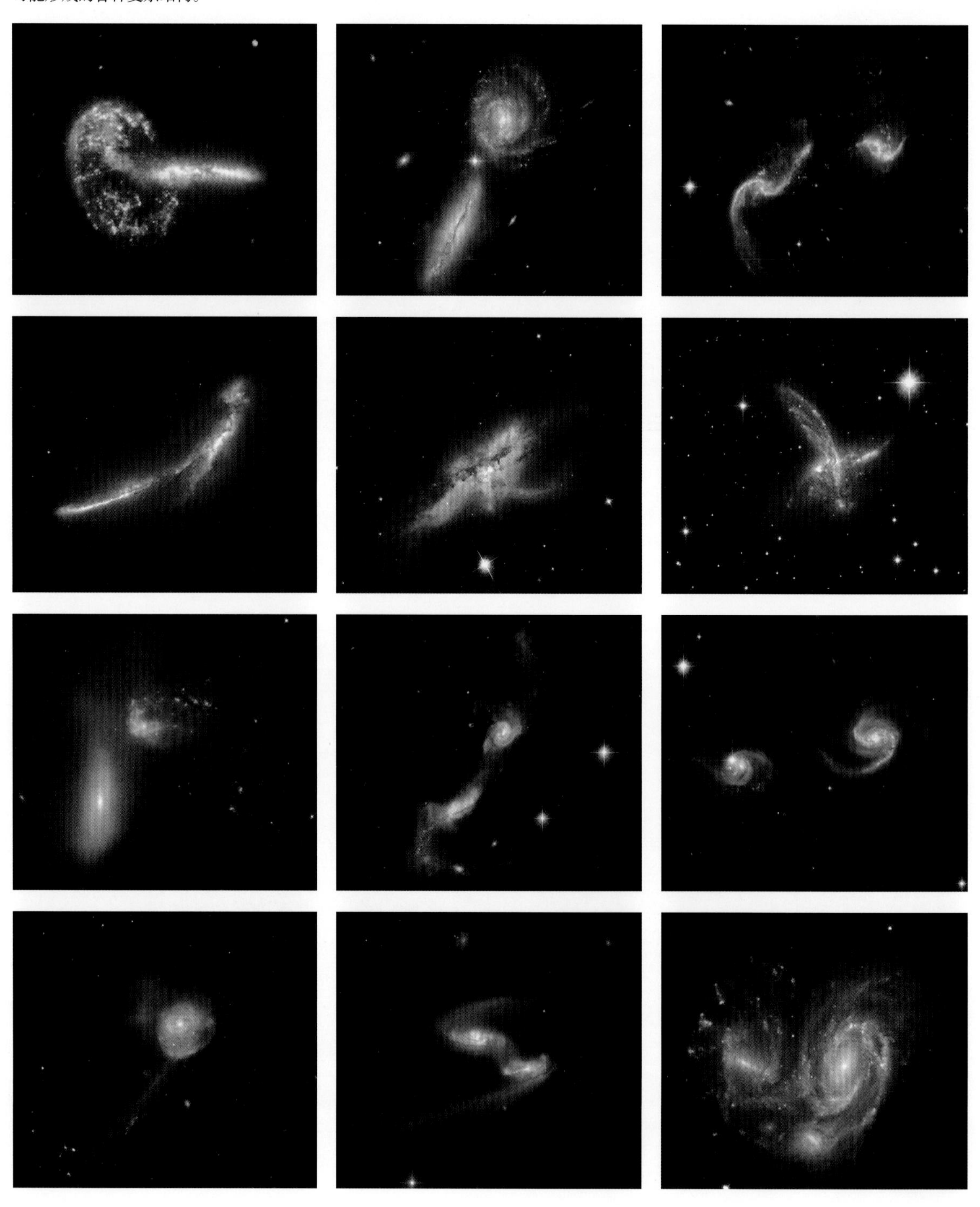

银河系与一个大小只有它的1/4的星系相撞，将其整个吞掉，留下一串流浪的恒星，它们沿着弯曲的路径在银河系中悄然游荡了数十亿年。只有根据人类数千年探索的知识所绘制的分布图，我们才能超越由于我们自己在银河系中的位置而具有的短视，看到这些恒星的真实面貌——外来恒星，它们是来自另一个岛屿的入侵者。（将盖亚空间望远镜的数据与新墨西哥州斯隆数字巡天项目的地面观测相结合，我们观察到这30000颗恒星中的每一颗都具有相似的化学成分，从而提高了这一理论的可信度。）

如今，我们从这30000颗恒星失谐的轨道上看到了这个消失已久的星系的残骸，还看到至少有8个球状星团在我们的星系中漫游。其中一个名为NGC 2808的星团是一个由100多万颗恒星组成的大星团，它包括3代恒星，它们的诞生时间彼此相差都不超过两亿年。这样一个不寻常的星团可能表明，这是很久以前与银河系相撞的那个消失已久的星系核心的残骸。

虽然我们现在能够凝视那次碰撞的后果，看到残骸继续在银河系中飘荡，但仍在探索这次碰撞对银河系演化的确切影响。当提到星系碰撞时，我们会想起好莱坞灾难片中的那些画面，恒星相互碰撞并被撕裂。尽管这一图景可能令人兴奋，但实际情况完全不是这样。恒星之间的距离如此遥远，它们几乎不可能发生碰撞。当星系相互作用时，恒星会散开，星系的形状可能会改变，但没有任何东西会被破坏。事实上，我们认为星系碰撞非但不是破坏性的，而且往往是创造的引擎。我们现在认为，这可能就是盖亚－恩克拉多斯碰撞的结果。

一种越来越受支持的理论表明，盖亚－恩克拉多斯碰撞在改变银河系的基本结构方面发挥了重要作用。如今，银河系中心的圆盘由两部分组成：一部分是充满了年轻恒星的内部薄盘，其周围环绕着创造这些恒星所必需的大量气体和尘埃；另一部分是充满了年老恒星的厚盘，它从各个方向将薄盘夹在中间。这种盘状结构究竟是如何演化而来的，仍然是银河系演化史上的重大谜团之一。盖亚－恩克拉多斯碰撞的证据表明，向银盘中注入大量能量可能导致了其膨胀。当两个星系相撞时，内部薄盘中的恒星陷入混乱，并引发了外部厚盘的形成。随着时间的推移，所有的气体和尘埃又都会沉淀到银河系中形成薄盘，并引发一个新的恒星形成时期。

我们的星系幸存了下来，它的盘由于这场规模无比巨大的碰撞而膨胀变厚，于是成为一个因注入新恒星而得到壮大的星系，并由于其最深结构中回荡出来的能量的冲击而变得更加活跃。在一个星系消亡的过程中，我们的星系重新焕发了活力，引发了一个恒星诞生的新纪元。尽管如此，仍然缺失一颗恒星。我们的太阳还要再过50亿年才会诞生，那时的银河系相对平静，直到其他东西的出现打破了这种平静。

盖亚－恩克拉多斯碰撞

星系碰撞有一个非常有趣的过程。这听起来可能像一系列极具破坏性的事件，但如果你真的去做两个星系碰撞的宇宙学模拟，就会发现这个过程其实非常漂亮，而且是一个非常具有形成性的事件。两个星系的引力相互作用的方式会导致其中一个星系开始绕着另一个星系旋转，然后返回。这就像两个物体在绕着彼此表演一种天体芭蕾。直到最终有一天，摩擦使两个星系中较小的一个坠向另一个星系的中心。

当两个星系相互作用并发生碰撞时，通常会发生的情况实际上是一次大爆发式的恒星形成过程，因为这本质上是恒星形成所需燃料的一个新来源。就盖亚－恩克拉多斯而言，它带来了它的气体成分。当它坠入银河系时，这些气体成分被压缩，因此实际上就具有了很高的密度，足以开始形成新的恒星。这一过程也可能对银河系中原有的恒星结构造成扰动。举例来说，如果一个坠入银河系的星系离银盘足够近，那么恒星分布实际上就会开始发生扭曲，并使银盘内或银盘周围的恒星运动产生振荡。这意味着这两个事件不会都完全被我们忽视。

银河系经历过大量这样的并合事件，盖亚－恩克拉多斯碰撞只是其中的一个例子。银河系中有相当一部分恒星原本不是这个系统的一部分，它们来自近邻星系。因此，我们今天在自己的周围所看到的恒星实际上是在银河系内形成的恒星以及来自其他近邻星系的捐赠。每一颗恒星实际上都以一种奇特的方式保留着与它的起源有关的指纹，这有助于我们解读银河系在过去曾经历过的各种事件。

索纳克·博斯，
哈佛大学天体物理中心研究员

仰望天空

在1744年的前几个月，一个名叫查尔斯·梅西叶的13岁男孩在法国东北部仰望天空，他目睹了数千年来最壮观的天象之一。C/1743X1也被称为1744年大彗星。由于令人难以置信的亮度，即使在白天，这颗彗星也是一道壮丽的景观。这颗彗星的不寻常之处不只在于它的亮度。许多彗星有非常漂亮的彗尾（也称为彗发），这是由彗核后方的尘埃和气体流形成的。彗星偶尔会有两条彗尾，但C/1743X1消失在地平线以下后留下了一个由6条分开的彗尾组成的扇形物向着天空伸展，就像一簇巨大的宇宙羽毛。对于任何有幸目睹这一天象的人来说，这都是一幅非凡的景象，但对于年轻的查尔斯·梅西叶来说，这一刻激励了他毕生的工作，使他转向了对恒星的研究。

只要看看如今的任何一幅夜空分布图，你就会看到梅西叶的工作成果。梅西叶是一位专业的彗星猎人。也许是为了追寻他在小时候所看到的美景，他将职业生涯都用来追踪夜空中的彗星。任何彗星猎人都知道，夜空中有很多虚假的线索。偶然出现的其他弥散的天体可能会被误认作彗星，而这只是付出诸多努力的彗星猎人每天都会遇到的挫折的一部分。梅西叶在巴黎市中心（当时光污染还不是什么大问题）使用他的10厘米望远镜开始将这些让人分散注意力的天体记录下来，以确保他能在夜间搜寻彗星时迅速将它们排除在外。梅西叶星云星团表的第一个版本是在1774年编制的，最初记录了45个天体，后来发展到最终包括110个天体，它们被分别编号为M1~M110。依此，任何曾经遭受挫败的彗星猎人都能很快排除它们。尽管梅西叶星云星团表的主要作用是避免彗星猎人分神，但在接下来的几十年里，对梅西叶天体的进一步研究表明，这张表中充满了就其自身而言极其有趣的天体。如今，我们知道梅西叶详细描述的这110个天体包括39个星系、55个星团和11个星云（其中4个是行星状星云）。

1778年，梅西叶和他的助手皮埃尔·梅尚首次在巴黎上空观测到这些彗星状天体中的一个——梅西叶54（M54）。在接下来的两个半世纪中，它一直被视为可以在银河系中发现的众多球状星团之一。这些球状的恒星集合在银河系中相对常见——到目前为止，人们至少发现了150个，其中绝大多数是在银心周围的晕中发现的。在梅西叶第一次观测到M54时，人们还无法理解它的重要性。我们现在知道，他当时看到的实际上并不是银河系中的一个星团，而是来自另一个星系的一群密集的暗恒星。1994年，人们发现M54是9万光年之外的一个小星系的一部分，这个星系被称为人马矮星系，它在围绕银河系的轨道上运行。这群暗恒星的发现是在一颗六尾彗星的启发下开始的。在两个多世纪的时间里，我们对它们的认识已经从它会让搜寻彗星的人分神到它们在银河系的故事、它们的演化以及我们称为家园的恒星系统的最终出现等问题中扮演核心角色。

上图：新智彗星有两条彗尾——尘埃尾（白色）和离子尾（蓝色），它在2020年7月首次变得肉眼可见。

对页左上图：梅西叶星云星团表由查尔斯·梅西叶于1774年首次编制而成，最终包括110个非彗星天体。

对页右上图和下图：1744年大彗星的到来，这些是当时的描述。

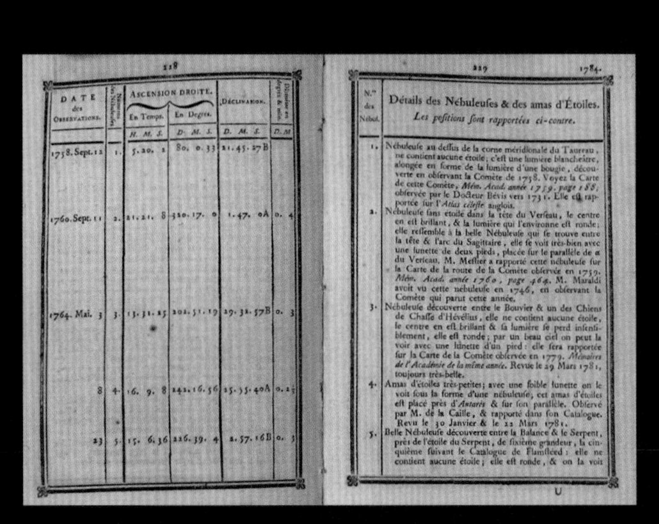

218

DATE des Observations.	Numéros des Nébuleuses.	Ascension droite. En Temps.	Ascension droite. En Degrés.	Déclinaison.	Diamètre en degrés & min.
		H. M. S.	D. M. S.	D. M. S.	D. M
1758. Sept. 12	1.	5. 20. 2	80. 0. 33	21. 45. 27 B	
1760. Sept. 11	2.	21. 21. 8	320. 17. 0	1. 47. 0 A	0. 4
1764. Mai. 3	3.	13. 31. 25	202. 51. 19	29. 32. 57 B	0. 3
8	4.	16. 9. 8	242. 16. 56	25. 35. 40 A	0. 2½
23	5.	15. 6. 36	226. 39. 4	2. 57. 16 B	0. 3

219 1784.

N.os des Nébul.	Détails des Nébuleuses & des amas d'Étoiles. *Les positions sont rapportées ci-contre.*
1.	Nébuleuse au dessus de la corne méridionale du Taureau, ne contient aucune étoile; c'est une lumière blanchâtre, alongée en forme de la lumière d'une bougie, découverte en observant la Comète de 1758. Voyez la Carte de cette Comète, *Mém. Acad. année 1759, page 188*, observée par le Docteur Bévis vers 1731. Elle est rapportée sur l'*Atlas céleste* anglois.
2.	Nébuleuse sans étoile dans la tête du Verseau, le centre en est brillant, & la lumière qui l'environne est ronde; elle ressemble à la belle Nébuleuse qui se trouve entre la tête & l'arc du Sagittaire, elle se voit très-bien avec une lunette de deux pieds, placée sur le parallèle de α du Verseau. M. Messier a rapporté cette nébuleuse sur la Carte de la route de la Comète observée en 1759. *Mém. Acad. année 1760, page 464*. M. Maraldi avoit vu cette nébuleuse en 1746, en observant la Comète qui parut cette année.
3.	Nébuleuse découverte entre le Bouvier & un des Chiens de Chasse d'Hévélius, elle ne contient aucune étoile, le centre en est brillant & sa lumière se perd insensiblement, elle est ronde; par un beau ciel on peut la voir avec une lunette d'un pied: elle sera rapportée sur la Carte de la Comète observée en 1779. *Mémoires de l'Académie de la même année*. Revue le 29 Mars 1781, toujours très-belle.
4.	Amas d'étoiles très-petites; avec une foible lunette on le voit sous la forme d'une nébuleuse; cet amas d'étoiles est placé près d'*Antarès* & sur son parallèle. Observé par M. de la Caille, & rapporté dans son Catalogue. Revu le 30 Janvier & le 22 Mars 1781.
5.	Belle Nébuleuse découverte entre la Balance & le Serpent, près de l'étoile du Serpent, de sixième grandeur, la cinquième suivant le Catalogue de Flamsteed: elle ne contient aucune étoile; elle est ronde, & on la voit

U

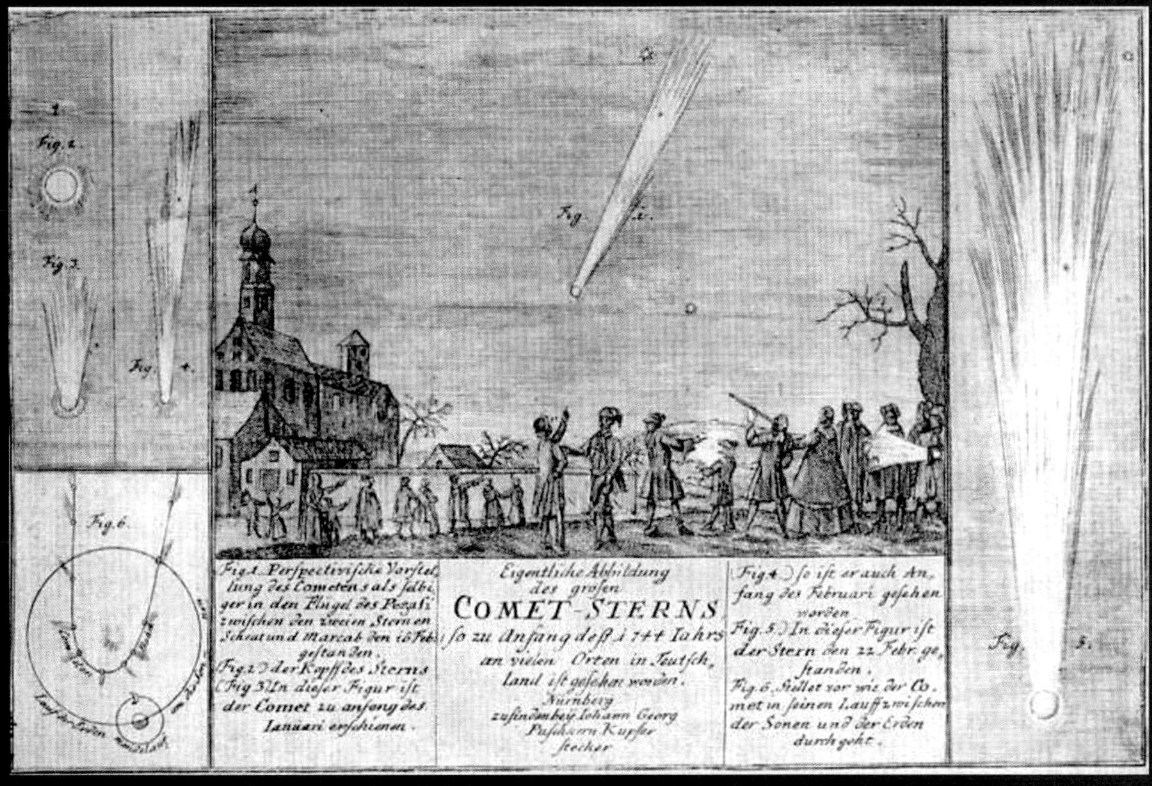

发现人马矮星系

球状星团M54是天空中最明亮的星团之一。1994年，人们发现它实际上属于人马矮星系，而不属于银河系。它甚至可能是那个星系的核心。

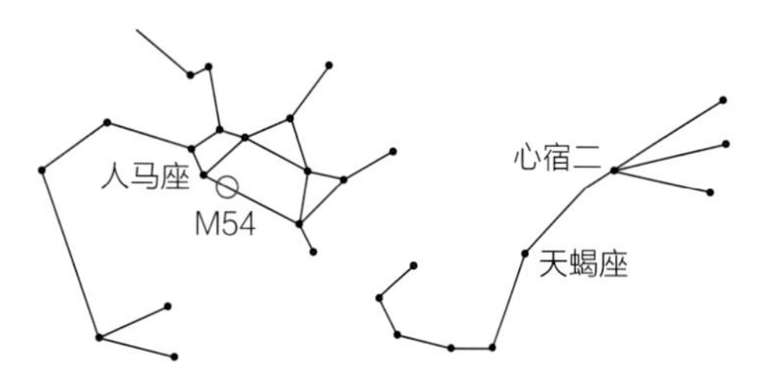

当谈论银河系以外的星系时，我们最常立即想到的是壮美的仙女星系（也称为梅西耶31或M31）。它是离我们最近的大星系，与我们相距250万光年。仙女星系中有1万亿颗恒星，它在我们附近的重要性不容小觑（稍后会详细介绍）。在离我们更近的地方还有大量星系，它们虽然不那么引人注目，但影响力丝毫不弱。

与银河系紧密相连的还有至少59个其他卫星星系，它们通过引力与我们联系在一起。许多卫星星系在距离我们的星系中心数十万光年的轨道上运行。几千年前，当我们的祖先看到大、小麦哲伦云在夜空中闪耀时，他们已经知道其中的一些卫星星系了。肉眼可见的矮星系只有这些，而他们当时还不知道自己正在凝视着的是一些包含几亿颗甚至更多恒星的结构。

绘制这些星系的轨迹并不容易，因为我们仍然不知道大、小麦哲伦云是否真的在绕着我们运行，还是说它们只是路过的星系过客。我们现在着实知道的是，在所有已证实围绕银河系运行的星系之中，人马矮星系显然是最大的一个。它的直径约为1万光年，目前在距离地球7万光年的轨道上运行。它沿着一条巨大的螺旋路线绕银河系运行，大约每6亿年经过银极一次。由于它有4个球状星团（包括最明亮的M54），因此几个世纪以来，我们一直关注着这个星系。直到最近几年，当我们把盖亚空间望远镜转向它时，才开始了解这个星系在我们的太阳、我们的行星以及最终在我们人类自己的故事中可能已扮演了多么重要的角色。

右图：球状星团M54的明亮光线，由哈勃空间望远镜拍摄。

对页图：人马矮星系与银河系之间的碰撞引发了大型恒星形成事件，可能由此创造了太阳系。

“一想到盖亚以及未来的那些望远镜（比如韦布空间望远镜）很可能会准确地找到越来越多的证据，表明地球正是在银河系与人马矮星系碰撞后形成的，我就觉得这实在太棒了。”

拉纳·伊兹丁，
佛罗里达大学天文学家

作为一个卫星星系并不容易。人马矮星系距离地球仅7万光年，在其轨道上岌岌可危地从银河系附近掠过。在这场引力舞蹈中，它的大小绝对不会给它带来任何好处。在数十亿年的时间里，重量级的银河系不断地吞噬这团脆弱的恒星，用它的引力拉扯这个矮星系，将它的数百万颗恒星剥离。在许多年后的今天，这种星系欺凌的证据不仅可以在人马矮星系的残骸中看到，还可以在它身后幽灵般的恒星流中看到。这股恒星流在这个矮星系的后方延伸到很远的地方，实际上现在它已经完全包围了银河系。正是在盖亚空间望远镜的帮助下，这些恒星的缥缈轨迹才开始揭示出在最宏大的尺度上上演的这场亲密舞蹈。

通过绘制人马座恒星流的分布图，并以复杂的细节绘制出那些恒星沿着轨道分布的缥缈轨迹，我们已经能够回溯人马矮星系的故事，并揭示出不时打断它环绕银河系的旅行的暴力冲突。已发现的证据表明，这个矮星系曾三次游荡到离我们很近的地方。第一次是在57亿年前，第二次是在19亿年前，最后一次是在10亿年前，人马矮星系与银河系发生了碰撞，这个矮星系暴露在极端引力的作用下，被引力撕裂，而留下这些暴力事件的残骸在其轨迹后方延伸。每一次这个受伤的星系会继续前进，但每一次它都失去了一点自我。这是一个濒死的星系，总有一天它会屈服于不可避免的命运，任由自己完全被银河系吞噬。但是，盖亚空间望远镜所揭示的还不止于此。我们已经精确地确定了人马矮星系与银河系之间发生碰撞的各个时刻，因此我们也能够观察这些碰撞对银河系其他部分所造成的各种后果。

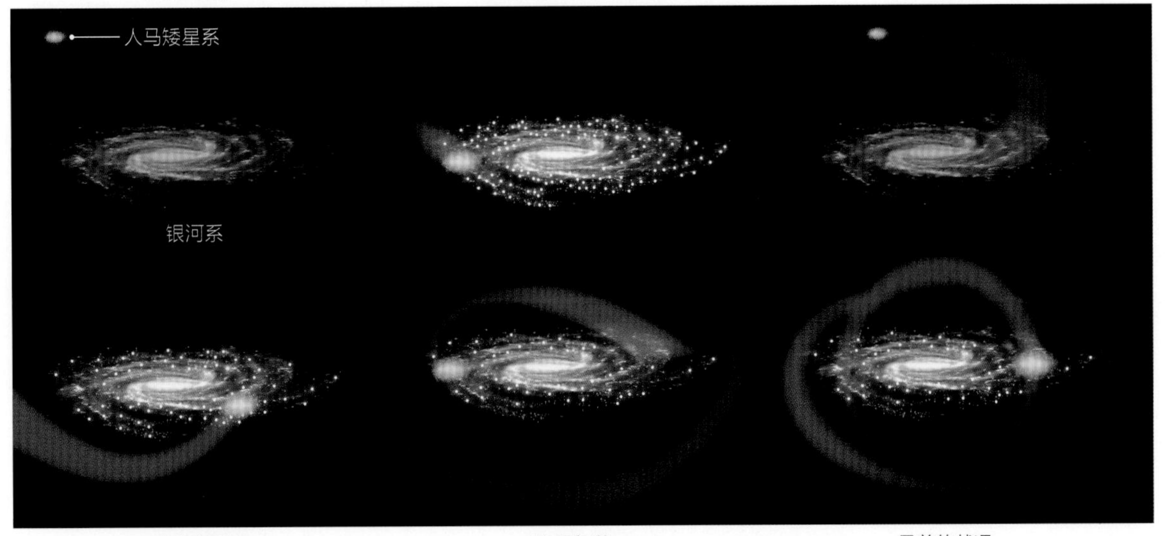

人马矮星系的影响

人马矮星系是我和一位学生在20世纪90年代发现的，它正处于与银河系并合的后期。人马矮星系的大部分是散开的，前后都有恒星流，就像巨大的彗尾一样环绕着整个天空，向外延伸约10万光年。所以，人马矮星系的大部分现在都在人马座的主体之外。我们当时能看到这些，所以我们知道它们在那里，但无法理解它们是如何到达那里的，以及这是如何形成的。现在有了盖亚空间望远镜，我们知道这些恒星的运动，因此我们可以看到它们的运动方向，看到哪些运动得快，哪些运动得慢。我们还可以看到哪些正在侧向移动。侧向移动是因为我们的整个银河系都在晃荡。如果你考虑到银河系本身在运动，并且它相对于暗物质在移动，那么你就可以理解人马座的这些尾巴了。这是有史以来第一次，我们可以说："啊，当时发生的事情就是这样的。"

当人马矮星系绕着银河系运行时，它愚蠢地走得太远了——离银河系中心的距离并不比我们远多少。这意味着它冒险深入暗物质和潮汐之中，然后被撕裂了。所以，这个星系最初是一个小星系，然后它被拉伸成两条巨大的长流，二者迅速在尾部缠绕起来。这些流是恒星流，来自那些曾经位于人马矮星系中的恒星，但它们也是从人马矮星系中剥离并扩散开来的暗物质流。这里的时间尺度和规模非常大，以至于这些东西只有四五次机会转一圈。在盖亚空间望远镜绘制的分布图上，你仍然可以看到它们是一条条流，但再过200亿年，它们就会完全消失，成为某个地方的背景噪声。

最关键的是，借助盖亚空间望远镜，我们可以看到它们是如何运动的。我们可以看到，扭曲和更加扭曲是理解的关键。我们知道，当人马矮星系接近银盘时，它会使银盘发生显著的扭曲。当它穿过银盘时，会在银盘上打一个洞，而恒星会被安置在这些特殊的螺旋状结构中，它们会停留在那里，所以我们可以看到我们附近的恒星排列成螺旋状。人马矮星系显然对银河系所在的那片区域产生了重大影响。现在我们正在研究的是，在人马矮星系撞向银盘时所发生的爆发式恒星形成过程中，是否有可能创造了我们的太阳。

杰勒德·吉尔摩，
剑桥大学天文研究所教授

当用更广阔的视野回顾过去时，我们开始看到一些非常不同的事情。盖亚空间望远镜赋予了我们一种无与伦比的能力，让我们能够观察到银河系中的恒星是如何随着时间的推移而形成和演化的。这意味着我们可以识别出银河系历史上的哪些时间是平静期，哪些是新生恒星数量迅速增加的突然变化期。盖亚空间望远镜的数据表明，在过去的60亿年中，有3个时期是恒星形成的高峰期，它们分别是10亿年前、19亿年前和57亿年前，这些时间与人们预测的这个矮星系与银河系的碰撞时间完全一致。银河系改变了人马矮星系的结构，将其撕裂，并使其恒星旋转形成一股流，而人马矮星系也多次激发了银河系的活力，它在穿过银盘时引发了多个恒星密集形成期。

银河系的故事正在慢慢地浮现出来。在它的幼年时期，人马矮星系发动了猛烈的撞击，这场星系碰撞永久性地重塑了银河系的结构。随后一切平静下来了，这是一个平衡期。此时恒星稳定地形成，没有发生任何碰撞，因此银河系处于停滞状态。它在等待下一个伟大纪元的到来，大约需要38亿年的时间才能再次发生变化。人马矮星系在黑暗中盘旋，会在最宏伟的轨道上向内坠落，打破寂静。这次碰撞的影响在整个星系中回荡，发出的激波轰隆轰隆地穿过很久没有受到打扰的、沉寂的气体和尘埃云。在银河系深处，恒星诞生所需的成分被搅动了。

如今，在功能最强大的望远镜的帮助下，我们已经能够见证银河系中新恒星的诞生。它们靠近像鹰状星云这样的恒星形成区，为我们提供了一个独特的视角去观察这些恒星温床的结构，其中最著名的也许是被称为"创生之柱"的图像。这幅图像首次拍摄于1995年，展现了巨大的气体和尘埃柱，它们高达30万亿千米。当这些翻滚的云团孕育出新的恒星时，它们的顶端从内部被照亮，周围的气体和尘埃遭到了附近炽热的新恒星发出的光线的侵蚀。

尽管这些新恒星的生命之柱如此壮丽，但它们的主要成分只有一种，那就是氢。这是银河系的生命之源。氢是宇宙中最常见的元素，而只有当它形成密集的气体和尘埃云时，它的潜力才会呈现出来，而这正是像人马矮星系碰撞这样的撞击所产生的激波会如此巨大的原因。

对页图：鹰状星云内部形成的炽热的年轻恒星所产生的辐射，使该星云所含的氢电离而发光。

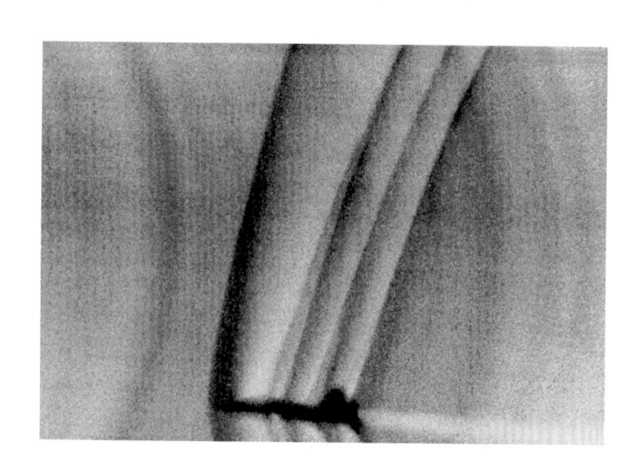

左图：以1.1马赫的速度（即1.1倍声速）飞行的T-38喷气式飞机周围的激波。

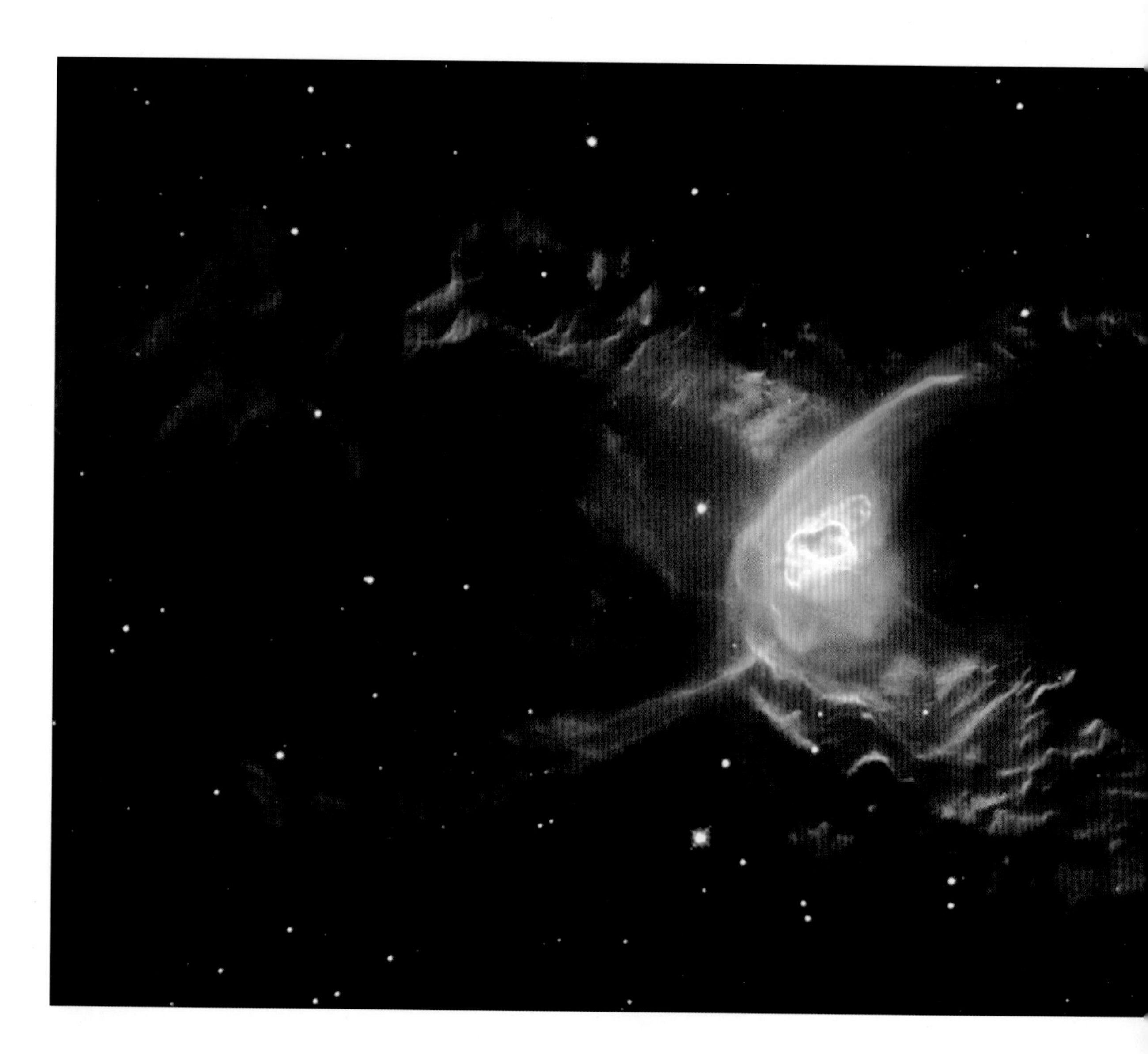

微波是如何塑造星云的

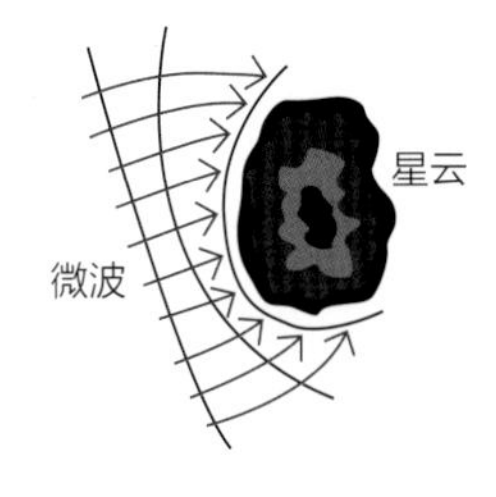

大约在60亿年前，当这个矮星系掉头撞入银河系时，静止的氢气聚集区遭到了迅速而猛烈的破坏。在5亿年的时间里，这种影响波及整个银河系。当撞击产生的激波遇到星际气体云时，它们不只是把这些气体云撞开，而更像一个牧羊人从各个方向推动这些云团，将较稀薄的外层向内部驱赶。这些古老的云团被压缩，密度增大。在某些情况下，它们变得足够致密，从而为新一代恒星的形成创造了合适的条件。在整个银河系中，人马矮星系入侵银河系的影响以最壮观的方式回响着——成千上万个休眠星云迸发出生命。这是星系规模的创生之柱，整个银河系在一个会带来最根本的变化的新时期的光芒中闪闪发光。

在这些恒星的形成过程中，一颗看似微不足道的恒星会出现在银河系的一条外侧旋臂上。这颗黄矮星的出现时间看起来与人马矮星系碰撞引发的恒星形成期直接吻合。现在我们还不能肯定地说银河系与人马矮星系的碰撞导致了太阳的形成，因为数据不够精确，而且我们的理解也不够深入，不足以得出这一结论。我们可以说的是，太阳的诞生与那次碰撞所导致的银河系中恒星形成率的提高是吻合的。因此，太阳的形成、地球的形成、生命的形成以及人类文明的最终形成，无疑都有可能会追溯到银河系历史上的这些最狂暴的时刻。

诗人约翰·多恩有一句名言："没有人是一座孤岛，可以自全，每个人都是大陆的一片，是整体的一部分。"他的意思是，没有人能够将自己与其他人隔离开来，因为我们的起源和命运如此紧密地交织在一起，所以我们必须深切地彼此关怀。星系也是如此。没有一个星系是一座可以自全的岛屿。此外，银河系的历史可以追溯到130亿年前。这几乎就是宇宙的全部历史。宇宙的故事是星系之间的碰撞和相互作用的故事，是关于恒星的江、河、溪流的故事。这些碰撞和相互作用搅动了虚空，引发了像太阳系这样的世界的形成。你、我乃至每个人都可以将我们的起源追溯到星系间的一次碰撞。你可能很小，但你是一些宏大事件的产物。

那些宏大的事件还没有停止，我们只是感觉它们像是停止了，这是因为我们没有察觉到数十亿年来发生的、涉及数千亿颗恒星的种种事件。这一次碰撞在我们的历史上的独特之处在于，我们不仅可以满怀信心地谈论银河系的过去，还可以谈论银河系的未来。不过，正如浩瀚的恒星岛屿在宇宙中不可阻挡地漂移一样，变化也一定会再次到来。

左图：红蜘蛛行星状星云的形状和颜色来自星风和超声速激波的相互作用。

旋涡结构

尽管盖亚空间望远镜为绘制银河系分布图提供了很多细节，但我们仍然很难想象这个被我们称为家园的星系的纯美和庄严。我们被困在这个由2000亿颗恒星组成的岛屿中间，即便采用了最先进的技术，我们的视野仍然是有限的，仅限于从内部来看这个巨大的结构。为了更全面地了解银河系，我们需要向外凝视其他恒星岛屿，一瞥我们自己在其中的倒影。比如，我们可以看看像风车星系（又称梅西叶101，即M101）这样的天体，这是一个距离地球2100万光年的旋涡星系；也可以看看UGC 12158，这是一个距离地球3.84亿光年的棒旋星系，我们通常认它与银河系在结构上相似。我们不能确定哪一个星系是银河系的孪生兄弟，但我们可以通过观察这样的星系获得关于我们自己的星系的结构的很多知识。

NGC 3949和银河系一样，有一个由较年老的恒星组成的明亮的核球，周围环绕着由较年轻的蓝色恒星和星云组成的盘。如果我们能从5000万光年之外回望银河系，也许我们会看到最典型的旋涡星系——棒旋星系，其中心的棒状结构起着恒星温床的作用，它从周围的旋臂吸入气体，为恒星的形成提供原料。我们认为至少三分之二的旋涡星系包含这样的棒状结构，但这种结构不会持久。一个目前已经成年的星系（如银河系）会变老，恒星形成的速度会减慢。随着该星系演化成一个标准的旋涡星系，棒状结构会逐渐消失。

绕人马A*的轨道运动

正如爱因斯坦所预言的，像S2这样的恒星围绕黑洞的椭圆轨道不会保持静止，而是会变化，变成玫瑰花形。

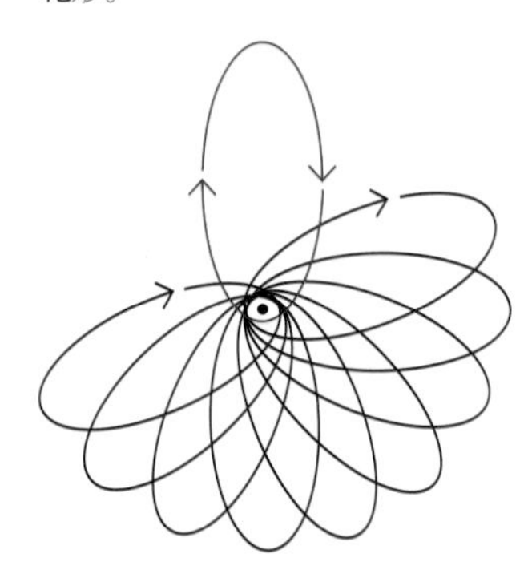

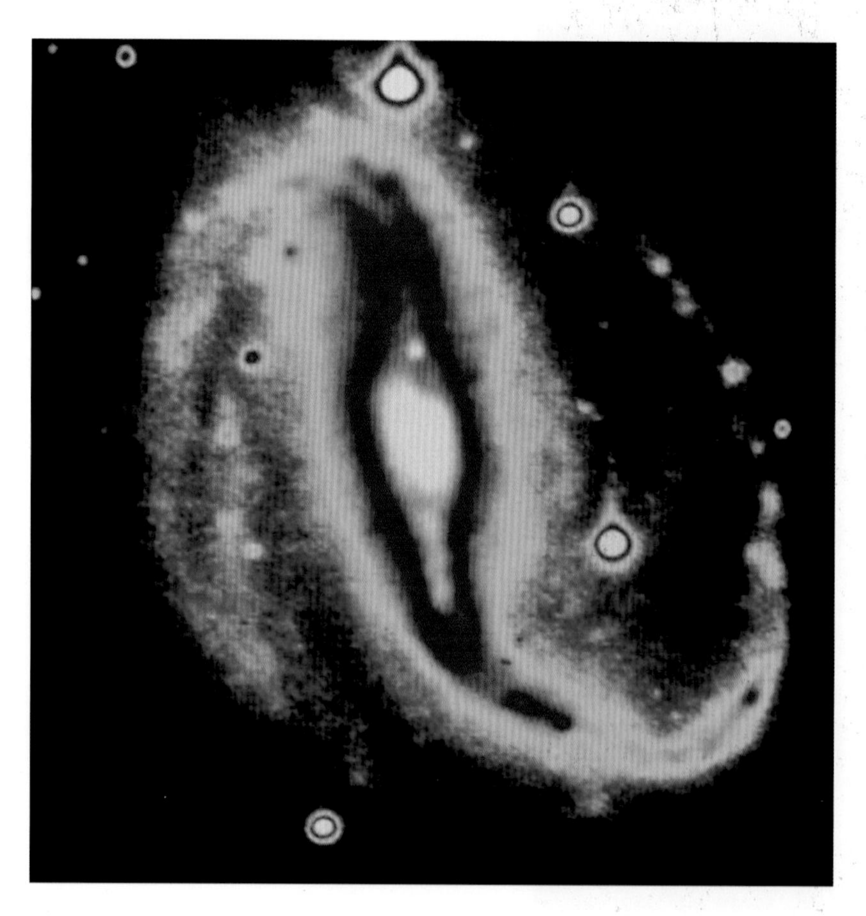

右图：棒旋星系NGC 7479。红色和白色代表年老的恒星，而黄色则代表年轻的恒星和电离氢构成的云。

在棒状结构的强光之中，大多数棒旋星系的中心隐藏着一个主宰整个星系动态的天体。人马A*是位于银河系中心的一个超大质量黑洞，它的质量至少是太阳的400万倍。我们可以通过绘制一类被称为S星的恒星的轨道来追踪它的影响。这些轨道靠近人马座，揭示了位于银河系中心的这头怪兽的引力。我们非常确定，几乎所有旋涡星系和椭圆星系的中心都存在超大质量黑洞，稍后我们将更详细地讨论这种异乎寻常的结构。

因此，银河系的结构（也许所有的旋涡星系都是如此）始于其中心的黑洞，在这之外是一个核球，其中包含了银河系中最古老的那些恒星，它们都挤在银河系的中心。（关于银河系核球的大小和结构仍然存在争议。）然后我们来看细长的旋臂，气体和尘埃被吸入其中，新恒星在巨大的恒星温床中形成。在这之外是银河系最鲜明的特征，也是我们称为家园的地方。

下图：用于星系分类的哈勃序列，埃德温·哈勃于1936年发表。

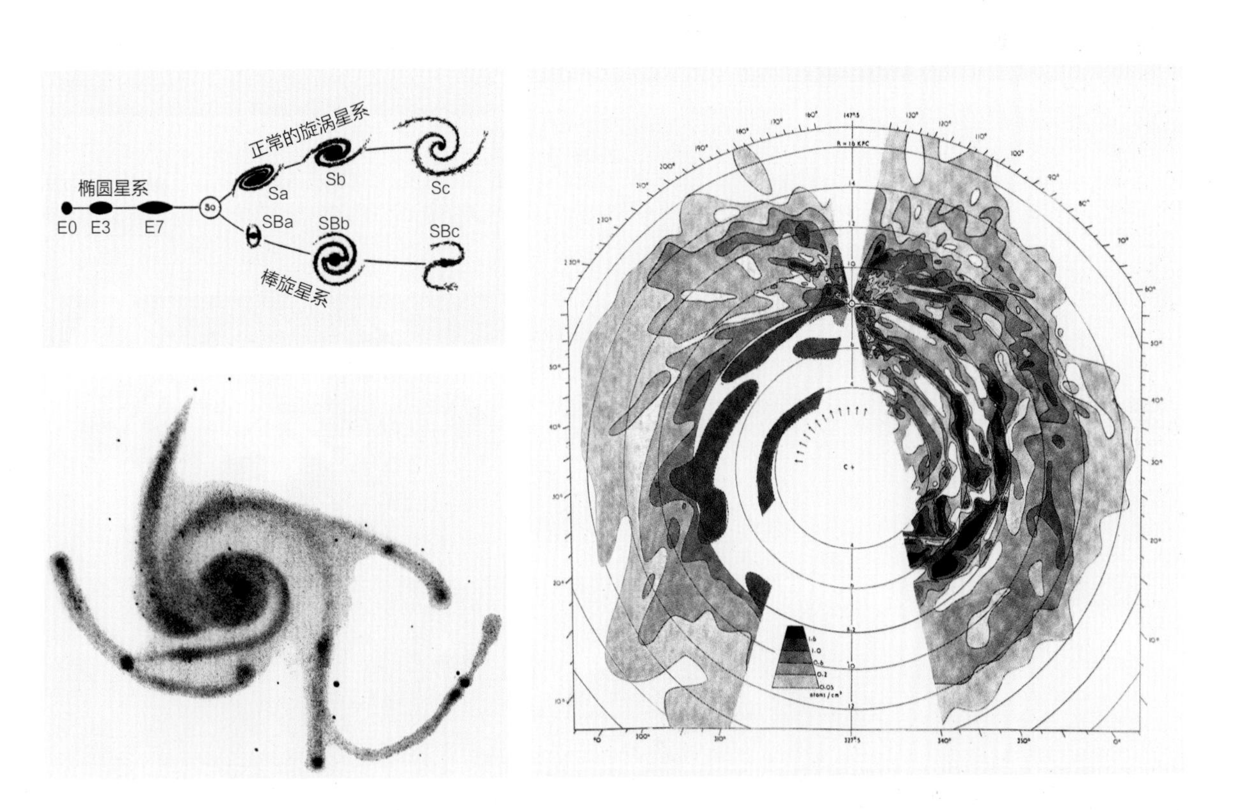

上图：19世纪爱尔兰天文学家威廉·帕森斯绘制的风车星系（M101），它被视为一个星云。

上图：1958年第一幅显示银河系中的中性氢分布的图。阴影越深意味着氢的密度越高。

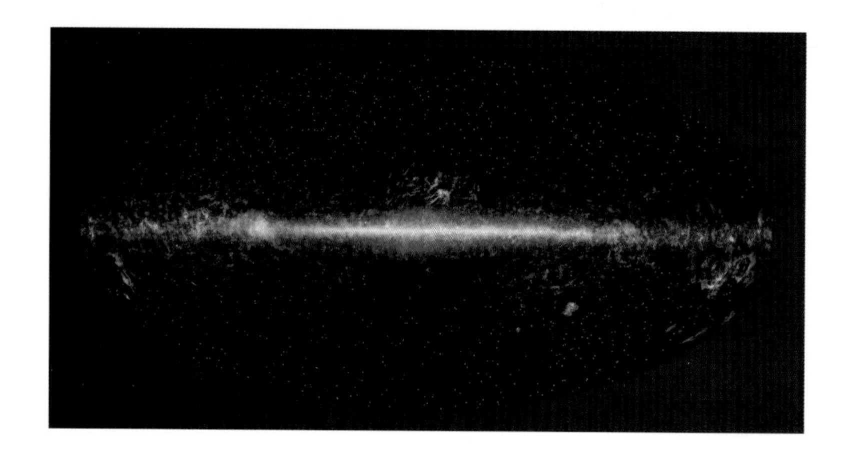

左图：粉红色的点代表广域红外巡天探测器发现的一些炽热的、被尘埃遮蔽的星系。每个星系所释放的能量都是银河系的1000倍以上。

“旋臂就像被堵塞的道路，因为气体和恒星聚集在一起，在旋臂中缓慢移动。物质在穿过致密的旋臂时会被压缩，从而导致更多恒星的形成。”

德尼尔索·卡马戈，巴西南里奥格兰德州联邦大学

从引力主导的银河系中心向外延伸出来的是4条旋臂（绝大多数恒星是沿着这些旋臂形成的）。我们仍然不知道这些宏大体系的确切结构，但我们认为有4条旋臂从银河系中心蜿蜒而出，它们是英仙臂、盾牌-半人马臂、人马臂和外臂。从我们在地球上的特殊位置很难透过无尽的尘埃云看清这些旋臂，这些尘埃云阻挡并扭曲了我们的视线，使我们对其结构的理解留下了巨大的漏洞。最近利用美国国家航空航天局的广域红外巡天探测器的数据所进行的观测，使我们能够透过尘埃看到由数百个被尘埃笼罩着的星团构成的模式所勾画出的这些旋臂的轮廓。

在我们的星系中，旋臂是大多数恒星诞生的地方，这些伸展开来的结构中充满了形成新恒星所需的气体和尘埃。这意味着这些旋臂中布满了星团，它们是镶嵌在旋涡结构中的恒星温床，这使得它们非常有助于绘制星系旋臂的形状。（不过，这些年轻的恒星在这里停留的时间并不长，它们在这里度过了自己的年轻时光，然后进一步向外迁移到银盘中。）由于尘埃的遮蔽，许多星团无法用光学望远镜看到，但利用像美国国家航空航天局的广域红外巡天探测器这样的设备，我们能够绘制出数百个这种星团的位置。

仅仅广域红外巡天探测器就发现了400多个这种被尘埃笼罩着的恒星温床，它们镶嵌在银河系的旋臂中，这似乎正在揭示这4条旋臂之间的显著差异。在这4条旋臂中，英仙臂和盾牌-半人马臂似乎拥有最多的恒星，它们也许是银河系中仅有的两条主恒星臂。尽管存在气体和尘埃，但这两条旋臂中充满了年轻和年老的恒星，因此它们的亮度超过了恒星形成较少、光线更柔和的人马臂和外臂。我们不知道为什么会存在这种差异，关于银河系旋臂的真实结构、数量和缠绕方式，仍有很多推测。我们所知道的是，太阳系可以在位于英仙臂和人马臂之间的一条称为猎户臂的小旋臂上找到。我们发现自己位于这条支臂的内侧边缘，大约在臂长一半的地方，距离银河系中心约2.6万光年。正是从这里开始，我们试图描绘出我们对银河系乃至更远处的宇宙的看法。

左图：艺术想象图，描绘了在环地轨道上运行的广域红外巡天探测器。

改变了宇宙的恒星

在100年前，宇宙是一个比现在小得多的地方。20世纪初，许多天文学家仍然深信银河系是可观测宇宙的边界，在这个单独存在的岛宇宙之外没有任何东西。唯一的太阳系在唯一的星系中，在唯一的宇宙中。天文学家之间关于宇宙有多大和银河系边界之外还有什么的争论已经持续了几十年，争论的中心是一种特殊类型的天体的性质，这是一种被称为旋涡星云的暗弱光斑。天文学家早就观察到了这些弥漫在宇宙中的尘埃云，这可以追溯到梅西叶在寻找彗星时所编制的星云星团表。像M51（也称为涡状星系）这样的天体，在通过当时最强大的望远镜观测时，似乎显示出一种诱人的旋涡形状，这是一种隐藏在云层中、现在我们已经熟悉的结构。那个时候，这些旋涡星云的性质还远未被理解，许多人认为它们只是潜伏在银河系边界之内的一种气体云，但也有一些天文学家认为它们预示着银河系边界之外的宇宙的存在。他们认为，这些不是我们星系中的气体云，而是其他恒星岛屿，它们的距离太远，因此我们不可能分辨出其中的一颗颗恒星。这提出了一种有趣的可能性：这些旋涡星云是由数十亿颗恒星组成的一些岛屿，是等待着被发现的遥远星系。

如今，我们已经很难看到像拍摄于1899年的M31（当时它还被称为仙女星云）的照片这样的图像了，因为我们现在已能直接看到星系的结构。然而，在19世纪末20世纪初，证明星系有这样的结构绝非易事。我们的技术力量必须不

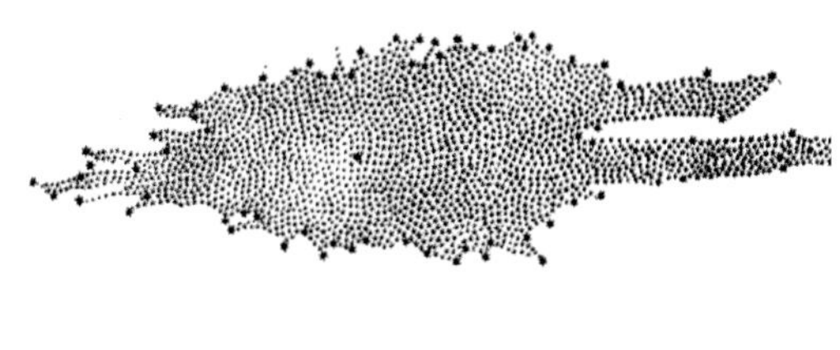

断进步，才能更仔细地分辨出隐藏在这些迷人的结构之中的更详尽的细节。

由于仙女星云在夜空中的亮度，天文学家对它特别感兴趣。20世纪20年代初，越来越多的证据表明，这种特殊的弥散云比简单的星云包含更多的结构。美国天文学家希伯·柯蒂斯对M31内的新星（突然出现后慢慢变暗的明亮恒星）的观测显示，它们明显比夜空中其他地方出现的新星暗得多，这表明它们的距离更远。他还提出，可以观察到这片星云的内部有一些暗带存在，其结构与银河系中的尘埃云非常相似。柯蒂斯将这些观测结果与其他天文学家的工作结合起来，他成为“岛宇宙”假说的主要倡导者。该假说认为，像M31和M51这样的旋涡星云实际上是银河系之外的其他独立星系。这场科学争论的高潮是柯蒂斯与他的主要对手哈洛·沙普利之间发生的冲突，这一事件后来被称为“大辩论”。

1920年4月26日，这场大辩论在华盛顿特区的史密松自然历史博物馆举行，这两位科学家分别就银河系及其外的宇宙的形状和规模提出了自己的观点。沙普利认为，像仙女星云这样的旋涡星云根本不可能在银河系之外，因为根据他的（错误的）计算，仙女星云在10亿光年之外，这个距离在当时是不可想象的。柯蒂斯提出的证据表明，仙女星云中的新星数量比整个银河系中的还要多，这表明它是一个独立的星系，有它自己特有的新星事件的发生频率和特征。尽管争论的双方都提出了证据，但这场大辩论没有提供任何重要的解决方案。科学界仍然分成两大阵营，一部分人被困在银河系内部，另一部分人则已经迈出了银河系。

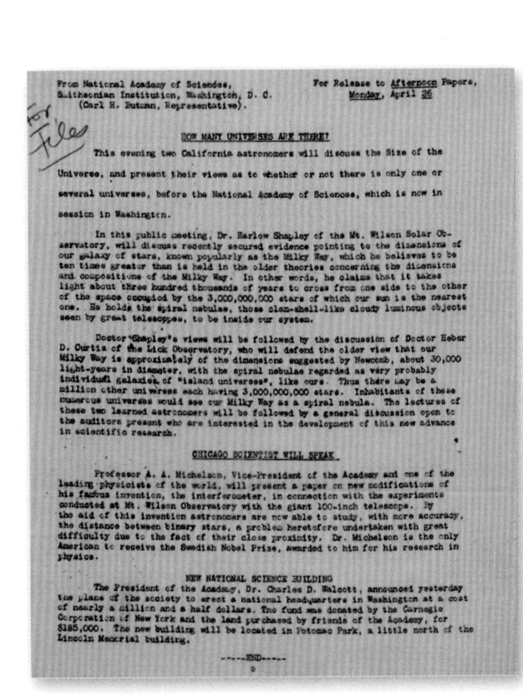

From National Academy of Sciences, Smithsonian Institution, Washington, D. C. (Carl H. Butman, Representative).

For Release to Afternoon Papers, Monday, April 26

For Files

HOW MANY UNIVERSES ARE THERE?

This evening two California astronomers will discuss the Size of the Universe, and present their views as to whether or not there is only one or several universes, before the National Academy of Sciences, which is now in session in Washington.

In this public meeting, Dr. Harlow Shapley of the Mt. Wilson Solar Observatory, will discuss recently secured evidence pointing to the dimensions of our galaxy of stars, known popularly as the Milky Way, which he believes to be ten times greater than is held in the older theories concerning the dimensions and compositions of the Milky Way. In other words, he claims that it takes light about three hundred thousands of years to cross from one side to the other of the space occupied by the 3,000,000,000 stars of which our sun is the nearest one. He holds the spiral nebulae, those clam-shell-like cloudy luminous objects seen by great telescoppes, to be inside our system.

Doctor Shapley's views will be followed by the discussion of Doctor Heber D. Curtis of the Lick Observatory, who will defend the older view that our Milky Way is approximately of the dimensions suggested by Newcomb, about 30,000 light-years in diameter, with the spiral nebulae regarded as very probably individual galaxies of "island universes", like ours. Thus there may be a million other universes each having 3,000,000,000 stars. Inhabitants of these numerous universes would see our Milky Way as a spiral nebula. The lectures of these two learned astronomers will be followed by a general discussion open to the auditors present who are interested in the development of this new advance in scientific research.

CHICAGO SCIENTIST WILL SPEAK

Professor A. A. Michelson, Vice-President of the Academy and one of the leading physicists of the world, will present a paper on new modifications of his famous invention, the interferometer, in connection with the experiments conducted at Mt. Wilson Observatory with the giant 100-inch telescope. By the aid of this invention astronomers are now able to study, with more accuracy, the distance between binary stars, a problem heretofore undertaken with great difficulty due to the fact of their close proximity. Dr. Michelson is the only American to receive the Swedish Nobel Prize, awarded to him for his research in physics.

NEW NATIONAL SCIENCE BUILDING

The President of the Academy, Dr. Charles D. Walcott, announced yesterday the plans of the society to erect a national headquarters in Washington at a cost of nearly a million and a half dollars. The fund was donated by the Carnegie Corporation of New York and the land purchased by friends of the Academy, for $185,000. The new building will be located in Potomac Park, a little north of the Lincoln Memorial building.

-----END-----

D

直到哈勃变光星云V1的发现，这场大辩论才最终平息，我们冲破了银河系的禁锢。这颗宇宙学史上最重要的恒星是一颗造父变星，一种亮度以可预测的模式变化的恒星。1908年，美国天文学家亨丽埃塔·莱维特证明，这类恒星可以作为测量宇宙距离的可靠标记。通过绘制其中一颗恒星的光变曲线，就可以计算出其内禀亮度，从而测量出其实际距离。这被称为莱维特定律，它首次为天文学家提供了测量宇宙尺度的“标准烛光”，但还要再过15年，这项技术和V1的发现才使我们能够突破银河系的边界。

对页图：艾萨克·罗伯茨于1899年拍摄的仙女星系，标记为“大仙女星云，M31”。

本页上图：1785年威廉·赫舍尔根据恒星计数绘制出的银河系形状。他假设太阳系位于银河系中心附近。

本页中图：当时被称为旋涡星云的M51的“诱人螺旋”，威廉·帕森斯于1850年绘制。

本页下图：1920年4月26日向新闻界发布的“大辩论”计划。

银河系的尺度

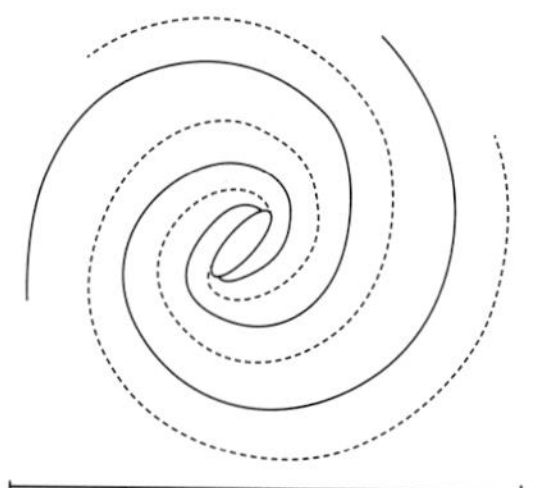

沙普利的银河系
300000光年

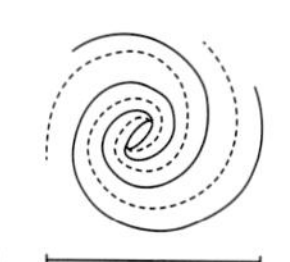

银河系
105700光年

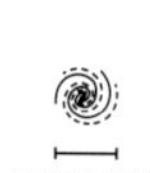

柯蒂斯的
银河系
30000光年

1923年10月5日晚，在加利福尼亚州威尔逊山天文台，美国天文学家埃德温·哈勃将当时功能最强大的望远镜对准了仙女星云。整个晚上和第二天凌晨，口径为254厘米的胡克望远镜凝视着遥远的宇宙，拍摄了一系列照片。这些照片一开始看起来似乎揭示了这个旋涡结构中可能有3颗新星。哈勃将这些图像与同一批恒星之前的一些照片进行比较，他注意到其中一颗恒星在一段相对较短的时间内变亮，然后又变暗——从开始到结束的周期是31.4天。

这是人类探索史上最伟大的时刻之一，哈勃偶然发现了位于仙女星云内的造父变星。哈勃变光星云V1是一颗恒星，它使我们能够测量出这个最具争议的宇宙结构的距离。哈勃通过计算得出的结论是，这颗恒星距离地球大约100万光年，是当时公认的银河系直径的3倍左右。一瞬间，哈勃就把我们在宇宙中的位置炸裂了。仙女星云并不是一片星云，而是一个星系。其他数百个被观测到的旋涡星云也是如此。银河系只是无数星系中的一个。“这封信摧毁了我的宇宙。”沙普利在收到哈勃送来的一张详细描述V1的发现过程的便条时，显然在这样喃喃自语。

将近90年后，天文学家将这个时代最强大的望远镜的反射镜对准了V1。不过，这一次所用的望远镜不是地球上的胡克望远镜，而是哈勃空间望远镜。它从

造父变星光变图

造父变星光变图中的各个峰值对应于该恒星在天空中看起来较大、较亮的时候。

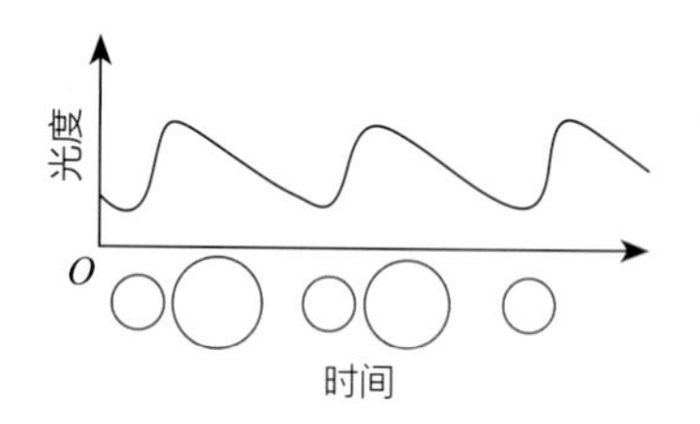

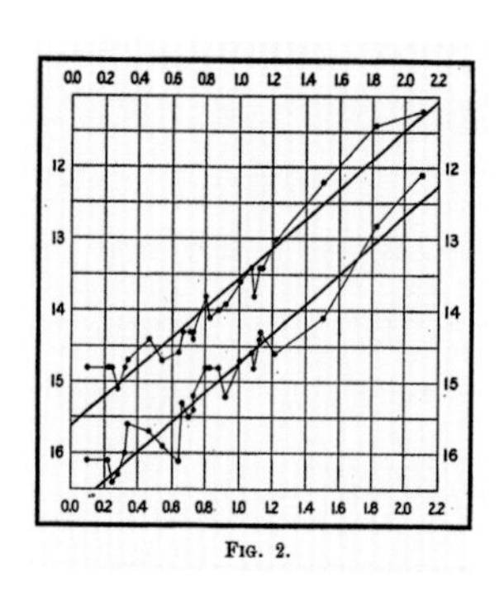

上图：亨丽埃塔·莱维特于1912年绘制的造父变星光变图。横轴是时间的对数，纵轴是光度的对数。

右图：威尔逊山天文台的胡克望远镜，摄于1925年。

近地轨道上进行观测，以7.5千米/秒的速度绕地球运行。哈勃空间望远镜以埃德温·哈勃的名字命名，在其30多年的工作中提供了关于宇宙的不计其数的洞察和图像。哈勃空间望远镜凝视着仙女星系的深处，以前所未有的细节揭示了V1从最暗到最亮的循环变化。我们现在知道这颗恒星的距离比哈勃最初计算的距离更远，它距地球大约250万光年。（1953年，天文学家发现造父变星实际上有两种类型，其中一种较暗，这导致包括V1在内的一些观测结果中的估计距离翻倍了。）哈勃变光星云V1只是距我们最近的大星系中可能多达万亿颗的恒星中的一颗。就像银河系一样，仙女星系（即M31）是一个棒旋星系，其直径为22万光年，大约是银河系的两倍。它显然是本星系群中尺度最大的星系。

上图：船尾座RS造父变星，它被包裹在反射尘埃的茧中。船尾座RS的质量是太阳的10倍。

下图：三角星系（左下）和仙女星系（右上），隔在它们之间的是红巨星奎宿九（也称为仙女座β星）。

就像其他遥远的兄弟姐妹一样，仙女星系的生命历程与银河系的非常相似。仙女星系是由一群较小的原星系碰撞而成的。它最初是一个非常明亮、高度活跃的星系，充满了新恒星发出的光芒。就像银河系一样，它的形状和特征深受它在一生中与卫星星系之间所发生的和险些发生的一系列碰撞的严重影响。如今，它的结构中散落着这些相互作用的证据：围绕着该星系的是许多巨大的恒星流，它们形成一个恒星晕（类似我们自己的人马恒星流），它们是被仙女星系的力量撕裂的矮星系和球状星团的残骸。我们在仙女星系中心观测到的气体和年轻恒星的反向旋转盘中，也发现了其他更近期的碰撞的证据。这些碰撞可能仅仅发生在1亿年前，这一特征让人联想到盖亚-恩克拉多斯碰撞在银河系中留下的恒星轨迹。

三角座

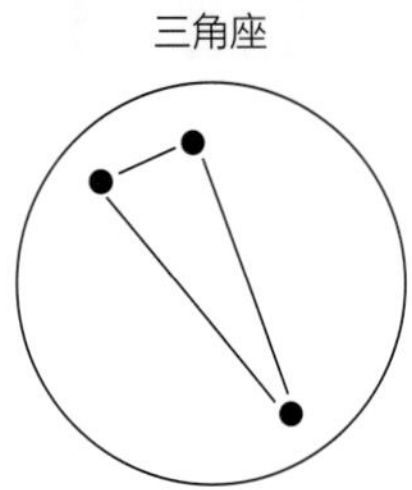

在仙女星系的100亿年历史中，最具戏剧性的事件可能发生在大约40亿年前。此时本星系群中的第三大星系，即三角星系（M33）掠过仙女星系。就像人马矮星系对银河系的冲击一样，它在仙女星系中产生了一股激波，导致了一段激烈而持久的恒星形成期。数十亿颗新恒星的形成对仙女星系中数十亿颗新行星的形成产生了什么影响，我们一无所知。我们只知道这数十亿新颗行星一定是在仙女星系的这一历史时期出现的。很有趣的是，在我们自己的星系中，类似的碰撞也导致了一颗行星的形成，这颗行星不仅孕育了生命，还孕育了文明。

下次你有幸站在最晴朗的、没有月光的夜空下时，可以抬头（借助众多在线观星软件）设法寻找仙女星系这片模糊的光。这是用肉眼能看到的最遥远的天体之一，因此你的视线会穿过宇宙，注视着一个由亿亿万万颗恒星和行星组成的星系，甚至可能注视着一种先进的文明，它正带着同样的惊奇回望我们的星系。

一位邻居来敲门

地球与仙女星系相隔250万光年，很难想象人类能前往如此遥远的世界。我们自己的银河系已经极其庞大，即使我们组建一支机器人探险舰队，并将它们送入黑暗之中，也永远不可能完全探索这座岛屿。我们常常可以看到，在我们去不了的地方，哈勃空间望远镜再次使我们能够凝视宇宙视界以外的地方，深入我们的这个近邻星系，揭示其非凡的辽阔和美丽。

2015年，哈勃空间望远镜拍摄了它在25年的宇宙探索中所拍摄到的最大图像。这里展示了这幅图像的一部分，这幅图像的尺寸巨大，包含在仙女星系中捕获到的1亿颗恒星。这是一幅经过7398次单独曝光合成的图像，它揭示了这个星系的结构（从中心的核球到各条旋臂）。这些旋臂穿过了一大片包围着大量年轻恒星和年老恒星的尘埃旋涡。在哈勃空间望远镜的帮助下，我们不仅开始绘制这座恒星岛屿，还开始绘制邻近的恒星岛屿。由此，哈勃空间望远镜使我们能够看到2000亿颗恒星之外的地方，观察到仙女星系内部的一个从地球上完全看不见的巨大结构。正是这一结构使我们得以窥见仙女星系与银河系之间已经开始的一场盛大舞蹈，这场舞蹈将决定这两个星系的未来。

“通过哈勃空间望远镜获得行星状星云的彩色图像，我们已经能够看到我们的宇宙是一幅美丽的彩色画卷。”

拉纳·伊兹丁，
佛罗里达大学天文学家

星系晕是一种巨大而缥缈的结构，几乎包围着每个星系，银河系也是如此。在旋涡星系（例如银河系和仙女星系）中，星系晕围绕着一个薄薄的星系盘形成一个巨大的球体。它由向中心聚集的恒星和球状星团以及向外延伸的大量气体、尘埃和暗物质组成，用肉眼直接观测这些幽灵般的结构对我们来说几乎是不可能的，我们即使通过功能强大的望远镜也无法看见星系晕。作为一种替代手段，科学家必须使用一种间接的技术，利用类星体等遥远天体发出的光通过星系晕时所受到的影响进行观测。这项技术在过去几年中以前所未有的规模展开，使我们能够通过惊人的细节研究仙女星系的巨大的星系晕。

2009年5月，在哈勃空间望远镜的第四次维修期间，一台新仪器——宇宙起源光谱仪被安装到了这架在轨望远镜上。宇宙起源光谱仪的设计目的是探测普通地面望远镜无法观测到的紫外线（这是由于地球大气层对这一波长的光的作用），它使我们能够观测到位于仙女星系的星系晕正后方的43个类星体发出的光。类星体是非常遥远、非常明亮的星系核，它们由位于其中心的大质量黑洞提供能量，是我们观察星系晕吸收模式的理想天体。美国国家航空航天局的一组科

下图：哈勃空间望远镜拍摄的仙女星系图像有15亿像素，需要600多块高清电视屏幕才能完全显示出来。

对页左上图：如果仙女星系的热电离气体晕是肉眼可见的，那么从地球上看到的就是该图所示的样子。

对页右上图：仙女星系，图中的箭头指示其中恒星的运动。这个星系正在向我们翻滚而来。

学家使用宇宙起源光谱仪研究了来自这些类星体的光在穿过仙女星系的星系晕的电离气体时是如何被吸收的，从而在2020年测得了这个星系晕的成分、大小和质量，首次揭示了它的整个结构。

仙女星系的星系晕是一种动态结构，包含关于这个星系的过去、现在和未来的许多线索。它由两层截然不同的结构构成，内层似乎比外层更复杂、更活跃，而外层则比较光滑、炽热。这两层结构中到处都储藏着大量氢和氦，这是未来形成恒星的原料。但内层含有丰富的重元素（如碳、硅和氧），我们认为这些元素是星系内盘中的超新星活动的产物。我们相信，这些气体在超新星爆发和死亡的过程中补充到了周围的星系晕中。真正令我们吃惊的是这个星系晕的尺度，内壳层在星系周围延伸了50多万光年。从最新的观测来看，外层似乎至少还要再延伸100万光年。这意味着整个星系晕从星系向外延伸了150多万光年，在某些方向上要延伸到200万光年之外。要对这个尺度有所了解，可以这样想象：如果能从地球上用肉眼看到它，那么它会用半透明的光芒填满整个天空。

认识到仙女星系的星系晕是一个如此巨大的结构，也让我们重新评估了我们知道必然环绕在我们自己的星系周围的那个星系晕。我们生活在它的内部，因此我们无法像看到近邻星系那样看到它，甚至无法测量它。不过，我们知道仙女星系和银河系在结构上非常相似，这意味着银河系的星系晕一定具有相似的尺度。这两个星系相距250万光年，它们的两个巨大的星系晕横跨上百万光年的空间。它们并不是遥远的邻居，而是在相互触摸、相互接触，一天比一天更靠近。

对页下图：2009年5月，航天员在哈勃空间望远镜上安装新的宇宙起源光谱仪。

上图：第四次哈勃空间望远镜维修任务STS-125的徽章。

最后的舞蹈

银河系的生命故事是由碰撞塑造的。游荡到太近处的星团和星系多次感受到了银河系的威力，以及它摧毁和吞噬大量恒星的能力。在125亿年的历史上，每一次相互作用都是一场实力悬殊的战斗，每一次银河系都是较强大的一方，是能够对任何入侵者施加影响力的主导力量。但是，这一切即将改变。

几十年来，我们已经知道我们附近最大的星系（即仙女星系）正在以110千米/秒的速度向银河系移动。它正在沿着与银河系碰撞的轨道向我们飞驰而来。我们一直在努力确定它的确切轨道。关于我们面临的是一次正面碰撞还只是一次侧击，我们并无把握。但是过去的10年里在哈勃空间望远镜的帮助下，以及更近期在盖亚空间望远镜的帮助下，我们已经能够为本星系群中所有星系的运动，特别是仙女星系和银河系的命运，描绘出一幅越来越精确的图像。尽管盖亚空间望远镜的主要设计目的是观测银河系中的恒星，但它已经能够以前所未有的精度测量我们的近邻星系中数百颗恒星的位置和运动，从而使我们能够描绘出它现在的轨道和未来数十亿年后的轨道。

从现在起的大约46亿年后，太阳将耗尽所有的燃料，仅仅作为一颗垂死的恒星存在着。它将变成一颗红巨星，向外扩张它的势力范围，吞噬水星、金星，甚至可能吞噬地球。到那时，太阳系已经走到了生命的尽头，但在枯萎的同时，一场更大的比拼将会上演。也许我们的行星会坚持足够长的时间，保留一个被折磨得失去了生命的外壳，见证银河系的最后一幕。即将到来的仙女星系与银河系的碰撞不是正面碰撞，而是猛烈的侧击，因此它首先会导致大爆发：由于银河系内巨量的气体被搅动而进入一个恒星诞生的新时代。但这最后的繁盛不会持续，这些新恒星的诞生标志着银河系开始走向末路，因为银河系与仙女星系的碰撞将慢慢地撕裂那些古老的旋涡结构，就像银河系过去曾吞噬了较小的星系一样。

银河系不会在碰撞中死亡，它不会被摧毁，但它会失去自己的特征。这两个星系将以巨大的威严和暴力慢慢地将彼此撕开，使恒星散开，直到巨大的旋涡结构的痕迹荡然无存，它们将并合成单个更大的实体。尽管碰撞规模巨大，但我

最后的大碰撞

仙女星系与银河系聚到一起时，光芒四射，最终会产生某种完全不同的东西。此时会有一次形成恒星的大爆发。星系中的大部分气体都会被加热并在某种意义上遭到破坏，最终会形成某种与仙女星系和银河系根本不同的东西。

我们认为仙女星系与银河系之间的碰撞在这两个星系的历史上都将是最大规模的碰撞。这与盖亚-恩克拉多斯碰撞是不同的，虽然后者确实曾略微地改变了银河系，但与银河系和仙女星系的碰撞相比，卷入碰撞的星系要小得多，因此最终结果将是截然不同的。在与仙女星系碰撞之后，我们现在所知道的银河系将不复存在。

戴维·德萨里奥，
杜伦大学天文学家

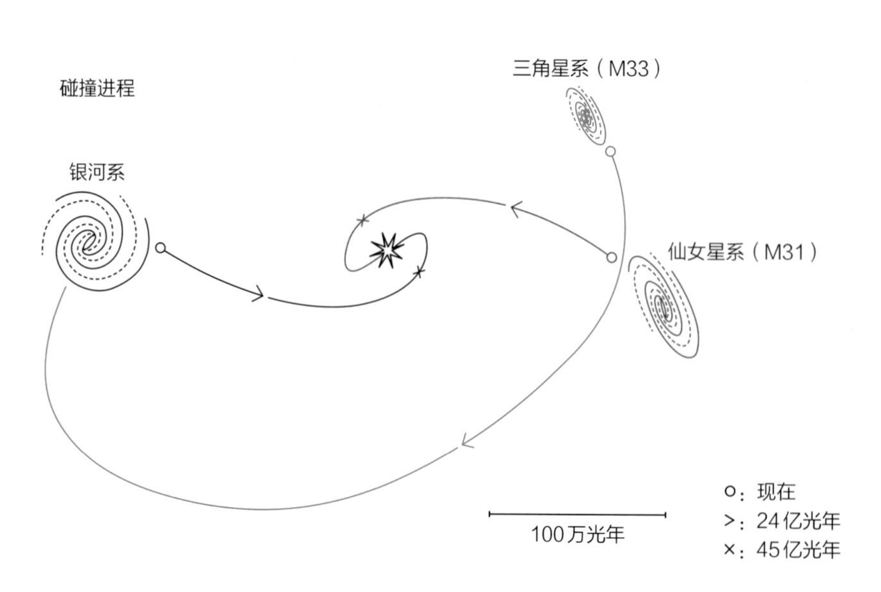

下图：这一系列插图显示了从距离银河系中心约25000光年的地方来看，仙女星系与银河系之间的碰撞会呈现出怎样的景象。从太阳系来看，未来的景象很可能会非常不同，这取决于碰撞过程中太阳在银河系内的轨道如何变化。

20亿年：正在接近仙女星系的盘明显变大了。

37.5亿年：仙女星系占满了视野。由于来自仙女星系的潮汐牵引，银河系开始扭曲。

38.5亿年至39亿年：在两个星系第一次近距离接近时，由于新恒星的形成，天空被照亮。这在有大量的发射星云和年轻的疏散星团时很明显。

40亿年：在两个星系第一次近距离相互掠过后，仙女星系被潮汐力拉长，银河系也进一步扭曲。

51亿年：在两个星系第二次近距离接触时，银河系和仙女星系的核心看上去像一对明亮的瓣。恒星形成的星云则远没有那么显著，因为在新恒星呈爆发式诞生之后，星际气体和尘埃已经显著减少。

70亿年：并合后的星系是一个巨大的椭圆星系，其明亮的核心主宰着夜空。这个刚刚并合而成的椭圆星系中的尘埃和气体被冲刷一空，使恒星和星云不再出现在天空中。年老的星族不再集中在一个平面上，而是充满了这个椭球体。

们预计几乎每一颗恒星都能幸存下来。即使是完全正面的碰撞，任何两颗恒星相撞的可能性也微乎其微。恒星之间的距离遥远，这意味着星系过于分散，因而恒星之间不可能发生碰撞。但许多恒星的轨道会被打乱，包括太阳在内的一些恒星的轨道会被打乱得非常严重，以至于它们将面临一种奇特而痛苦的命运。模型表明，碰撞的力量可能会将太阳系的残骸抛向新星系的外围，甚至将其完全逐出新星系。即使那时太阳及其周围还剩下的行星的命运不至于此，我们也确实知道有一些恒星必将遭此命运。这些不幸的恒星被送往这个并合而成的新星系的边缘，被抛入太空，永远被放逐，留下一个新的、巨大的椭圆星系，其中可能有1万亿颗甚至更多的恒星。

任何星系，即使是这个宏伟的新结构，都不可能永远是一座孤岛。从现在算起的大约1500亿年后，本星系群中留下的其余星系预计将并合成一个巨大的星系，也许只有到那时，我们的岛屿才会是一个孤立的存在。

宇宙正在膨胀，所有星系都在匆匆彼此远离，未来它们会以更快的速度相互远离。终有一天，如果我们向任何星系发射一束光，它将永远无法赶上那个星系。因此，来自银河系之外的任何星系的光也永远不会到达我们这里。在遥远的未来，天文学家可能会想象他们生活在一个由无数个星系组成的宇宙中，但他们无法证明这一点——他们连一个星系也看不到。我们是幸运的，生活在这样一个时代，能够看到一个充满了无数恒星岛屿的宇宙，见证它的真正规模和宏伟。

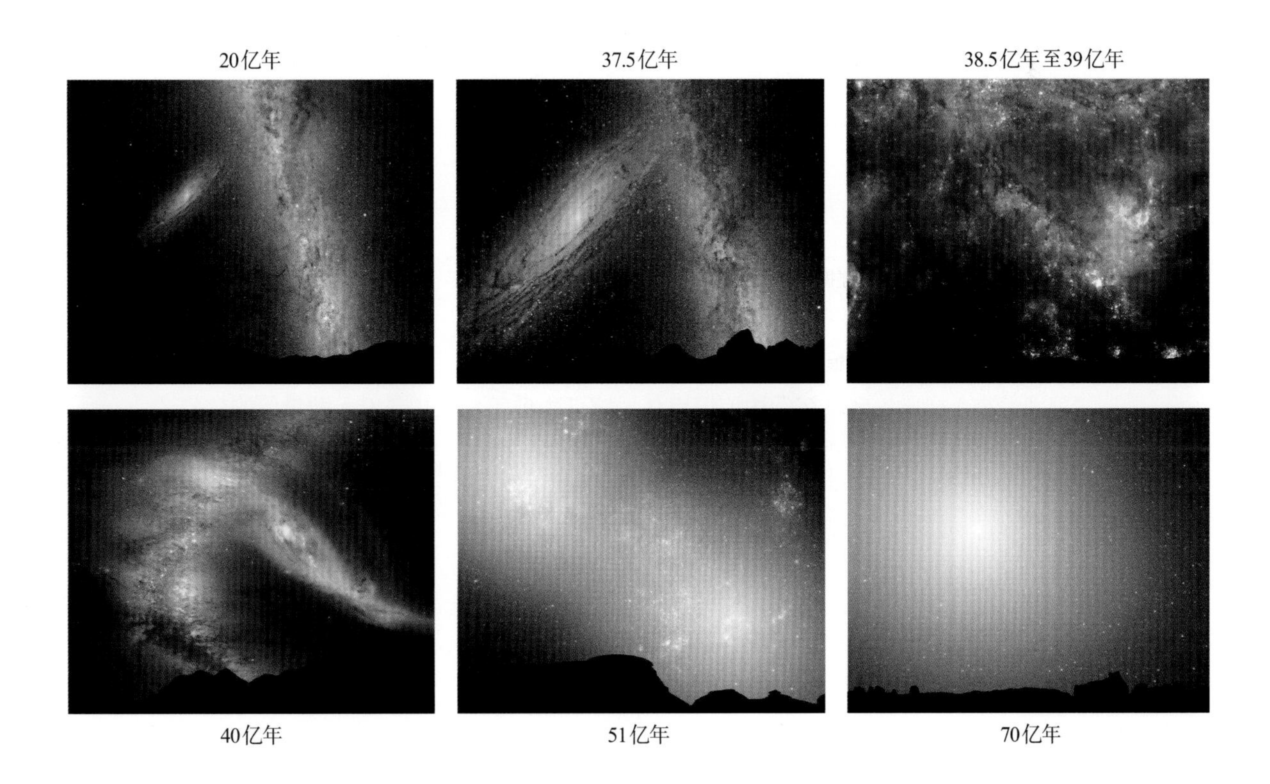

第4章

黑洞[1]

"凝视着夜色幽幽，我站在门边惊惧良久，疑惑中似乎梦见从前没人敢梦见的梦幻。"

——埃德加·爱伦·坡[2]

① 参见《爱因斯坦的怪物：探索黑洞的奥秘》，克里斯·伊姆佩著，涂泓、曹新伍、冯承天译，人民邮电出版社，2020年。——译注

② 埃德加·爱伦·坡（1809—1849），美国诗人、小说家和文学评论家。这段文字摘自他的代表诗作《乌鸦》（*The Raven*）。——译注

银河系中的大旋涡

黑洞是难以捉摸的、具有毁灭力量的怪兽，充满了神秘色彩。这些天体挑战着我们对空间、时间和宇宙的认知，让我们明白了我们曾经以为不可改变的物理定律并非如此。不过，黑洞不只是物理学家争论的怪异空间畸变，我们现在认为这些天体在宇宙的历史上起着关键作用，它们被称为终极宇宙怪兽，会摧毁任何误入歧途而过于靠近它们的物体。这不是不劳而获，而只是整个故事的一半。黑洞也是创造宇宙的推动因素，它们塑造星系，让恒星诞生，甚至可能促进了太阳系的形成，用合适的配料丰富了银河系里我们所在的这个角落，从而创造了这个被称为家园的美丽星球。

仰望夜空，我们可以看到构成太阳系的那些行星以及充满银河系的那些恒星，而且我们现在知道这些恒星的周围有上千亿个有待探索的异星世界。但是，尽管银河系规模庞大、宏伟壮观，但仍有许多东西隐匿在黑暗中而无法被看见。将你的目光转向人马座，此时你正凝视着的是银河系中心，这是一片被巨大的旋涡状尘埃和气体云阻挡和干扰的区域。要窥探这个区域，我们需要借助最强大的望远镜，它们远离了会导致视线模糊的地球大气层，在它们自己的轨道上观测宇宙的深处。

本页下图和对页图：致密的气体和尘埃包围着银河系中心，它们绕着超大质量黑洞人马A*运行。

黑洞是什么

据我们所知，黑洞是非常安静的，但你不要被这一点愚弄了，因为它们的外面正发生着撕扯活动。如果你横遭不幸，掉进了一个黑洞，那么你就永远也回不来了，而你很可能会发现这是一个安静、无趣的小地方，直到你被撕成碎片。黑洞可以把物质加速到具有如此离奇的能量，以至于那些疯狂的事情正发生在它的外部。这是一场宇宙级的光影表演，是我们在宇宙中能看到的最激烈的相互作用之一。

戴维·凯泽，
麻省理工学院物理学家

当哈勃空间望远镜睁开它的红外之眼凝视人马座时，它能看透尘埃云，传回一幅规模和美丽都让人难以想象的图像。在那里，我们看到恒星聚集在一起，那是一个沸腾着的大旋涡，密度比太阳附近的高100倍。在距离地球25000光年的银河系内部，这些恒星正在表演一种怪诞、疯狂的舞蹈。这些恒星以12000千米/秒的速度旋转，大约是地球绕太阳公转的速度的400倍，它们似乎被一种隐匿的力量控制着。尽管这幅图像揭示了恒星的美丽和结构，但其中所包含的最著名的天体是我们看不到的，那是位于银河系中心的一个超大质量黑洞，我们称之为人马A*。

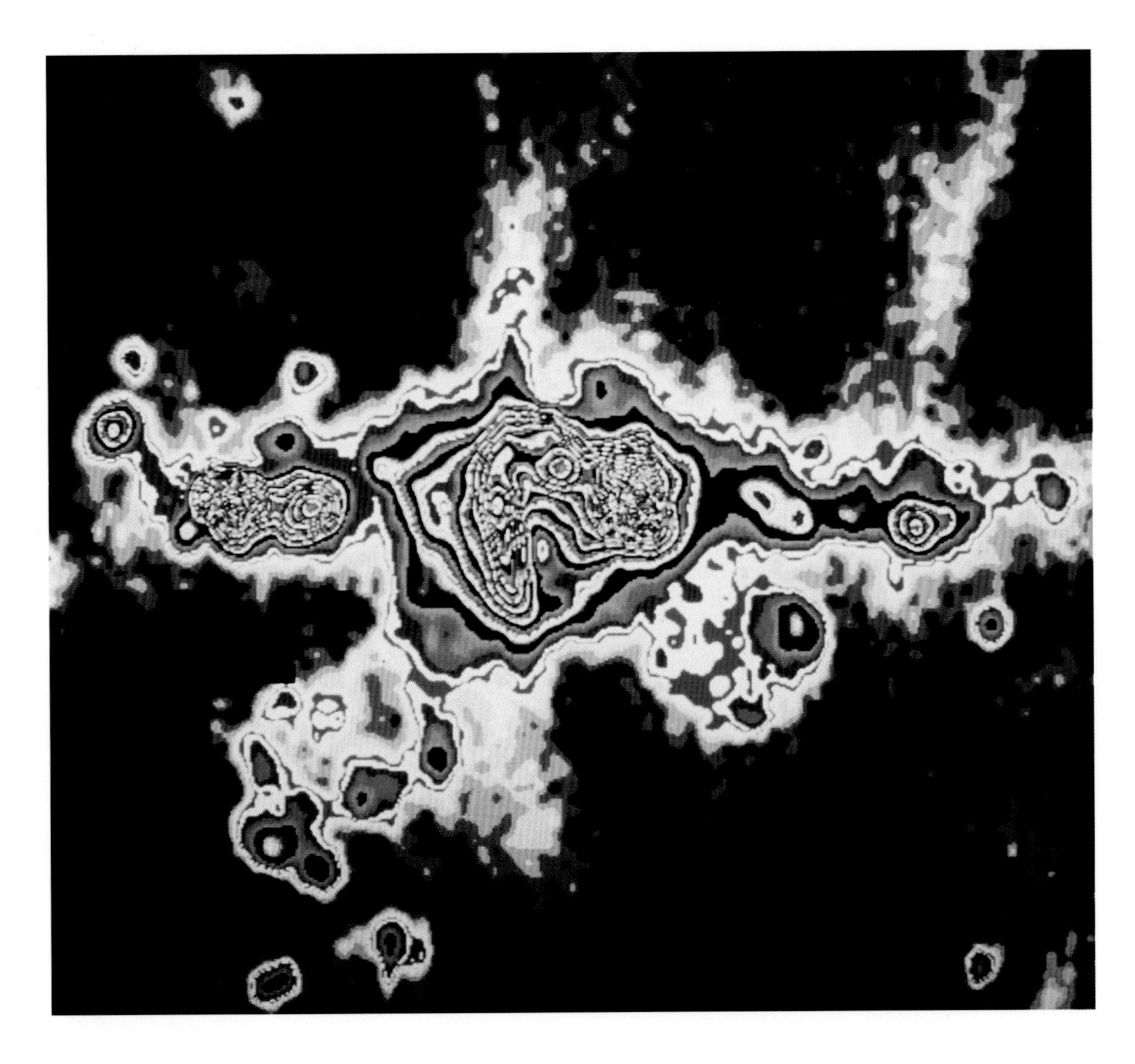

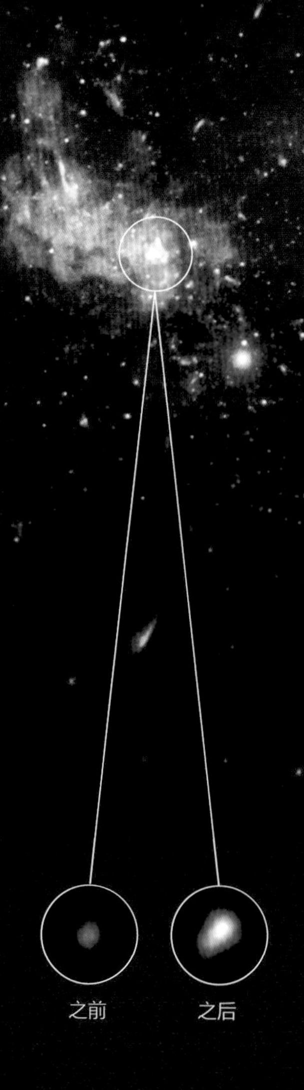
之前
之后

怪兽在翻搅

在2013年9月14日，钱德拉X射线天文台将视线转向银河系的心脏。1999年7月23日，钱德拉X射线天文台搭乘“哥伦比亚号”航天飞机升空，这是美国国家航空航天局的四大天文台之一（此外，还有哈勃空间望远镜、斯皮策空间望远镜和现已脱离轨道的康普顿伽马射线天文台），其设计目的是让科学家看到一个肉眼看不见的宇宙。

钱德拉X射线天文台是有史以来人类建造的最灵敏的X射线望远镜，它环绕地球运行的轨道比哈勃空间望远镜的轨道高200倍，到地球的距离超过地月距离的三分之一，它绕高椭圆轨道运行一周的时间是65小时。正是这种轨道使这架望远镜每绕一圈就能连续观测宇宙55小时。在地球上，由于上层大气对高能光线的吸收，即使最强大的望远镜也无法进行X射线天文观测。钱德拉X射线天文台能够观测来自气体云的X射线，这些气体云是如此之大，光从其一端到达另一端需要500万年。这为我们提供了一个珍贵的、前所未有的观察宇宙的视角，使我们能够探索许多类型的恒星的特征，以及星系团、中子星、超新星遗迹等宇宙现象，当然还有黑洞。钱德拉X射线天文台用于探测宇宙中最炽热、最狂暴的区域辐射的高能X射线，它们是物质被加热到数百万摄氏度时产生的。钱德拉X射线天文台是我们的首个黑洞探测器。

2013年，这架望远镜聚焦于银河系中心，监测一块被称为G2的星际气体云及其产生的X射线暴。它在常规观测期间偶然发现了一种尺度完全不同的东西。钱德拉X射线天文台看到的是一个异常巨大的X射线闪耀，它来自银河系的中心。银河系中心的怪兽苏醒了，我们在正确的地点和正确的时间抓住了这一时机。

钱德拉X射线天文台在人马A*附近观测到了人类有史以来探测到的最大的X射线耀斑。在短短的几小时内发生的事情产生了比通常的宁静状态亮400倍的X射线耀斑。我们现在仍然不能完全确定是什么导致了这次爆发，但最可能的解释是我们捕捉到了黑洞的进食活动。

如果我们能穿越银河系中心，将会看到围绕看不见的深渊旋转的密集恒星会被一个巨大的行星冰冻场替代，数以亿计的冰冷的行星以极快的速度沿轨道运行。这是一处无人之地，这里的每一块岩石都在与一头怪兽共舞，与能俘获经过其附近的任何东西的巨大力量调情。当然，当这些受虐的行星太靠近时，可怕的后果是不可避免的。它们会被巨大的引力撕裂，岩石碎片在向着不可逆转的临界点缓慢移动时会达到极高的温度，产生钱德拉X射线天文台能够见证的爆发性X射线耀斑，然后它们会永远消失在边界的另一边。

人马A*的宽度为4400万千米，质量是太阳的400万倍。它是以96千米/秒的速度旋转的炽热气体和尘埃组成的一个超大质量光环，那里的引力极大，以至于宇宙的所有颜色和美丽都已经消失在我们的视线之外，即使是光也无法逃脱。

X射线望远镜

X射线可以穿透大多数反射镜（称为中度入射），但如果反射镜正好处于恰当的角度（掠射入射），X射线就会被反射。为了实现这一点，望远镜必须使反射镜几乎与入射光平行，但这在望远镜中间留下了一个大洞，因而会损失很多X射线。为了解决这个问题，X射线望远镜使用圆柱形反射镜，并将它们层层嵌套。

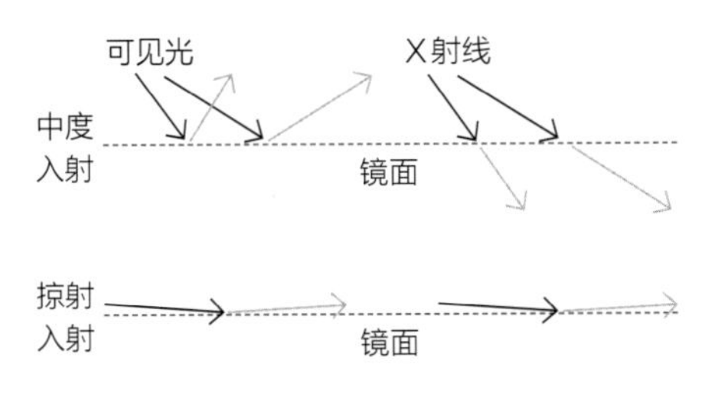

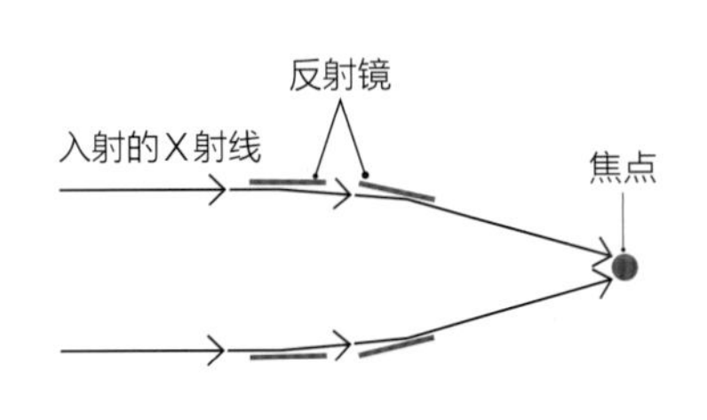

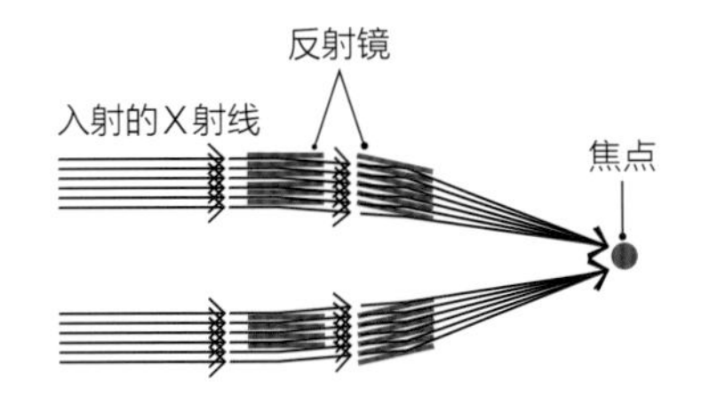

对页图：2013年人马A*的X射线耀斑，比之前观测到的任何耀斑都亮400倍以上。

钱德拉X射线天文台当时观测到的耀斑是人马A*在品尝少量零食的场景，是这头阴森的怪兽在黑暗中展示其力量的罕见一刻。然而，没有科学家能准确描述那里究竟发生了什么。尽管在理论和观测上经过了一个世纪的探索，但我们仍然只是刚刚踏上更深入地了解黑洞的旅程。

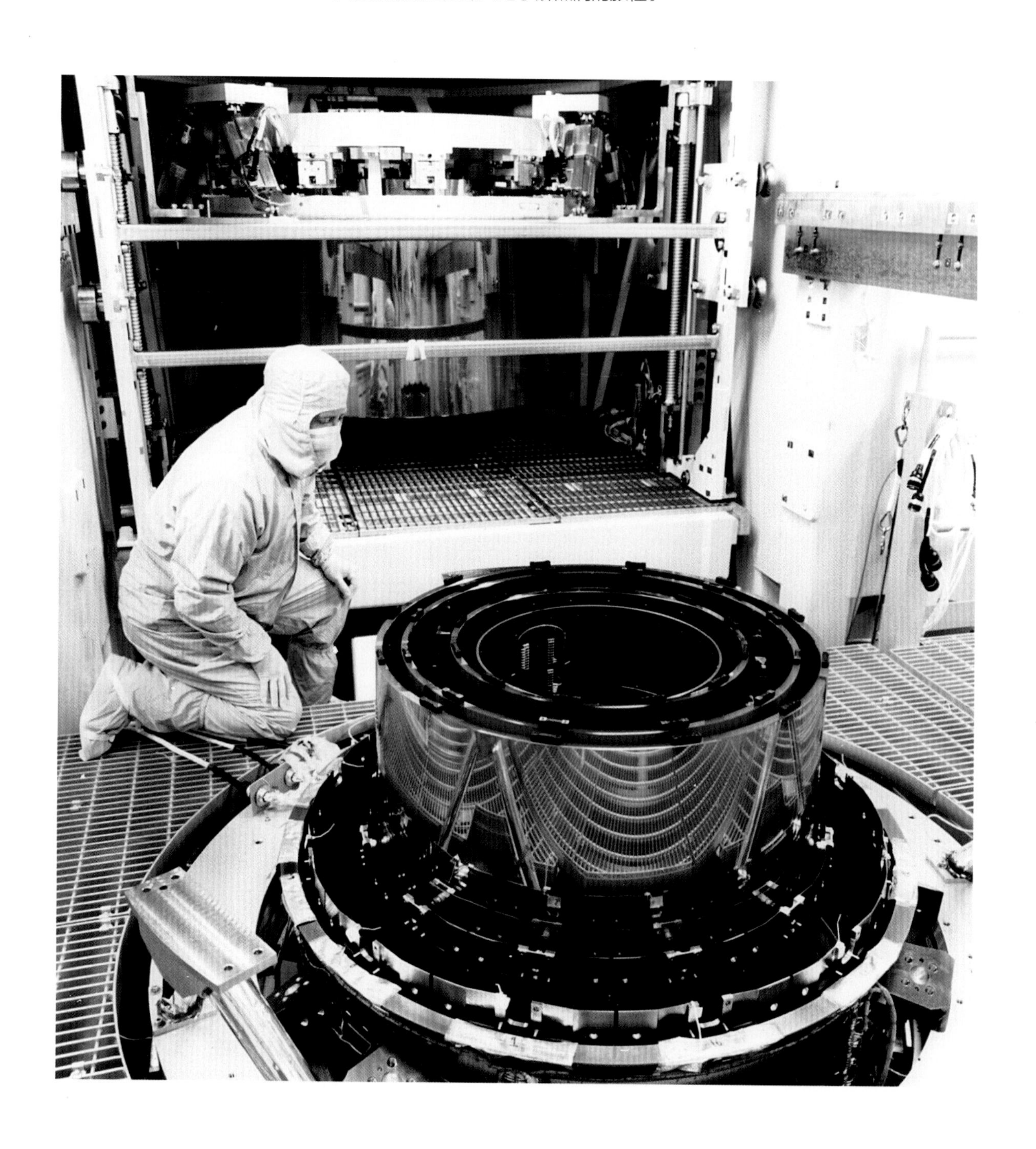

上图：钱德拉X射线天文台的高分辨率镜面组件中的两组四层嵌套的反射镜。

下图：钱德拉X射线天文台在半人马座A方向拍摄到了一个有1000万年历史的爆发残骸，仍然有喷流从其中心黑洞喷出。

下图：钱德拉X射线天文台在附近的英仙星系团中发现的巨大热气体波，其跨度为20万光年。

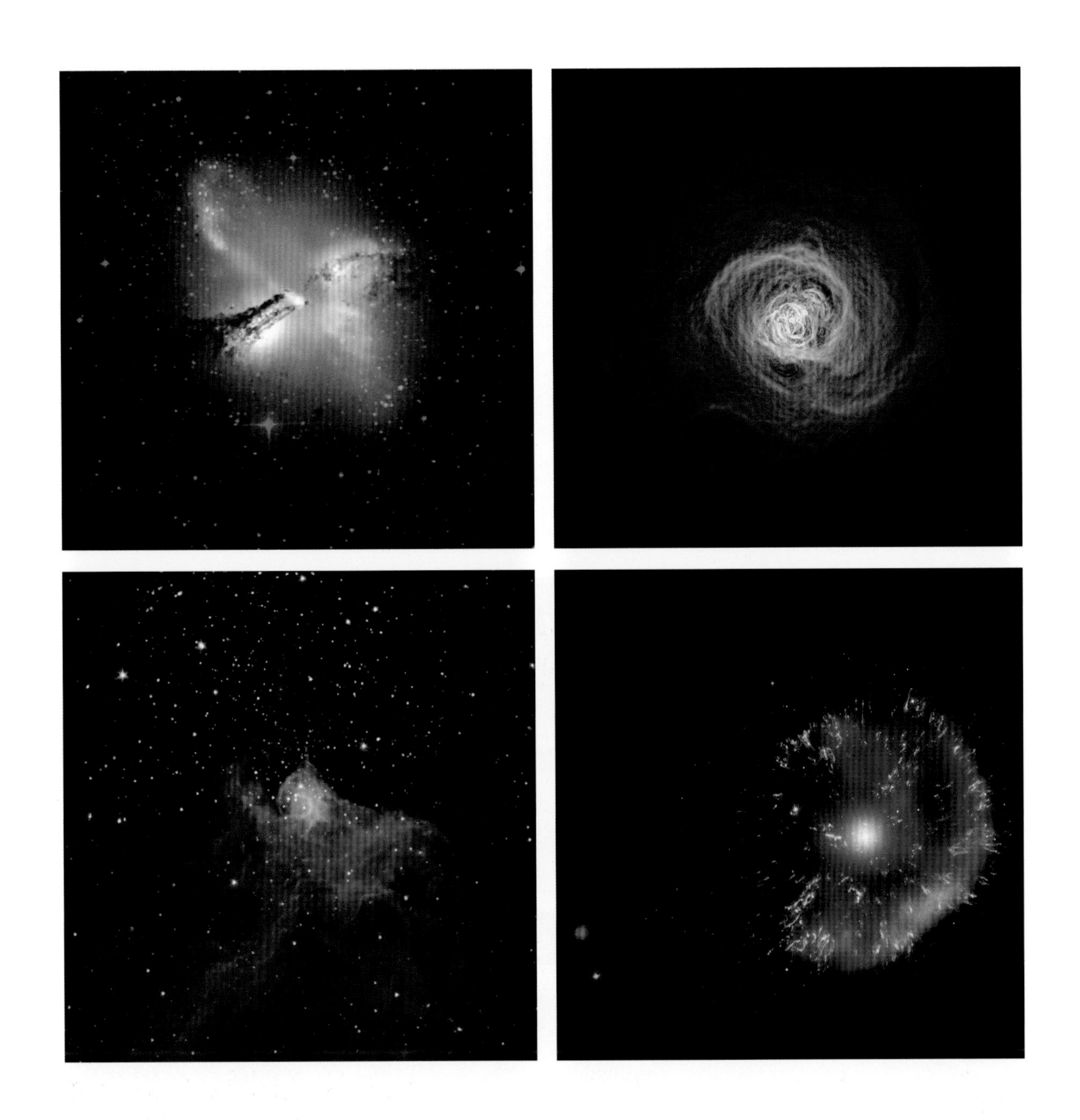

上图：银河系中正在形成恒星的仙王座B分子云，由钱德拉X射线天文台和斯皮策空间望远镜的数据组合成像。

上图：钱德拉X射线天文台拍摄的英仙座GK的照片。它在1901年连续几天成为天空中最明亮的恒星之一，在当时引起了轰动。

恒星的最终命运

黑洞的所有故事都是从18世纪的牧师、地质学家和自然哲学家约翰·米歇尔的名字开始的。他写给亨利·卡文迪什的信于1784年发表在《皇家学会哲学汇刊》（*Philosophical Transactions of the Royal Society*）上，其中描述了这样一种理论上的可能性：可能存在质量非常巨大的天体，即使光线也无法摆脱它的掌控。通过一些简单的计算，米歇尔得出了暗星的概念：一种隐约显现的幽灵，它是如此强大，可以把光线困在它的引力范围内。这种天体的质量是如此之大，我们只能通过其巨大的引力对任何靠近它的物体所产生的作用来探测它。

米歇尔所说的暗星当时引起了许多伟大天文学家的兴趣，但对于一个没有机会被观测到的天体而言，它的吸引力远小于当时越来越强大的望远镜的目镜中出现的其他现象。米歇尔对暗星研究的贡献遗失在科学史册中，直到20世纪70年代才被重新发掘出来。

为了领会现代科学对暗星的认识的基础，我们的故事需要从20世纪最黑暗的时刻之一开始。1915年12月，在东部战线的某处，一位德国炮兵中尉蜷缩在潮湿的壕沟里，他正在阅读那个世纪甚至是有史以来最有影响力的科学手稿。卡尔·史瓦西当时已经40岁了，比他周围的几乎所有士兵都要年长。他选择加入德国军队，而不是在波茨坦天体物理台受到更有力保护的位置远观战局，入伍前他曾在那里担任台长。

“应该有一条自然法则来阻止恒星以这种荒谬的方式行事。”

阿瑟·爱丁顿

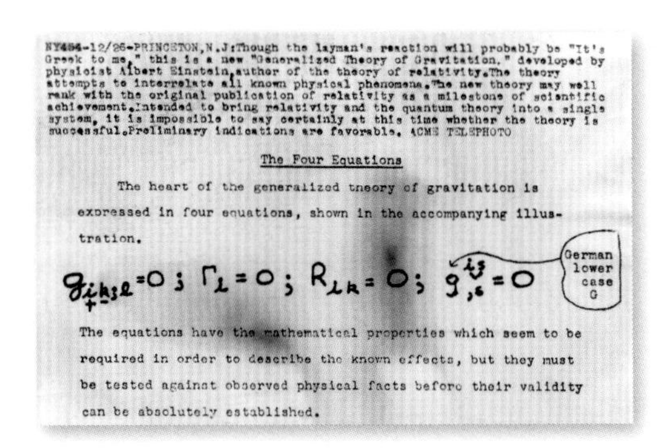

NY484-12/26-PRINCETON,N.J:Though the layman's reaction will probably be "It's Greek to me," this is a new "Generalized Theory of Gravitation," developed by physicist Albert Einstein,author of the theory of relativity.The theory attempts to interrelate all known physical phenomena.The new theory may well rank with the original publication of relativity as a milestone of scientific achievement.Intended to bring relativity and the quantum theory into a single system, it is impossible to say certainly at this time whether the theory is successful.Preliminary indications are favorable. ACME TELEPHOTO

The Four Equations

The heart of the generalized theory of gravitation is expressed in four equations, shown in the accompanying illustration.

$g_{\underset{+}{i}\underset{-}{k};l} = 0$; $\Gamma_{l} = 0$; $R_{lk} = 0$; $g^{ik}_{,s} = 0$

German lower case G

The equations have the mathematical properties which seem to be required in order to describe the known effects, but they must be tested against observed physical facts before their validity can be absolutely established.

他的手中有新近发表在《普鲁士科学院院刊》(*Proceedings of the Prussian Academy of Sciences*)上的4篇具有里程碑意义的论文，这些论文为阿尔伯特·爱因斯坦的广义相对论奠定了数学基础。爱因斯坦和史瓦西既是同行又是朋友，但在接近1915年底的这一刻，他们的生活已有天壤之别。在柏林，爱因斯坦达到他的事业顶峰，国际声誉和财富就在眼前，而史瓦西则进入了生命的最后一年，在一场世界大战的泥沼中挣扎。这场战争使他患上了天疱疮，这是一种无法治愈的皮肤病，最终会夺去他的生命。尽管他们处于两个完全不同的环境中，但在一个短暂的时刻，这两个伟大的头脑被爱因斯坦在关于引力场方程的论文中提出的那些最深刻的问题连接到了一起。爱因斯坦的引力场方程用最简单的措辞描述时空与物质之间的关系，用数学表达了引力在宇宙中发挥作用的根本基础。但在此论文发表之时，爱因斯坦单凭一己之力尚无法完美解释他的广义相对论的所有数学内涵。

在那种环境下，这几乎是不可想象的：史瓦西坐在昏暗的战壕中，在惨烈战斗的包围下，专注于爱因斯坦的研究所提出的数学难题，在饱受战争蹂躏的几天里得到了引力场方程已知的第一个解。1915年圣诞节的前一天，爱因斯坦收到了史瓦西写来的一封信，其中详细说明了他的解。史瓦西在这封现在已经很著名的信的最后写道："正如你所见，尽管战火纷飞，但战争对我还是很友好的，让我得以逃离这一切，在你的想法这片土地上漫步。"

这是史瓦西能与世人分享的最后一丝天才之光，但其影响将长期回荡。引力场方程的史瓦西解描述了一个宇宙，时空由于大质量天体（如行星或恒星）的存在而发生了扭曲。但是，这些方程的解不仅使我们对天体如钟表般精确的轨道有了新的理解，它们还预言了一个更极端的宇宙。

在这个宇宙中，体积微小而质量巨大的恒星的存在会以强大的力量扭曲时空，以至于引力场变得如此强大，每一个粒子甚至光都无法逃脱。史瓦西在他的研究中得出结论：在某一个半径范围内，物体粒子之间的引力必然导致不可逆的引力坍缩。这个半径被称为引力半径，或者更常见地被称为史瓦西半径，而这一结局被视为宇宙中较大质量恒星的最终命运。

史瓦西创造了奇点的理论可能性。奇点指的是宇宙中的一个点，在这里爱因斯坦的时空变得无比强大。在接下来的10年左右的时间里，史瓦西的工作一直是数学上的一种奇趣，这一现象在当时简直太奇特了，因此不可能存在于一个实际的可观测宇宙之中。需要另一个沉湎在自己的遥远宇宙中的、专业上的外行才能将史瓦西想象中的那些暗星抛入现实。

解构黑洞

奇点是黑洞无限致密的引力中心。史瓦西半径定义了它与事件视界之间的距离，这是一个连光都无法逃脱的边界。在史瓦西半径之外的光子球是一个引力足够强的区域，使得光子被迫在轨道上运动，理论上可以让你看到自己的后脑勺。

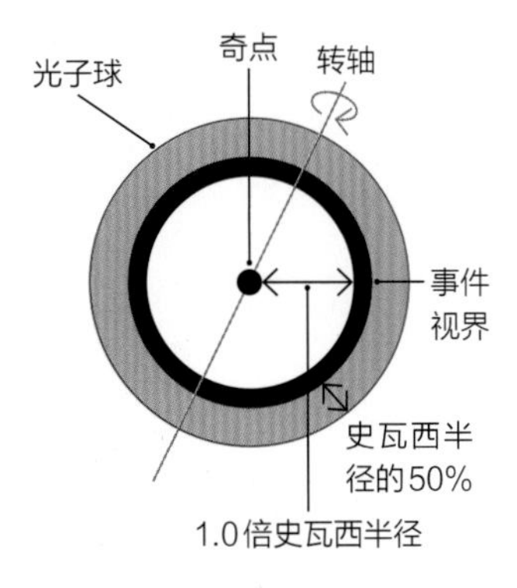

对页图：数学家预言了黑洞的存在，然而当时的天文学家认为黑洞不大可能存在。

顶图：爱因斯坦于1947年发表的广义引力理论将相对论和量子理论纳入了同一个体系。

1930年7月，在一艘从印度开往英国的船上，有一位名叫苏布拉马尼扬·钱德拉塞卡的年轻物理学家。钱德拉塞卡获得了剑桥大学的物理学奖学金，他利用前往剑桥大学的漫长旅程，在他的头脑中旅行到了远离地球的地方，探索一个关于恒星生命的根本问题。钱德拉塞卡想要搞清楚，当一颗恒星耗尽燃料时会发生什么。他不是去仰望恒星，而是研究爱因斯坦和史瓦西的工作所给出的各种数学上的可能性。

当时，人们对恒星的生与死的理解还很零散，但对恒星演化的基本认识已经开始成形。人们当时已经知道，在恒星的生命历程中，它在向内的引力与核心区域中聚变所产生的向外的力之间保持着平衡。但在一颗恒星走向生命尽头时，这种平衡失去了，它可能会自行坍缩。关于这一点的证据已经在夜空中被观察到，人们发现了被称为白矮星的微小致密恒星，这是死亡已久的恒星烧毁后的残骸。这些白矮星的密度是如此之大，以至于构成它们的原子都处于被粉碎的边缘。这种想法在当时被认为违反了量子物理学定律，因此被认为是不可能的。然而，钱德拉塞卡使用简短而优美的数学语言，即将使天文学陷入困境。

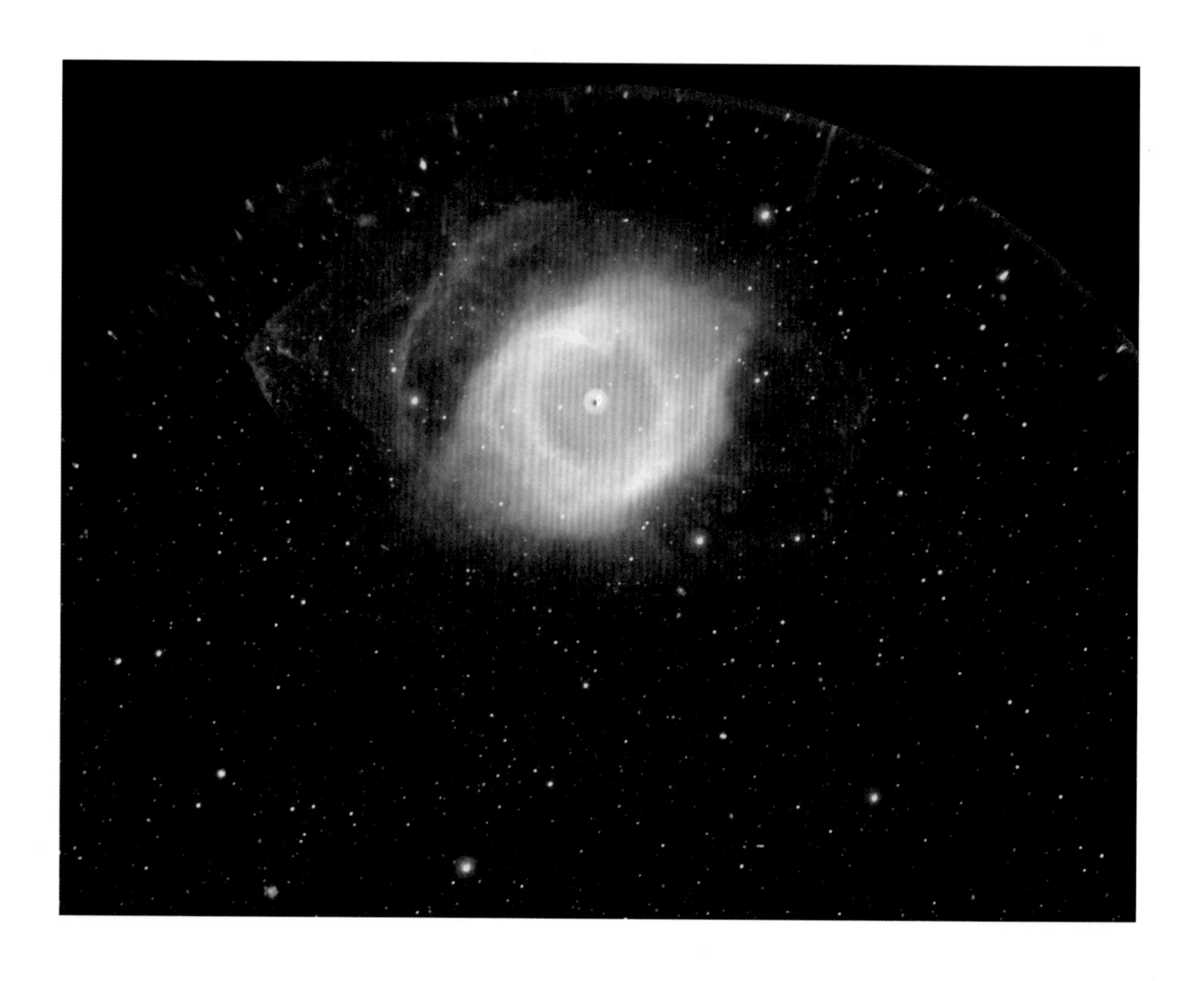

对页上图：苏布拉马尼扬·钱德拉塞卡的计算指导科学家揭开了神秘的黑洞诞生背后的秘密。

对页下图：螺旋星云的紫外图像。对于像太阳这样的恒星在生命尽头会发生什么，这是最相近的例子。

当船驶向浩瀚的大西洋时，钱德拉塞卡开始研究宇宙中不同大小的恒星的数学命运。钱德拉塞卡以白矮星的物理特性为出发点，开始计算不同大小的恒星在生命末期坍缩时会发生什么。对于像太阳这样的恒星，答案直截了当：它最终会自行坍缩，形成一个奇怪而又熟悉的白矮星，其中的原子堆积得如此紧密，以至于其密度会比地球的高20万倍。但当钱德拉塞卡开始研究更大恒星的命运时，他发现了一个数学上的异常现象。计算表明，质量足够大的恒星的命运不是会变成白矮星，而是会变成更奇异的东西。当更大的恒星坍缩时，这些方程表明势不可当的引力将导致原子以接近光速的速度向内坍缩，完全内爆，相互挤压到一个不可逆转的临界点。在这个点上，曾经存在的物质将消失在它们自己的引力阱中。根据钱德拉塞卡的计算，这是任何质量至少是太阳质量的1.44倍的恒星的潜在命运。超过这个临界质量，任何原子结构都无法应对恒星坍缩时产生的引力。

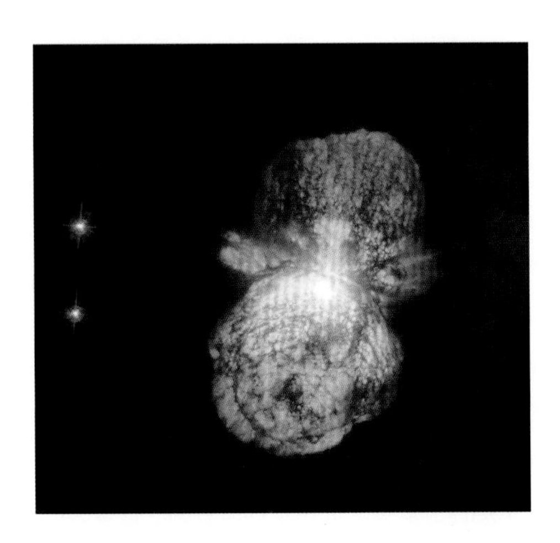

不过，尽管他的计算非常精确，但这些计算所预言的结构对于当时天文学界的大多数人来说过于怪异而让人无法接受，因此这些发现被视为理论上的异常而被摒弃。一位尚属无名小辈的天才的数学研究不会改变我们对宇宙的理解，即使最受尊敬的天文学家竭尽想象力也无法让这种现象存在。就在钱德拉塞卡刚刚向英国皇家天文学会提交他的研究成果之后，阿瑟·爱丁顿于1935年1月发表了一篇评价这一理论的论文，他在其中讥讽道：“应该有一条自然法则来阻止恒星以这种荒谬的方式行事。”

53年后的1983年，钱德拉塞卡又因为他在“对恒星结构和演化至关重要的物理过程”方面的研究而获得诺贝尔物理学奖，此时这些计算已经不再有争议。他的结论被称为钱德拉塞卡极限，成为我们理解恒星命运的基石。

在理论上展现才华的一瞬间，钱德拉塞卡用数学描绘出了这样一幅宇宙图景：最大的那些恒星不只是变成幽灵消失了，而是内爆成可以想象的最强大的实体。钱德拉塞卡独自一人在船上，手中只有笔和纸，却发现了一个结构诞生的故事，而我们今天将这种结构称为黑洞。

上图：形成侏儒星云的恒星的濒死经历与超新星相似，但在将要摧毁这颗恒星之前恰好停止了。

黑洞诞生

人马A*是位于银河系中心的黑洞，它的历史始于130亿年前，也就是宇宙诞生后不久。在那个时期，宇宙中到处都是大质量恒星，它们猛烈地燃烧，产生热，发出蓝光，过着快节奏的狂暴生活，但只有在死亡中，它们才会表现出最强硬的一面。

有一颗这样的恒星，它的质量至少是太阳质量的50倍，它在一个胚胎结构中燃烧发出明亮的光芒，而这个结构有一天会成为银河系。这颗恒星迅速耗尽了为其狂暴生命提供燃料的氢和氦，仅仅过了几百万年，就没有什么东西可以燃烧了。随着其核心的聚变反应的减缓，这颗恒星结构上的微妙平衡开始倾斜。它的活动核心产生的向外的力慢慢减弱，而向内挤压的引力太大，以至于难以承受。于是，这颗恒星以难以想象的速度自行坍缩，然后在一次壮观的超新星爆发中反弹回去。

“我们远远没有揭开我们星系的所有秘密。在人马座内部和事件视界处发生的事情，仍是我们当前的所有数学图像似乎都无法描述的。”

戴维·罗萨里奥，杜伦大学天文学家

银河系中曾充满了这场巨大的爆发所发出的光芒，这是一幅无与伦比的美景。当这颗垂死的恒星以40000千米/秒的速度将其外壳抛向太空，将其宝贵的元素播撒到星系远处时，剩下的只有它的恒星核。这个核心的质量是如此巨大，以至于产生了它无法抵抗的引力，因此它会自行坍缩，压碎内部的原子。这颗恒星曾经具有巨大的质量，其残骸将变得很小，但密度高得令人难以置信。如此高的密度会使它改变周围宇宙的结构，并形成一个黑洞。这就是我们的黑洞——人马A*。

为了理解这颗古老恒星的坍缩核心如何创造出银河系中心的那个黑洞，我们需要再次回到1915年。在这一年，阿尔伯特·爱因斯坦以他的广义相对论创造了一种新的宇宙观。黑洞并不是物质的某种怪异而奇妙的转变的结果，它们是宇宙基本结构的产物，爱因斯坦首次揭示了这种结构。他颠覆了牛顿关于无限宇宙的观点，他想象的宇宙结构不是一个刚性的实体，而是柔韧可变的。在爱因斯坦的宇宙中，空间和时间不可避免地交织在一起，正是在这种被称为时空的结构中，黑洞的各种特征才可能存在。

在牛顿的宇宙中，引力是一种看不见的力，作用在任何两个有质量的物体之间。这种引力由这些物体的质量和它们之间的距离决定。但爱因斯坦有着不同的看法，其伟大的洞察力在于认识到有质量的物体并不是神秘地相互吸引，事实上是通过扭曲时空结构来相互作用的。因此，地球绕着太阳运行缘于它被太阳的巨大质量所造成的扭曲时空所捕获，月球绕地球运行也是如此。由于地球质量造成的时空扭曲，我们被拉向地球的中心。

现在想象一下，我们有一个比地球或太阳的密度更大、质量也更大的东西，比如一颗巨大的恒星内爆后的残骸。随着恒星核的坍缩，其密度呈指数级增长，时空扭曲得更严重。此时在时空中产生的不只是一个凹痕，而是一个径直贯穿的洞。如果离这样的天体太近，无法抵抗它的强大引力，那么即使宇宙中速度最快的光也无法逃脱。

对页图：宇宙中最狂暴的事件之一，一对中子星发生碰撞、并合，形成一个黑洞。

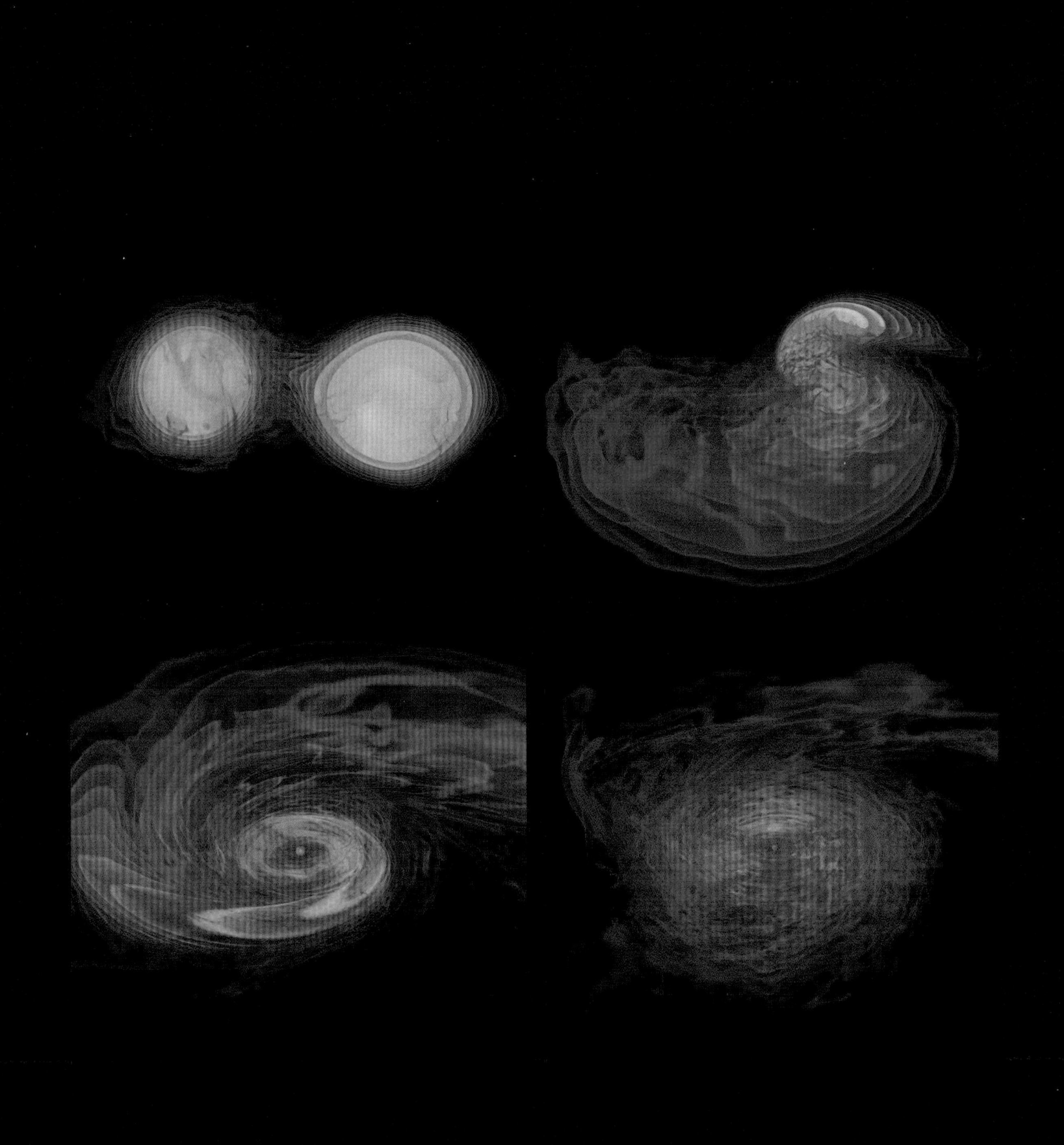

SCIENCE NEWS LETTER for January 18, 1964

ASTRONOMY

"Black Holes" in Space

The heavy densely packed dying stars that speckle space may help determine how matter behaves when enclosed in its own gravitational field—By Ann Ewing

➤ SPACE may be peppered with "black holes."

This was suggested at the American Association for the Advancement of Science meeting in Cleveland by astronomers and physicists who are experts on what are called degenerate stars.

Degenerate stars are not Hollywood types with low morals. They are dying stars, or white dwarfs, and make up about 10% of all stars in the sky.

The faint light they emit comes from the little heat left in their last stages of life. It is not known how a star quietly declines to become a white dwarf.

Degenerate stars are made of densely packed electrons and nuclei, or cores of atoms. They are so dense that a thimbleful of their matter weighs a ton.

Some such stars are predicted in theory to have a density of one million tons per thimbleful. When this happens, the star is essentially made of neutrons and strange particles.

Because a degenerate star is so dense, its gravitational field is very strong. According to Einstein's general theory of relativity, as mass is added to a degenerate star a sudden collapse will take place and the intense gravitational field of the star will close in on itself.

Such a star then forms a "black hole" in the universe.

Modern tools, such as telescopes on an orbiting space platform, may be used to detect such black holes and to help determine how matter behaves when it is enclosed by its own gravitational field.

The light from the most famous white dwarf star, Sirius B, a companion to Sirius—which is the brightest star in the heavens visible from earth—has been captured using the 200-inch telescope atop Mt. Palomar. This was done as part of a program to study at least 20 white dwarfs.

Preliminary analysis of the light from Sirius B indicates that it has an effective temperature of 16,800 degrees Kelvin, or 30,000 degrees Fahrenheit. Its radius can be calculated from the temperature, and is only nine-thousandths that of the sun.

The star must therefore consist mainly of helium or heavier elements.

The speakers at the symposium were Drs. A. G. W. Cameron of the National Aeronautics and Space Administration's Goddard Institute for Space Studies, New York; Charles Misner of the University of Maryland; Volker Weidemann, Physikalisch-Technische Bundesanstalt, Braunschweig, Germany, and J. B. Oke of California Institute of Technology. The symposium was arranged by Dr. Hong-yee Chiu of the Goddard Institute for Space Studies.

• Science News Letter, 85:39 Jan. 18, 1964

因此，当这颗巨大的恒星在130亿年前自行坍缩时，它刺穿了宇宙的结构，其核心消失在一个宇宙天坑中，人马A*诞生了。与所有的洞一样，黑洞也有边缘——我们称为事件视界的边界。如前文所述，这是一个不可逆转的临界点。过了这一点，任何东西都无法逃脱，甚至连光也无法逃脱，因此这种黑暗是无法穿透的，我们无法窥见里面的东西。但这只是黑洞奇怪而又令人难以捉摸的身份的显现，因为黑洞的巨大质量不仅扭曲了空间，还扭曲了宇宙结构的另一部分——时间。

在爱因斯坦所揭示的宇宙中，时间并不是以相同的普遍速度流逝的，而是随着时空的扭曲程度的变化而变化。物体的质量越大，对时间流逝的影响就越大；你离任何物体的中心越近，时间就流逝得越慢。因此，就地球而言，地面上的时间比在万米高空中飞行的飞机上的时间流逝得慢——这一假说已经由地球上最精确的原子钟加以证实了。这种差异是以毫秒的极小部分来衡量的，但它是可以测量的。

<u>黑洞难题</u>

黑洞迫使我们去思考的事情之一是爱因斯坦的广义相对论（它以令人难以置信的方式解释了时空的扭曲和拉伸）与量子理论的这种非常奇特的、令人不安的结合。这两种理论似乎根本不能相互调和。事实上，近100年来，我们一直在试图将它们整合成单一的理论。黑洞这一概念迫使我们做出越来越大的努力：看看我们能否使现代物理学的这两大基本概念最终结合在一起。

事实证明，黑洞是一块卓越的试验田，至少是理论试验田。它们是一个供我们施展脑力的运动场，迫使我们努力突破我们的知识局限。

"黑洞"一词是在20世纪60年代杜撰出来的，到了70年代，第一个真正令人信服的证据已在掌握之中了。现在从某种意义上说，它已经有点平淡无奇了。天文学家每天都在寻找新的黑洞，现在他们能看到时空中的涟漪。当两个黑洞碰撞并发生并合时，我们可以测量这对天文系统的行为的影响。黑洞最初被想到时人们曾认为它是一种可能存在的奇怪的东西，而现在它已经是宇宙的一个特征了，我们完全认为这是理所当然的。

戴维·凯泽，
麻省理工学院物理学家

引力的作用

引力阱是描述黑洞周围的时空如何弯曲的一个模型。时空被表示为一个二维曲面，但它实际上是三维的，而曲线是绕着一个球体弯曲的，而不是起着像漏斗那样的作用。

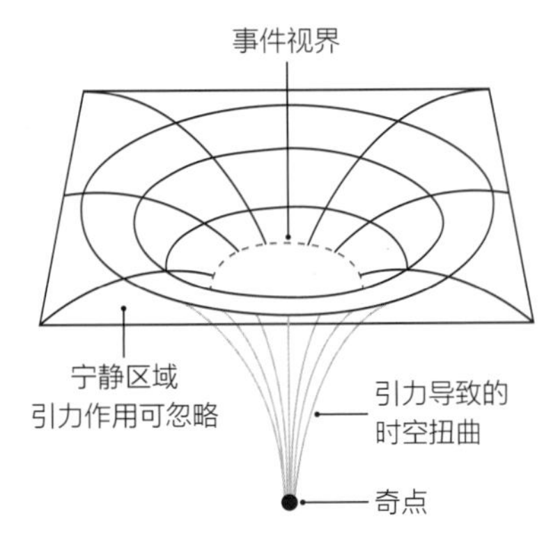

不过，像人马A*这样的大质量黑洞对时间流逝的影响要大得多。在它的事件视界上，时间被如此扭曲，以至于会被挤压到突然停止。假设观察一个物体从黑洞外面掉进去，你永远不会看到它越过事件视界，它将被冻结在时间里，只会非常缓慢地从你的视野中消失。如果你掉进人马A*，那么你对时间的体验将是正常的，你在越过事件视界进入黑暗深渊之前会看到自己身后的宇宙在快速变化。这是同一事件的两个同样真实而又截然不同的版本，如此令人费解，以至于许多理论物理学家难以相信这样的现象真的存在——理论上是可能的，但在现实宇宙中是不可想象的。

对页上图：出版物中的“黑洞”一词最早出现在1963年发行的《生命与科学新闻》（*Life and Science News*）杂志上，随后出现在1964年1月发表的这篇文章中。

下图：黑洞从恒星那里剥夺物质，形成一个旋转着的吸积盘，这个吸积盘被加热并产生电磁辐射。

解锁黑洞的秘密

戴维·罗萨里奥，杜伦大学天文学家

从在银河系令人难以想象的暴力下的降生，到我们今天看到的这位年老的巨人，这就是人马A*的故事。在过去几十年里，像钱德拉X射线天文台和费米伽马射线空间望远镜（简称费米望远镜）这样的探测器填补了黑洞故事的最后几个片段，使我们对黑洞的理解更进了一步。但是，我们还远未揭开银河系以及这些超大质量黑洞的所有秘密。

爱因斯坦重新思考了宇宙的结构，认为它不是静止的，而是有点像流体，会在有质量的物体周围发生弯折和扭曲。我们将这种"流体"称为时空，它是空间与时间的结合。爱因斯坦的洞察力在于他意识到时间和空间是彼此紧密相连的。有质量的物体会使空间弯曲，还会影响时间的流逝。它会使时间变慢，而如果你在一个大质量黑洞的事件视界上，就会发现时间被扭曲得很厉害，以至于它会被挤压到突然停止。如果你看到一颗恒星落入人马A*，那么你实际上并不会看到它越过事件视界。相反，你会看到它变红、被冻结，然后最终消失在你的视线之外。

在时空中创造这口深井的并不是质量的大小，而是物质的密度。如果你能把某种物质挤压到足够高的密度，那么任何东西都可能变成黑洞。如果太阳被压缩成直径为6.4千米的一个东西，那么它就会变成一个黑洞。如果你把整个地球挤压成一个雪球那么大，那么它也会变成宇宙中的一个黑洞。大多数黑洞是由坍缩的大质量恒星死亡后形成的，但从来没有一颗恒星的质量足以直接形成一个超大质量黑洞。变成年轻的人马A*的天体是一颗恒星，其质量最多是现在质量的十万分之一。它必须长大，幸运的是它的食物很充足。

相对论喷流

当恒星被黑洞吸收时，粒子和电磁波构成的喷流会以接近光速的速度喷射出去，它们可以在太空中延伸数千光年。

事件视界

这是环绕一个奇点的区域的半径，物质和能量在此处都无法摆脱黑洞的引力。

光子球

光子从黑洞附近的热等离子体中发射出来。黑洞会使这些光子的轨迹弯曲，从而形成一个明亮的环。

奇点

黑洞的中心，这是物质在一个无限致密的区域中坍缩后形成的。

吸积盘

由过热气体和尘埃构成的盘，它以极快的速度绕着黑洞旋转，从而产生电磁辐射（X射线、光子、红外线和射电波），这些辐射揭示了黑洞的位置。这些物质中的一些注定会穿越事件视界，但大多数将被推出，形成喷流。

最内部的稳定轨道

一个吸积盘的内缘是物质能够安全地沿轨道运行的最后一个地方，在这里不会有越过临界点的风险。

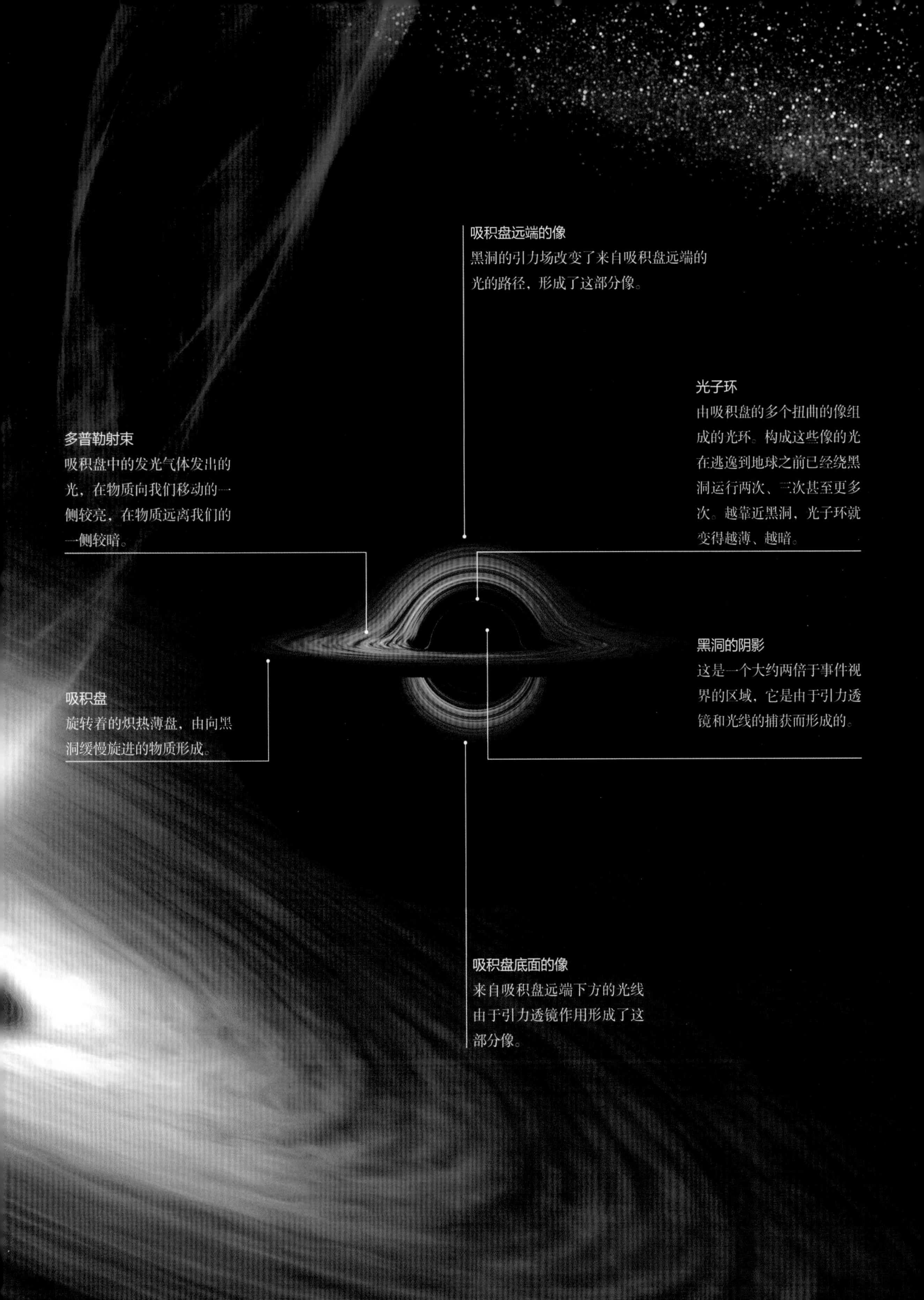

吸积盘远端的像

黑洞的引力场改变了来自吸积盘远端的光的路径，形成了这部分像。

光子环

由吸积盘的多个扭曲的像组成的光环。构成这些像的光在逃逸到地球之前已经绕黑洞运行两次、三次甚至更多次。越靠近黑洞，光子环就变得越薄、越暗。

多普勒射束

吸积盘中的发光气体发出的光，在物质向我们移动的一侧较亮，在物质远离我们的一侧较暗。

黑洞的阴影

这是一个大约两倍于事件视界的区域，它是由于引力透镜和光线的捕获而形成的。

吸积盘

旋转着的炽热薄盘，由向黑洞缓慢旋进的物质形成。

吸积盘底面的像

来自吸积盘远端下方的光线由于引力透镜作用形成了这部分像。

在黑暗中看见

寻找宇宙中最黑暗的天体绝非易事。黑洞吞噬靠近它的一切，其中也包括光，这使得天文学家不可能直接观测到它，但这并没有难倒他们。当理论物理学家用他们的方程描绘黑洞的特征时，天文学家开始从这些怪兽边缘出现的线索中寻找它们存在的证据。

1964年，在天鹅座中发现了一个大质量天体X射线源，这是证明黑洞可能存在的第一条物理证据。这是由新墨西哥州白沙导弹试验场所发射的探索性亚轨道火箭所搭载的盖革计数器在大气层外探测到的。在地球上无法探测到源于天体的X射线，因为它们被大气阻挡了，但在Aerobee火箭的帮助下，人们首次绘制了天空的X射线分布图。

后来定名为天鹅X-1的天体是有史以来人们观测到的最强的X射线源之一，它的发现表明存在一种将气体加热至数百万摄氏度的天文现象。X射线辐射的确切来源当时并没有被立刻搞清楚。1974年，斯蒂芬·霍金在与朋友兼同行基普·索恩的一份赌约中押注这不是一个黑洞，此事已众所周知。直到1990年，霍金才承认证据（尽管是间接的）已经压倒性地支持天鹅X-1是一个黑洞，他认输了。我们现在相信天鹅X-1是一个质量是太阳质量的21倍的黑洞，而且有一颗名为HDE 226868的巨大蓝星围绕其中心每5.6天旋转一圈。最初，这个恒星系统是由两颗这样的恒星组成的，它们在引力的疯狂作用下相互绕转，但其中一颗恒星燃烧得更快，迅速度过了它的生命周期，开始膨胀。随着燃料耗尽，它抛出了它的物质。

我们现在认为，此时恒星的核心直接坍缩，形成了所谓的恒星质量黑洞，而不是在坍缩之前以大质量超新星爆发的形式结束。天鹅X-1从其邻近的恒星那里吸入气体，以其大质量邻居为食，将气体加热到数百万摄氏度，从而产生了X射线暴。这使得我们能够透过银河系窥视和研究这个黑暗巨人。

天鹅X-1属于被称为恒星质量黑洞的那一类。在夜空中观测到的X射线源中，尽管天鹅X-1也许是迄今为止被研究得最多的，但人们认为这类恒星质量黑洞远非罕见。这类黑洞的质量是太阳质量的10~24倍，人们认为它们以一种惊人的规律出现。这些黑洞很难被直接探测到，但我们可以根据质量大到足以产生这种黑洞的恒星的数量来估计它们出现的频率。这种快速而粗略的计算表明，仅在银河系中就可能有10亿个这样的黑洞。在银河系中还可能有其他两类黑洞——微型黑洞和中等质量黑洞。前者存在的证据完全来自理论，而后者的存在仍在激烈的争论中。许多研究人员确信，这种中等质量黑洞是必定存在的，它们的质量高达太阳质量的10万倍。

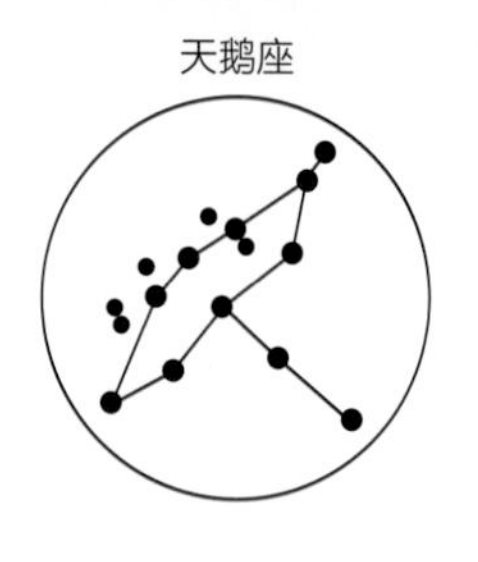

左图：天鹅X-1是高能天文台-2/爱因斯坦天文台于1980年观测到的第一个天体。

对页图：美国国家航空航天局从新墨西哥州的白沙导弹试验场发射了一批探空火箭，1963年拍摄于当地。

右图：两个黑洞在一个组合而成的吸积盘中相互绕转。它们最终会并合，导致引力波的产生。

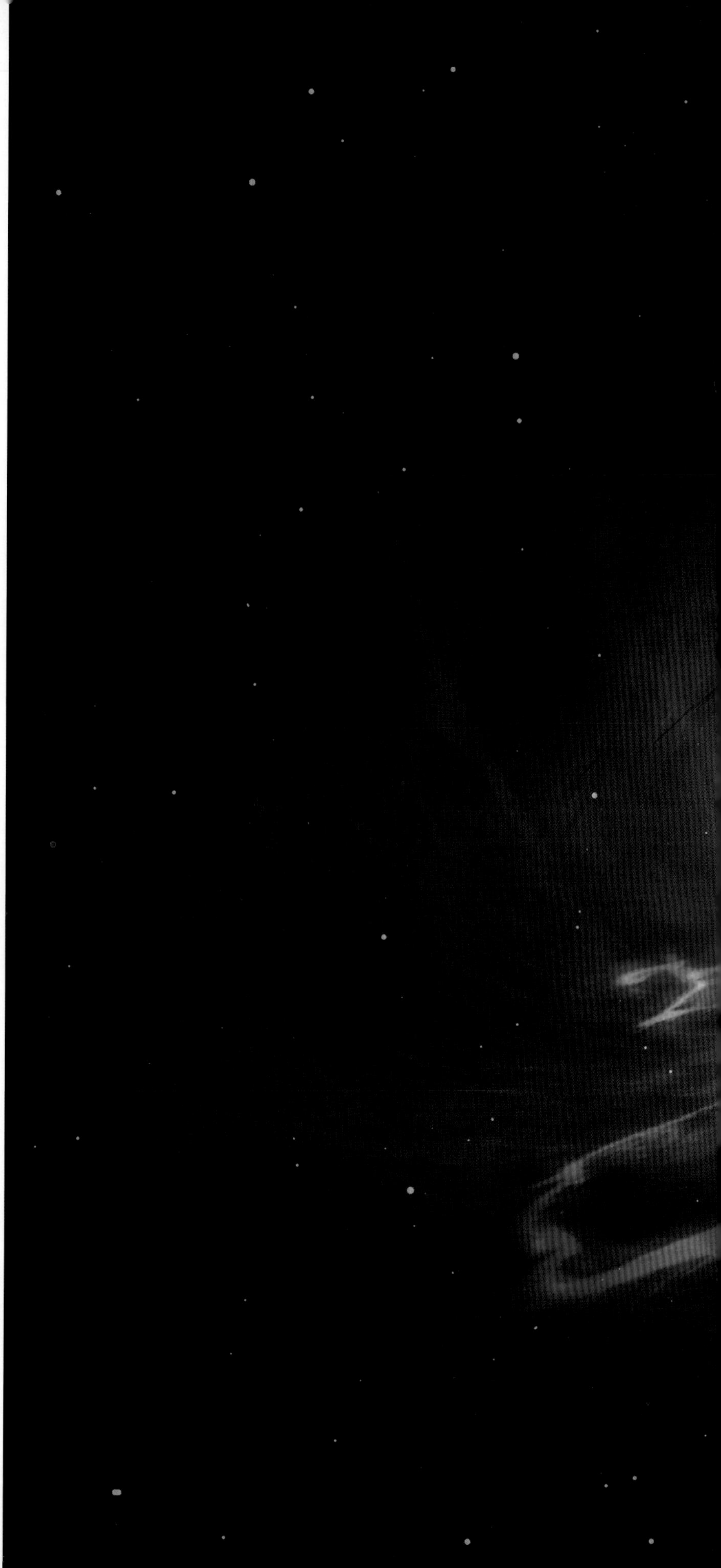

X射线双星系统

物质从一颗恒星转移到一个沿轨道运行的、已坍缩的恒星核（比如黑洞），形成一个吸积盘。这颗坍缩的伴星的密度是如此巨大，以至于吸积盘中物质的高速旋转产生了X射线。引力中点由8字形环（即洛希瓣）标记。

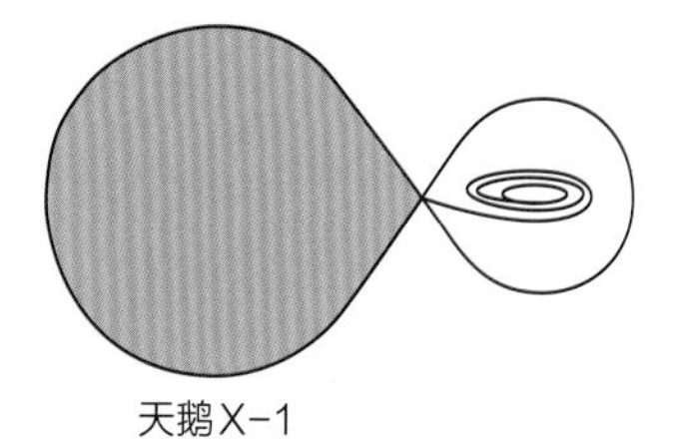

天鹅X-1

我们相信，超大质量黑洞位于每个大型星系的中心，也包括我们自己的星系。超大质量黑洞的质量通常比太阳的质量要大数百万倍甚至数十亿倍，它不会仅仅由于单颗恒星的坍缩而产生，从来没有一颗恒星的质量大到足以制造出这样的怪兽。要想变得如此之大，其生命故事需要经历一个截然不同的历程。

虽然今天的人马A*是一个超大质量黑洞，但在130亿年前，在它诞生后不久，它看上去还是一只小得多的怪兽。人马A*诞生在一片年轻恒星聚集的区域，其直径只是周围恒星直径的几分之一，但外表可能具有欺骗性。尽管尺度较小，但巨大的质量意味着这个新生黑洞凭借强大的引力可以开始捕食附近的任何东西。最初被吸引到黑洞的可能只是些气体和尘埃，任何漂移得太近以致没有机会逃脱的零散物质都会缓慢地成为这头怪兽的食物。但这只是一个开始，因为这个黑洞的胃口会迅速升级，它不仅开始吞噬尘埃和气体，还开始吞噬任何离得太近的恒星，将它们撕碎并变成一股物质流。这就是我们所认为的黑洞生长方式：消耗它们周围的物质，抓住它们的引力范围内的任何东西，并将其拽入黑暗之中。

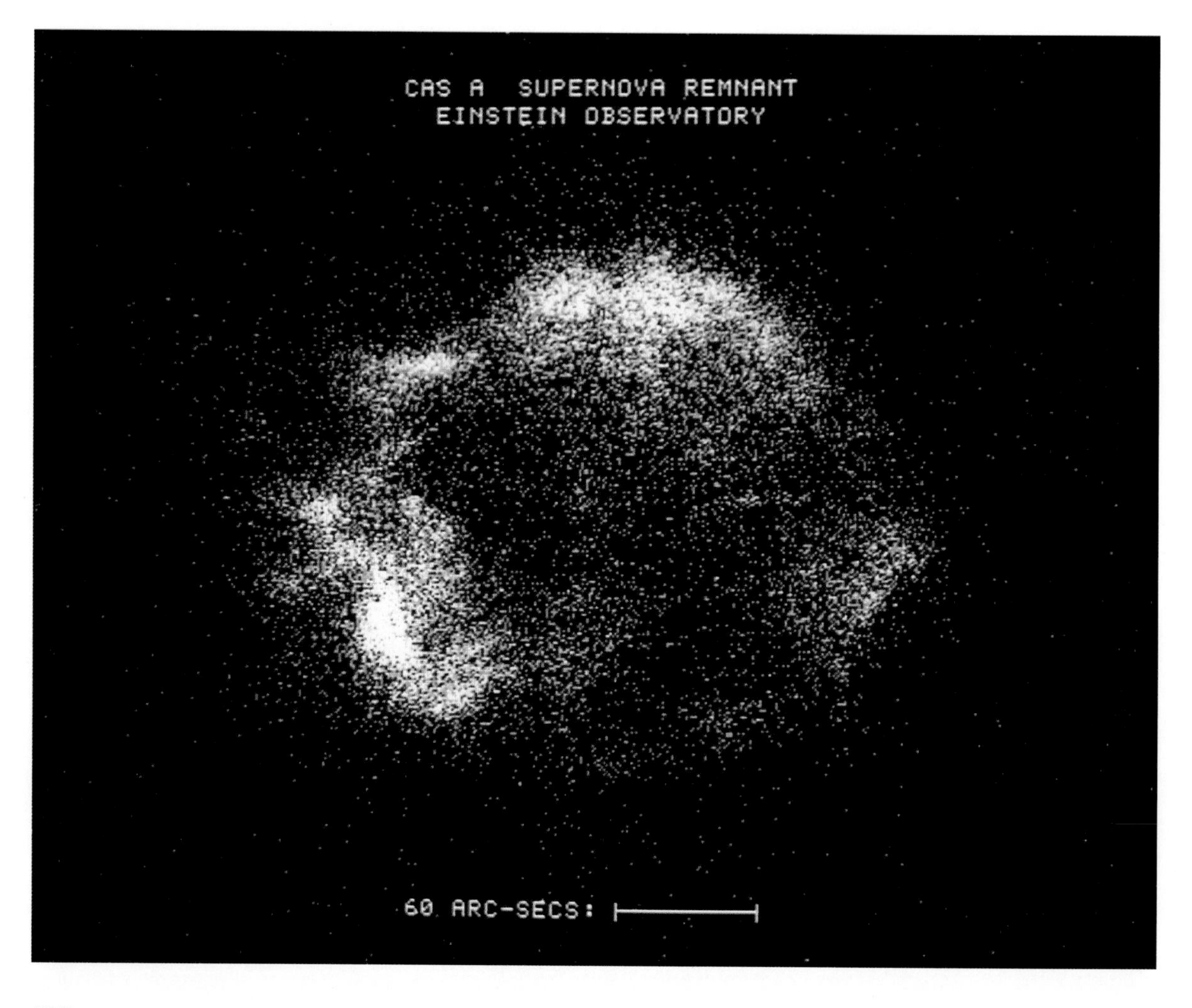

对页图：仙后座A（超新星残骸）的X射线图像，显示了不断膨胀的壳层以及在那之外的冲击波。

下图：2015年，在爱因斯坦提出预言约100年之后，激光干涉引力波观测台探测到了黑洞碰撞所产生的引力波。

然而，即使一个黑洞吞噬了大量恒星和行星，外加一些小行星，我们也认为它不可能变成像人马A*那样的超大质量黑洞。单靠恒星和星尘还没有足够的物质让黑洞长得足够大、足够快。虽然一个相对较小的黑洞如何变成一个超大质量黑洞一直是一个未解之谜，但通过寻找爱因斯坦早在1916年首次预言的一种奇怪现象，我们终于找到一个答案了。

引力波可能存在是爱因斯坦的广义相对论给出的一个奇怪预言。就理论而言，时空中的这些涟漪是由宇宙中最猛烈、最宏大的事件造成的，它们会以光速向各个方向传播。找到一列引力波，其中就会有关于其起源的线索，这些信息将使我们能够深入研究和理解那些最罕见的宇宙事件。在接下来的大约100年里，天文学家一直在寻找引力波存在的证据，但探测一种不可见的波从来就不是一件易事。当这些涟漪中的一个到达地球时，它会对宇宙的结构造成微小的扰动，以尺度为原子核的几百分之一的波摇晃时空。爱因斯坦预言这些引力波存在的间接证据在对双脉冲星这种罕见的恒星系统的研究中慢慢显现出来，这是两颗互相绕转的脉冲星，但当时直接探测这些引力波仍然非我们的能力所及，直到进入21世纪才逐渐有了希望。

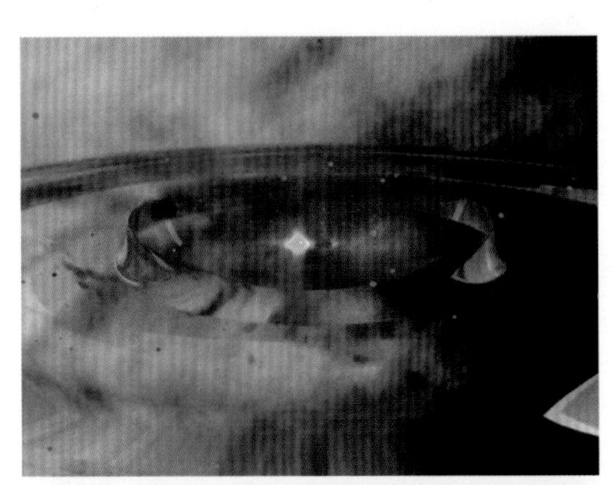

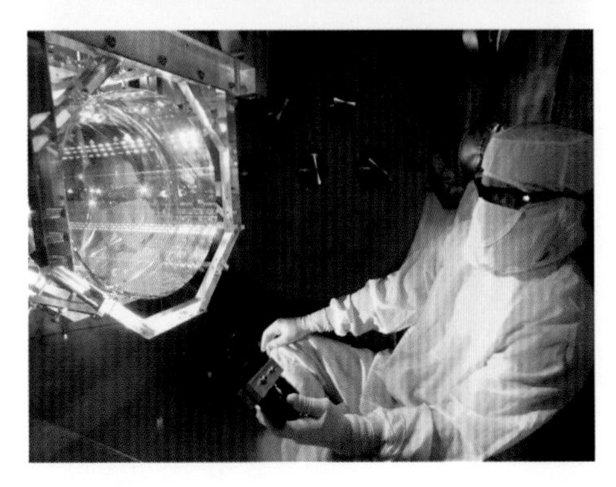

直到建成科学史上最具雄心的天文台之一，我们才最终取得了突破。激光干涉引力波观测台（Laser Interferometer Gravitational-wave Observatory, LIGO）由两个相距3000千米的探测器组成，其中一个建在华盛顿州，另一个建在路易斯安那州。激光干涉引力波观测台的每个探测器由两条臂组成，每条臂长4千米，容纳了一些经过精确校准的激光器，用于捕捉宇宙结构中最细微的波纹。经过多年的改进以及有时看起来似乎是失败的努力，激光干涉引力波观测台于2015年9月探测到了第一列引力波。这一事件使我们得以窥视到13亿光年之外的地方，并首次目睹了两个黑洞的碰撞。从那时起，激光干涉引力波观测台和欧洲与之对标的室女座引力波探测器已经能够对产生引力波的那些事件进行多种多样的观测，其中多次涉及黑洞碰撞。

黑洞似乎远非孤独的怪兽。激光干涉引力波观测台提供了令人信服的证据，表明黑洞的生长不仅依靠吞噬恒星和星尘，还依靠吞噬其他黑洞。这使我们能够描绘出人马A*从新生黑洞演化到超大质量黑洞的新图景。

底图：一名技术人员正在检查激光干涉引力波观测台的一个核心光学器件（反射镜），以掠射角照射的光照亮了它的表面。

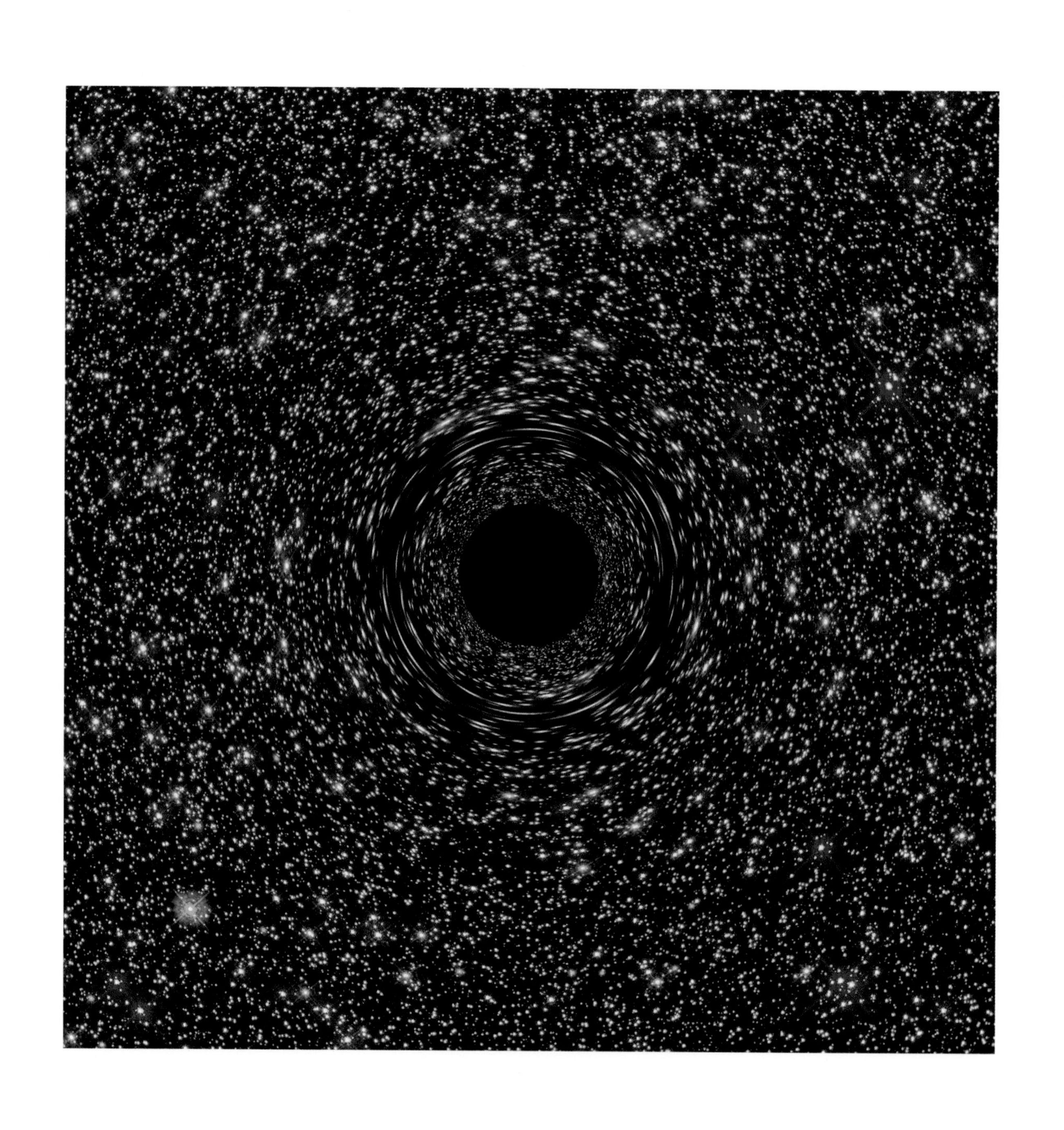

上图：位于银河系中心的超大质量黑洞，其强大的引力就像一面哈哈镜，扭曲了周围的空间。

人马A*在诞生时不仅被一些恒星包围着，还有一些志趣相投的伙伴——其他黑洞在它的附近旋转。人们相信，在某个时刻，另一个黑洞距离年轻的人马A*足够近，它们在引力的作用下相互绕转，在强大引力的求爱炫耀中相互拉扯，被锁定在无法逃脱的旋转之中。这场舞蹈只会以一种方式结束，即它们以光速的一半冲向对方。

它们以一种令人难以想象的力量相遇并盘旋着靠近，由此导致的并合会使人马A*比以往任何时候都更大、更可怕，它的质量可能会翻倍。这个刚刚壮大的黑洞具有更加强大的引力，能从周围的恒星和尘埃云中吸入更多的物质，也许还会与其他黑洞发生多次碰撞，逐渐成为银河系中心的主导力量。

使人马A*逐渐变成如今这个庞然大物的并合发生在数十亿年前，黑洞并合所产生的涟漪早已荡然无存。自2015年激光干涉引力波观测台取得首次突破以来，我们一直在探测宇宙中其他黑洞并合时所产生的时空涟漪。其中最强的信号是在2019年5月探测到的，我们将其命名为GW190521。在天文学家称为“可能是我们所知的宇宙中最大的爆炸”的事件中，两个巨人相互撞击（一个为太阳质量的85倍，另一个为太阳质量的66倍），由此产生的黑洞质量是太阳质量的142倍。简单的快速心算就会告诉你，还有质量为太阳质量9倍的物质下落不明。不过，这些物质并不是真的消失了，而是以能量的形式在宇宙中回响传播，引力波携带着这一事件的回声经过70多亿年，在2019年5月21日上午抵达了地球，而我们早已研获的技术正在等待着聆听这一事件的回声。

我们仍在努力应对这一非凡观测的所有结果，但这一发现和其他类似的发现开始帮助填补我们关于黑洞演化过程的理解的空白。从向我们展示中等大小的黑洞存在的第一个迹象起，到揭示黑洞演化可能包括跨越数十亿年的多重并合，这个黑洞在通往超大质量状态的道路上经历了许多中间阶段，正如有些像人马A*这样的黑洞是由恒星质量黑洞生长而来的。

人马A*以这种方式进食到了成年，它不仅改变了自己，还改变了围绕着它的那个星系。随着它的质量和能量的增加，它能够吸引更多的恒星和星尘进入其引力范围，但这些恒星和星尘的距离不够近，因而没有被吞噬，而是保持在缓慢绕转的轨道上。这将把一群未成形的矮星系和星团转变成一个旋涡星系——以人马A*为核心的壮观的银河系。人马A*比宇宙中任何恒星的质量都要大得多。人马A*并非独一无二，我们现在认为几乎每个大星系的中心都有一个超大质量黑洞。在过去的几年里，我们终于得以窥见其中一头怪兽的真实样子。

银河系的创造者

我研究的是超大质量黑洞——质量比太阳大10亿倍左右的黑洞。这听起来好像很大，但与星系相比，超大质量黑洞实际上是一种相对较小的天体。10亿倍太阳质量黑洞的事件视界大约相当于太阳系。如果你将超大质量黑洞与其所在的巨大星系相比较，那么这就像将葡萄与地球相比较。我们说的是尺度上10亿倍的对比。不过，这个星系中心的那颗小小的“葡萄”绝对可以决定这个星系的演化。因此，在成千上万光年的距离里，这个太阳系大小的物体正在塑造着天体的演化。

为了形成一个10亿倍太阳质量黑洞，必须释放出的引力势能超过整个星系的束缚能的大约100倍。因此，即使必须释放出来并使黑洞生长的能量只是其中一小部分，这一部分能量与银河系周围环境的结合也会使黑洞本身对整个银河系的演化产生着实深远甚至是主导性的影响。我们认为黑洞在很多方面是宇宙交响乐的管弦乐演奏者，它通过一种称为黑洞反馈的过程来起到这一协调作用。它释放出如此多的能量，而这些能量必须去往某个地方。事实证明，能量是星系演化的许多主要方面的最终驱动力。

格兰特·特伦布莱，
哈佛-史密松天体物理中心
天体物理学家

凝视深渊

这张引人注目的照片是我们得到的第一幅黑洞照片。这幅照片在2019年4月发布之前一直被认为是不可能拍摄到的。一个国际科学家团队花了10多年时间才描绘出这个超大质量黑洞的轮廓。这个黑洞距离地球5300万光年，位于巨大的椭圆星系梅西叶87（简称M87）的中心，其质量是太阳质量的65亿倍。要拍到它，需要建造一个几乎与地球本身一样大的望远镜。这架望远镜被称为事件视界望远镜（Event Horizon Telescope, EHT），是由多架地面射电望远镜组成的全球网络，它们共同进行观测，构成了一架巨大的虚拟望远镜，具备观测宇宙最深处的能力。

事件视界望远镜采用了一种称为超长基线干涉测量的技术，该技术使由构成阵列的8台小型望远镜同步，在同一时间全部聚焦于同一个天体。这架虚拟望远镜的有效孔径相当于两个相距最远的望远镜之间的距离，也就是从南极洲的阿蒙森-斯科特科考站到位于西班牙内华达山脉中的IRAM望远镜之间的距离。事件视界望远镜的孔径接近地球直径，因此能够更深入地观察黑暗区域，以比地球上的任何单架望远镜更高的分辨率捕获更多的光。这项大规模国际合作始于2009年，开始时这架望远镜有两个主要观测目标。第一个目标是人马A*，它距离地球仅26000光年，似乎是显而易见的首选。不过，尽管它的大小和距离都很合适，但我们观察它的视线会被环绕银河系中心运行的气体和尘埃所阻挡，任何图像都会被这种污染物所遮蔽，即便采用射电天文手段也是如此。

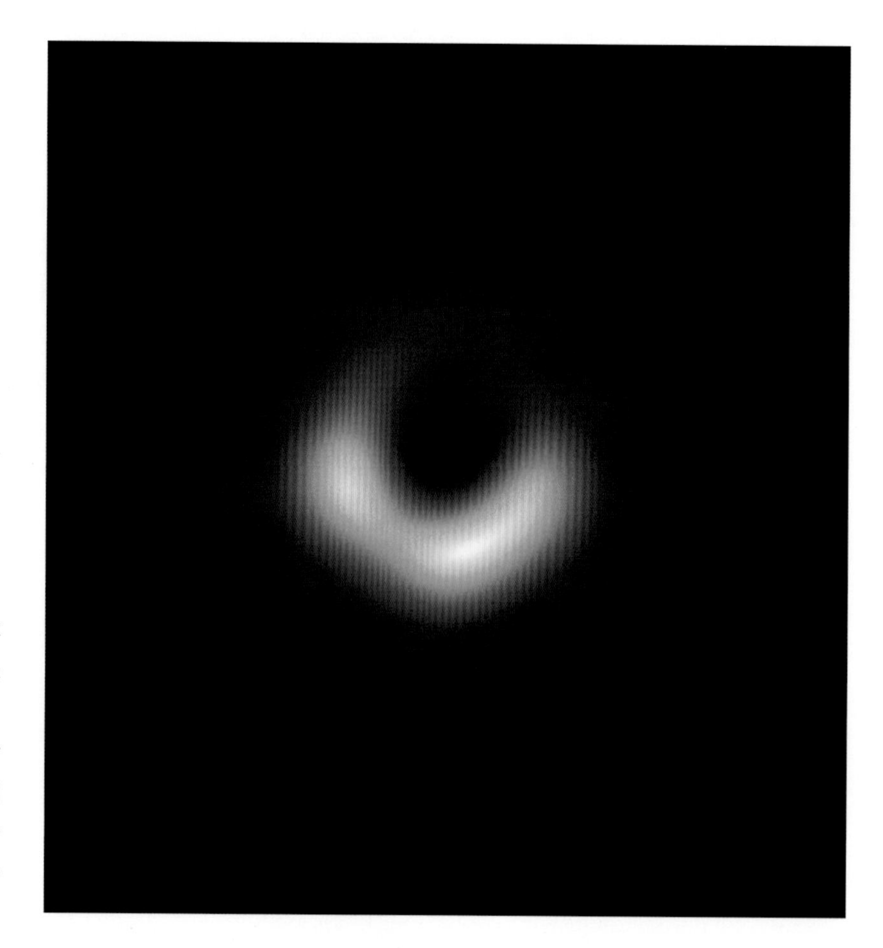

右图：第一幅黑洞图像，这是事件视界望远镜拍摄的位于M87星系中心的超大质量黑洞的图像。

对页图：阿塔卡马沙漠中的阿塔卡马大型毫米波/亚毫米阵列（Atacama Large Millimetre/submillimetre Array, ALMA）是事件视界望远镜的关键组成部分。

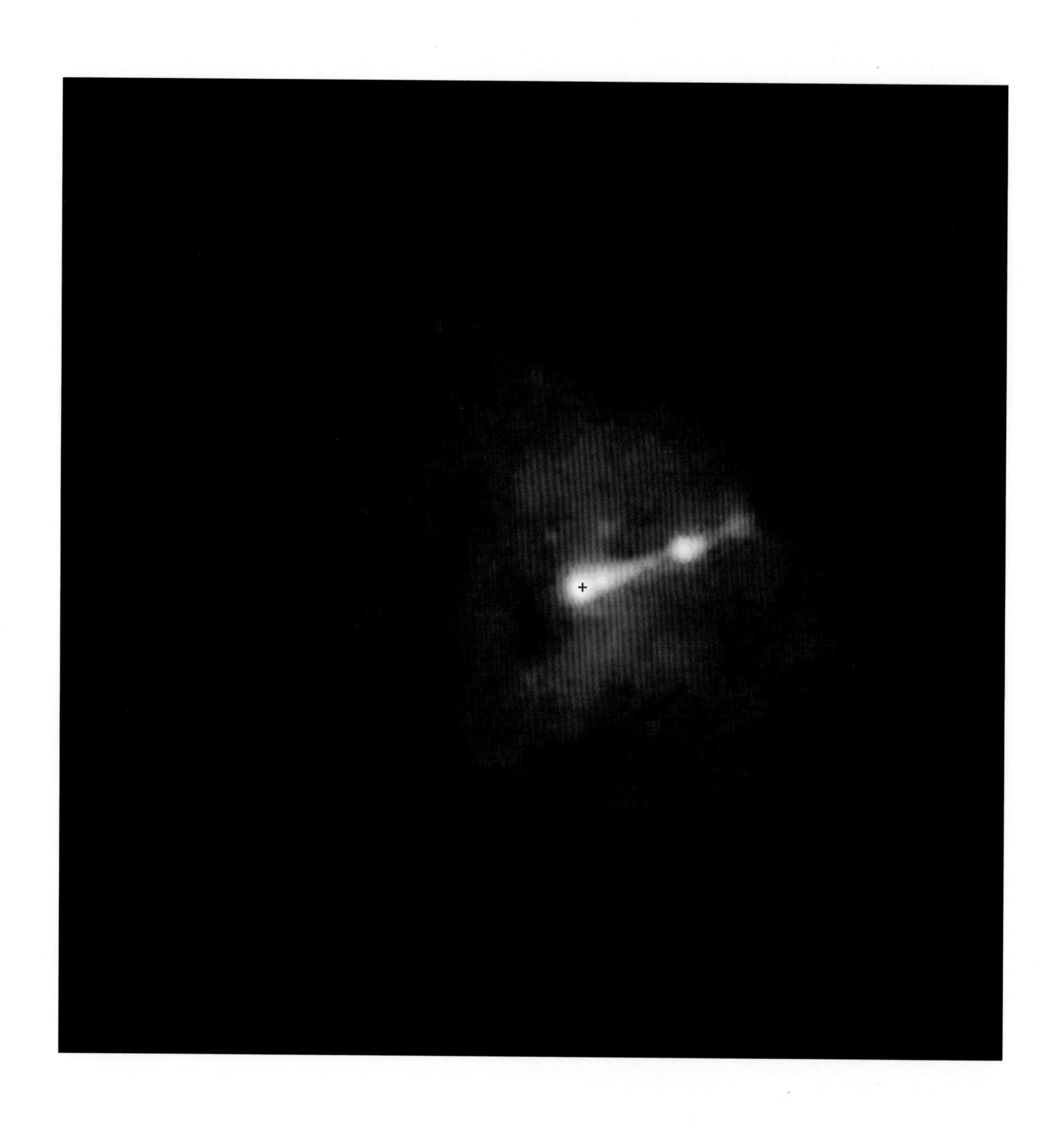

上图：利用钱德拉X射线天文台，结合事件视界望远镜的射电图像研究M87中心的超大质量，以了解其事件视界的更多信息。

凝视黑暗

即使使用了事件视界望远镜，我们也无法直接观测到黑洞，这是因为它实际上被遮蔽了。根据黑洞的定义可知，黑洞被事件视界所隐藏，这是时空中的一种因果上的不连续。黑洞的的确确是黑的，我们能观测到的是黑洞周围的物质受到的巨大影响，其中一种方式是我们利用事件视界本身。光子环是那些绕着事件视界运动、注定会消失的气体的最后轨道。

关于黑洞，真正令我伤透脑筋的是它们不仅扭曲了空间，而且扭曲了时间。事实证明，所有物质都是如此。我此刻就在扭曲自己周围的空间和时间。你也在做同样的事情，所有有质量的物体都在这样做，黑洞却以一种非常极端的方式行事。假设你坐在一艘不可能被制造出来的宇宙飞船中，免受辐射，而且在黑洞周围还能活着。你将一个指针不停转动的怀表扔向黑洞，当它落向事件视界时，你就会看到怀表的秒针越走越慢，越走越慢。当它到达事件视界时，你会看到秒针停止转动了。时间确实停在事件视界的表面，一切都被永远冻结在那里。

格兰特·特伦布莱，
哈佛–史密松天体物理中心
天体物理学家

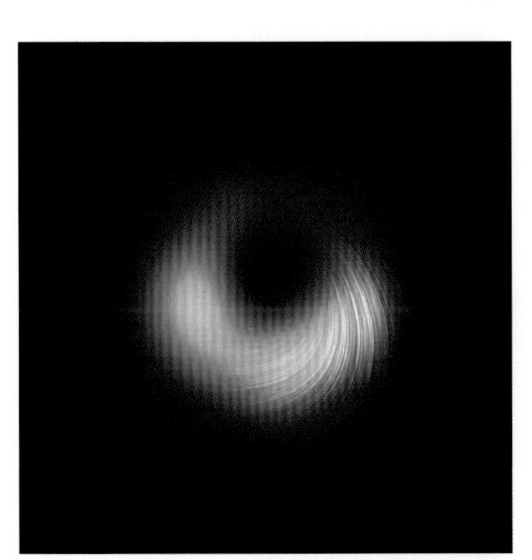

上图：事件视界望远镜以偏振光方式拍摄的M87中心的超大质量黑洞的照片。图中的这些线表示磁场的偏振方向。

第二个目标是M87。这个星系被认为包含迄今为止人们发现的最大的超大质量黑洞之一，它比人马A*大得多。M87也是一个主要目标，原因是它也被认为是高度活跃的。从理论上来看，它吸入物质时会产生更明亮的光晕，足以被事件视界望远镜拍摄到。

组成事件视界望远镜的各架望远镜都以原子精度同步。随后研究人员在2017年4月选择了一个为期10天的时间窗口，在此期间将有效分辨率比哈勃空间望远镜高4000倍的望远镜指向M87的中心。幸运的是，在这段时间内，8个观测点恰好有4个晴天，因而事件视界望远镜能够获取无与伦比的数据量——5拍字节信息，然后由美国和德国的两个独立团队加以处理。

我们得到了有史以来所拍摄的最具历史意义的宇宙图像之一。这幅图像中有我们想看到的东西，但它更多地揭示了我们看不到的东西——一个超大质量黑洞的轮廓，一个两侧不匀称的光环揭示了它的形状，这是物质坠入深渊时发出的过热光芒。

当然，我们无法直接看到黑洞，因为事件视界消失在无法穿透的黑暗之中，藏在图像中心的某处。我们能看到的是黑洞周围的明亮圆盘，它被称为吸积盘，是一个环绕事件视界、外围发光的气体环。看看这张照片，你看到的是一个质量是太阳质量的65亿倍的黑洞。大量的气体和尘埃以螺旋方式进入其中，被加热并释放出大量辐射。这些辐射在宇宙中快速传播，使我们能够在很远的地方拍摄到它们。

自开始撰写本书以来，历史上著名的M87中心黑洞的第一幅图像已经更新了。2021年3月，事件视界望远镜团队发布了一幅新图像，其中添加了偏振光。偏振光不仅给图像增添了一种微妙的美，还为我们提供了关于超大质量黑洞周围磁场行为的首个指示。它的磁场强度是地球磁场强度的50倍，光的旋涡状图案可以清楚地显示该磁场是有序的。这一点很重要，因为它开始帮助我们理解超大质量黑洞如何向周围的星系中释放强大的物质喷流，这些喷流是由磁场发射和导向的。

就在我们的眼前，我们不仅看到了这些不同寻常的怪兽的力量，而且看到了每一个超大质量黑洞对其宿主星系的引导作用。它们释放出巨大的物质喷流，塑造着它，滋养着它，最终不仅驱动了星系的演化，还驱动了星系内每一颗恒星和行星的演化。超大质量黑洞通过它们与环境的相互作用以及它们所涉及的极端能量，可以影响整个星系的演化和命运，其中包括我们自己的星系。

更靠近我们的家园

人马A*的故事可能要追溯到大约130亿年前，但我们了解到的关于银河系中心黑洞的故事远比那个时候开始得晚。它始于美国人卡尔·詹斯基的工作，他是一位工程师、射电天文学的先驱。20世纪20年代末，他在贝尔实验室中工作时得到了一个意外的发现。詹斯基使用他制作的一架30米宽的巨型天线来探测频率为20.5兆赫的无线电波。詹斯基开始扫描天空以搜寻信号，他将天线安装在4个一组的福特T型车轮上，这样天线就可以精确地指向任何方向。经过数月的观测，詹斯基被一种他无法解释的神秘信号吸引住了，那是“一种来源不明的稳定的咝咝声”。虽然这架天线接收到的几乎所有信号都可以被识别为来自雷暴（无论远近）的静态信号，但这种每天达到一次峰值的、微弱的、稳定的咝咝声无法以如此简单的方式加以解释。

在第二年的大部分时间里，詹斯基都在探索这种神秘的信号，观察到它的峰值位置以23小时56分钟的熟悉周期在天空中漂移。这个周期被称为恒星日——这是一个天文时标，与地球相对于太阳以外的恒星的自转相关。詹斯基将他的发现与各天文图表交叉对比后得出以下结论：这种信号似乎来自银河系中心深处，是从人马座方向发出的。1933年，他在一篇题为《显然源自地外的电干扰》（*Electrical Disturbances Apparently of Extraterrestrial Origin*）的论文中发表了他的研究结果，这一发现在大众媒体上被广泛宣传为可能是来自外星智慧生命的信号。詹斯基并不接受这种猜测，并希望更详细地研究这种神秘的“恒星噪声”。但他的一边是不屑一顾的天文学界（詹斯基是一位工程师，而不是一位“科学家”），另一边则是对跨大西洋通信而不是对无法解释的天文信号更感兴

左图：卡尔·詹斯基和他的天线，他所收集的数据预示着射电天文学的诞生。

下图：显示太阳和月亮赤经的天文钟。下置的两个表盘显示平均太阳时和平均恒星时。

底图：雷暴释放静电，射电望远镜会将其记录下来。

趣的雇主。詹斯基生活在夹缝之中，几乎没有得到任何支持来推进他的发现。在聆听到银河系中心的黑暗秘密之后，詹斯基的发现在接下来的40年里都没有取得丝毫进展。

直到1974年，詹斯基发现的“来源不明的稳定的咝咝声”才开始泄露更多的秘密。在美国国家射电天文台工作的天文学家布鲁斯·巴利克和罗伯特·布朗开始使用位于西弗吉尼亚州的绿岸35千米无线电中继干涉仪研究这一神秘的射电源。随着射电天文学的进步，巴利克和布朗得以观察到人马A*发出的信号是由许多不同成分重叠组成的，但其中一个特别突出。1974年2月13日和15日，这两位天文学家在银河系中心发现了一个小核心，它发出的射电波远比其他任何地方的都要强烈。他们接着将这一高强度的无线电发射源命名为人马A*，这里用星号“*”表示这一发现带来的“激动”。物理学家在描述原子的时候，通常用这个符号来表示电子的“激发态”。

我们终于开始将注意力集中在位于银河系中心的这个神秘天体的身份上。天文学家的视野中现在有了一个更明确的目标，因此可以开始探索人马A*的来源，并开始试图理解其特征。20世纪70年代末，加州大学伯克利分校的一个团队开始使用红外望远镜透过遮蔽银河系中心的尘埃进行观测。他们测量了旋转着的电离氖气体云的速度，从而能够估计出这些气体（以及一大群恒星）看上去所绕转的那个区域的质量。他们通过计算得到的令人惊奇的结果仅指向一个方向——银河系中心的一个微小空间中包含着大约相当于300万个太阳的质量（现在知道是430万倍太阳质量）。如此小的空间内竟然包含着如此大的质量，这强烈地表明了那些射电波是由一个超大质量黑洞产生的。尽管有着不断增加的证据，但要想获得实质性证据，一劳永逸地揭示人马A*的真实身份，还需要一项获得诺贝尔奖的研究。

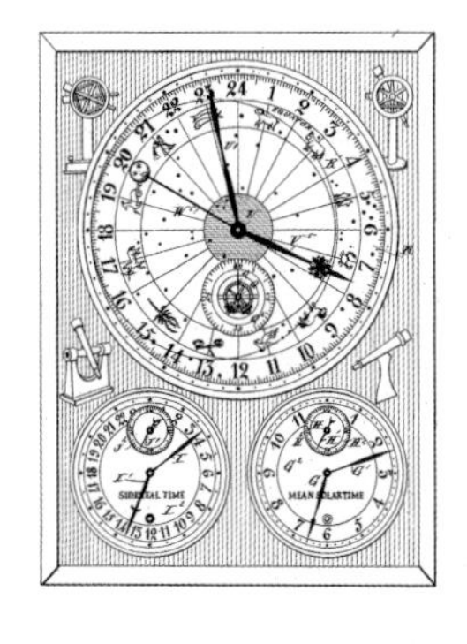

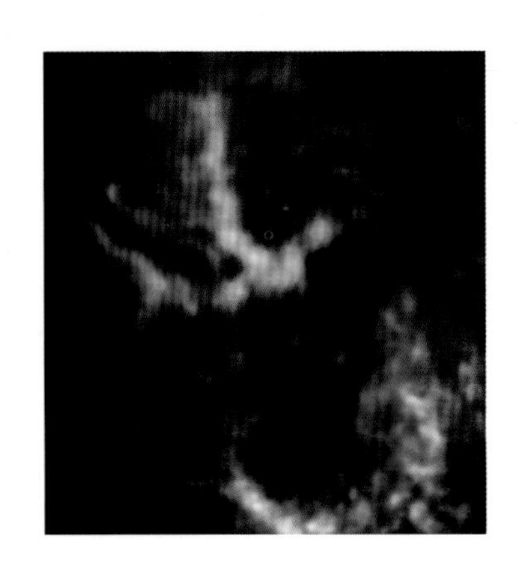

20世纪90年代，由德国马克斯·普朗克地外物理研究所的赖因哈德·根策尔和加州大学洛杉矶分校的安德烈娅·盖兹领导的一个国际天文学家团队开始研究围绕银河系中心运行的一批恒星的运动，这些恒星离银河系巨大的黑暗心脏只有几光年远。通过研究这些恒星的轨道，他们希望能够从中分辨出那里是存在着一个单独的天体（超大质量黑洞，这些恒星都在紧紧地围绕着它运行）还是存在着一组天体（恒星残骸、中子星，甚至是小黑洞，它们共同构成了人马A*的巨大质量）。从理论上讲，这一切听起来很简单，但在实践中追踪这些位于银河系中心深处的恒星并非易事。地面望远镜必须克服地球大气层的模糊效应，这会使得精确跟踪变得困难，而且空间望远镜也不适合研究这些恒星的轨道所需的长时间观测。

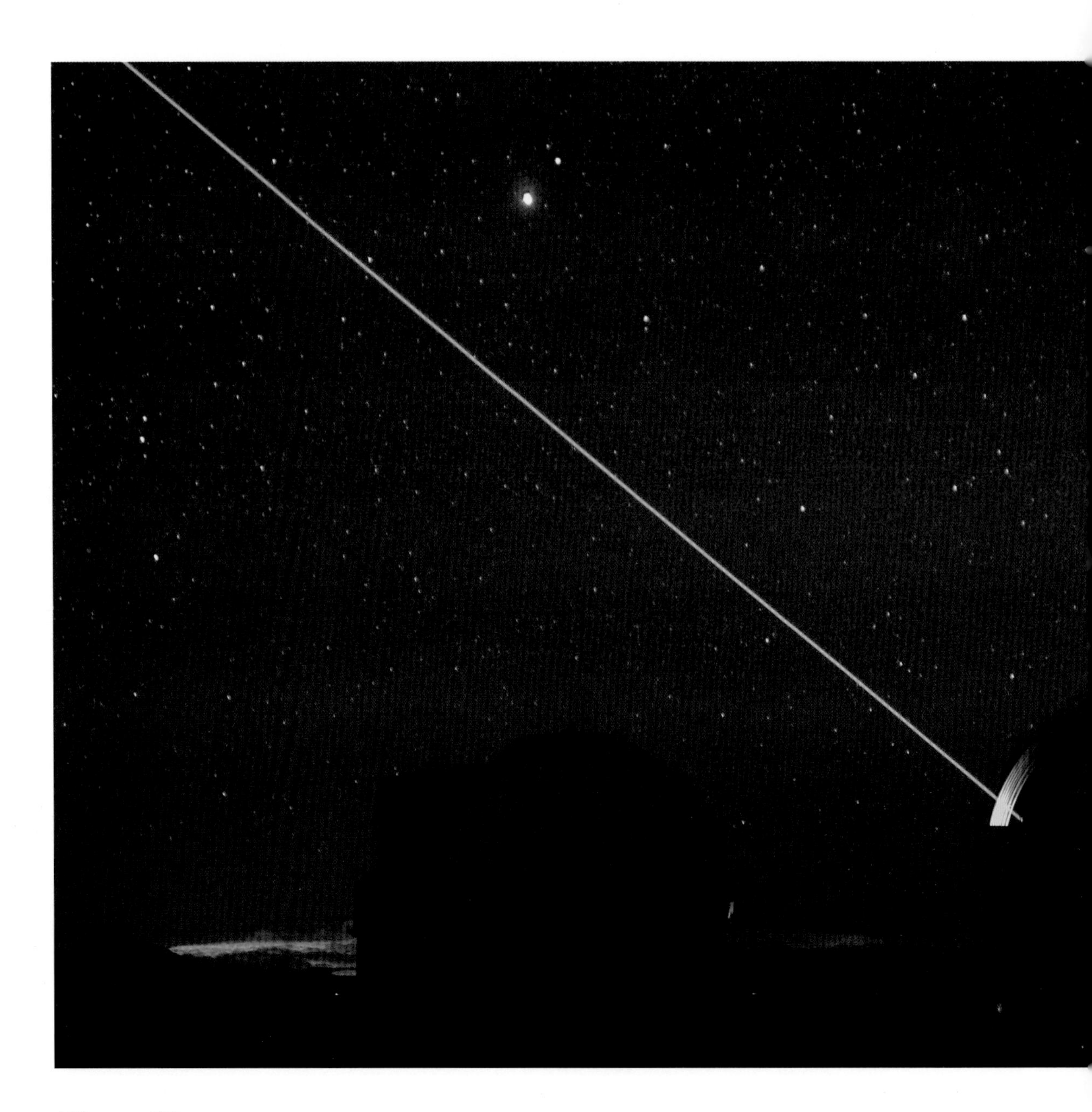

“黑洞给我们带来问题的速度远比它们吞噬物质的速度要快。”

卡尔·萨根

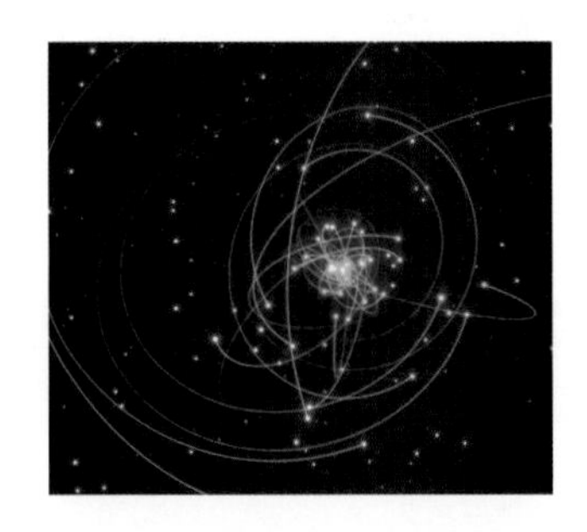

该团队利用位于智利的欧洲南方天文台的红外望远镜和位于夏威夷的凯克望远镜，花了数年时间试图克服精确跟踪这些恒星的技术挑战，但直到引入了激光导星自适应光学系统，才有了真正的突破。通过向夜空中投射激光，我们能够创建一些参考点，用强大的激光产生的“人造恒星”修正地球大气层的模糊效应所造成的偏差。2004年引入的这个系统使该团队能够观测到人马A*周围0.1光年范围内的数十颗恒星，这些恒星被称为S星，其中S2引起了人们的特别兴趣。S2每16年绕人马A*旋转一周，距离这个质量巨大的天体（我们现在知道这是一个超大质量黑洞）只有120天文单位。S2的速度高达5000千米/秒，相当于光速的1/60，是我们在宇宙中观测到的轨道运行速度最快的天体之一。

到了2008年，该团队已经描绘出了S2和其他28颗S星的完整轨道。这是他们以极高的精度测量了这些恒星的距离和速度后得出的。他们计算出人马A*的质量为431（±0.38）万倍太阳质量，而其所占的空间不超过太阳系大小。根策尔和盖兹发布的实验证据最终证明超大质量黑洞确实存在，这个结果最终为他们赢得了2020年诺贝尔物理学奖。根策尔在2009年发表在《天体物理学杂志》（*Astrophysical Journal*）上的文章的注释中断言：“银河系中心的那些恒星的轨道表明，质量是太阳质量的400万倍的物质聚集中心必然是一个黑洞，这是毫无疑问的。”比小说更离奇的是，黑洞已经从20世纪初理论上的异常发展到21世纪初的一些可观测事实。随着这一发现，黑洞探索时代真正开始了。

对页上图：ALMA图像，显示了星际气体和尘埃正在环绕人马A*（红色圆圈）高速运行。

左图：夏威夷的凯克-2望远镜投射出一束激光，在地球大气层的高处制造出一颗激光引导星。

上图：非常靠近银河系中心的超大质量黑洞的各颗恒星在轨道上运行。阿尔伯特·爱因斯坦预言了这些轨道的存在。

创世故事

“有知识在任何情况下都比无知要好。”

恩里科·费米

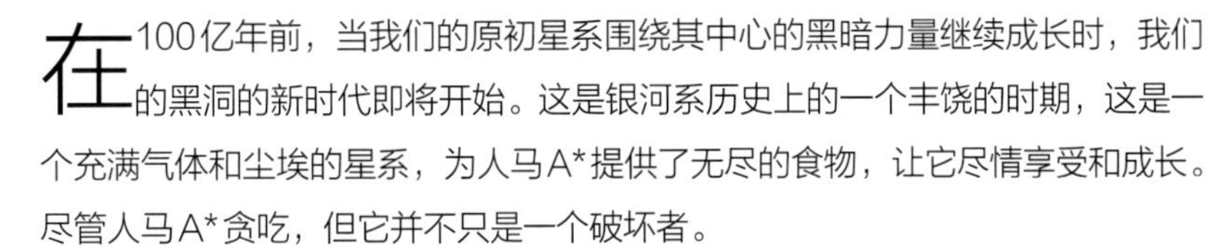

在100亿年前，当我们的原初星系围绕其中心的黑暗力量继续成长时，我们的黑洞的新时代即将开始。这是银河系历史上的一个丰饶的时期，这是一个充满气体和尘埃的星系，为人马A*提供了无尽的食物，让它尽情享受和成长。尽管人马A*贪吃，但它并不只是一个破坏者。

在宇宙中，创造和毁灭往往是同时发生的，黑洞也不例外。当黑洞吸入其引力范围内的大量宇宙物质时，并不是所有的物质都越过事件视界消失了。它们中的大部分留在外面，形成绕着黑洞旋转的云团，几乎可以肯定其模式反映了我们所看到的M87中心黑洞的图像。就像M87中心黑洞一样，人马A*周围的物质晕也会很不平静。在剧烈活动期间，这个物质晕会是狂暴和变化无常的，而围绕它旋转的强大磁场能够抛出大片的这种物质。物质沿着黑洞的磁极被喷射出去，产生冲过银河系的巨大喷流。如今，这个物质晕平静了，人马A*处于休眠状态，但我们通过观察其他星系知道，黑洞很少长时间保持平静。最近，人马A*发生了一些更剧烈的活动，摄入了大量物质。我们知道这些物质可以为高能喷流提供动力，看到过其他超大质量黑洞发出的这种高能喷流。我们甚至认为，我们可能已经在银河系中的一个最近才发现的不寻常结构中听到了这些强大喷流的回声。

费米望远镜于2008年6月11日发射，其后进入近地轨道，开始探索宇宙中的一些最神秘、最宏大的现象。从中子星到超大质量黑洞，费米望远镜就是用来探测这些能以伽马射线辐射的形式产生不可思议的能量的天体的踪迹的。这些光属于最高能波段，比我们用肉眼看到的可见光强数十亿倍。当费米望远镜开始运作时，我们就可以开始通过伽马射线探索宇宙中通常隐藏在阴暗处的那些部分。

费米望远镜的主要任务之一是探索银河系内的伽马射线源。我们的星系辐射出明亮的伽马射线，这是人眼看不见的。由宇宙射线粒子撞击星际尘埃和气体导致的这些相互作用产生了我们星系中四分之三的伽马射线。随着费米望远镜的发射，我们希望能够探索星际介质的结构、组成和特征。这种星际介质充满了银河系，并产生了无尽的光芒。

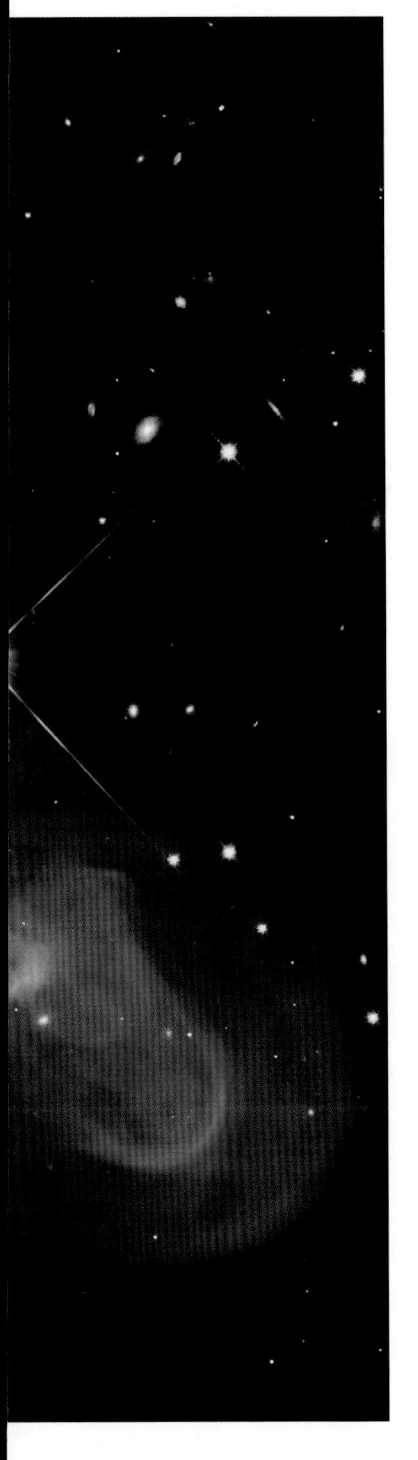

左图：由椭圆星系武仙座A核心的超大质量黑洞的引力所驱动的壮观喷流。

右图：德尔塔-2运载火箭前锥体中的费米望远镜。

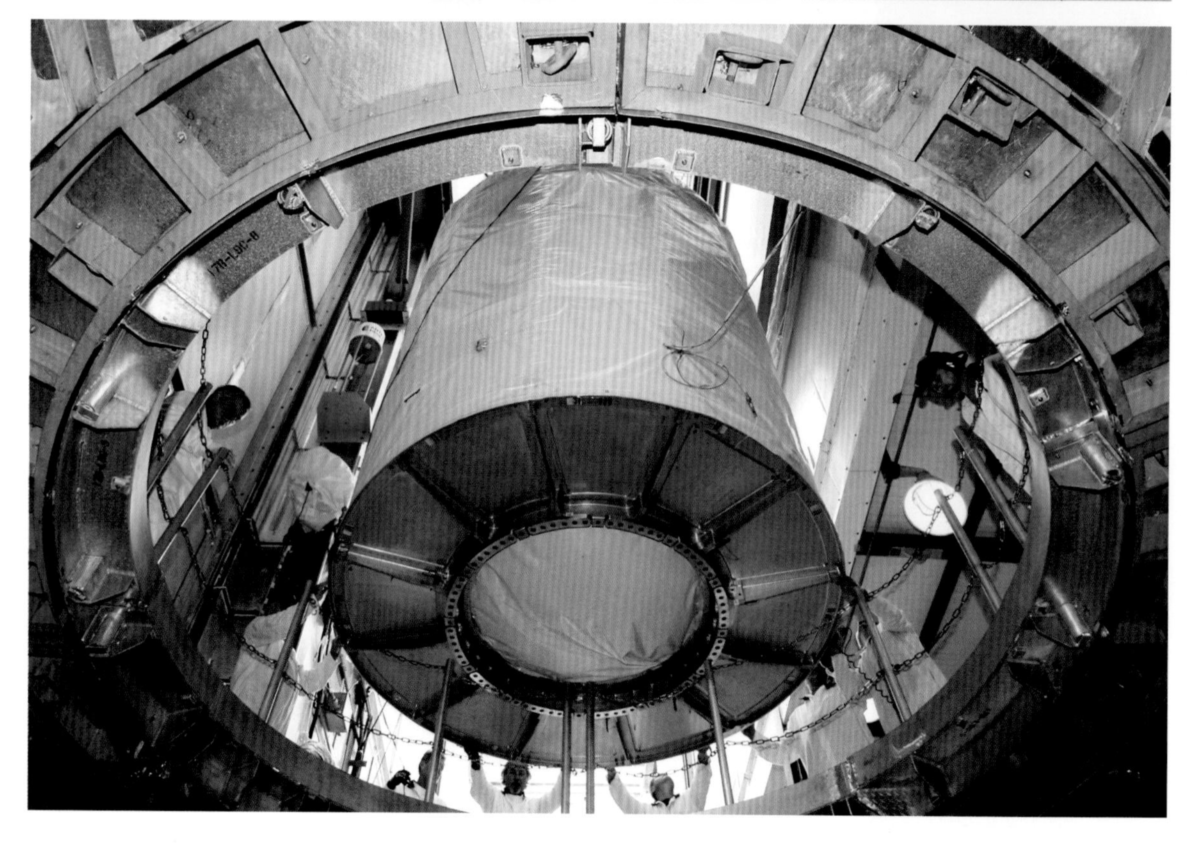

上图：费米望远镜的发射准备工作正在进行中。图中德尔塔-2运载火箭的第二级已经就位。

右上图：2006年12月，费米望远镜（顶部的银色盒子）与航天器系统集成。

对页图：在50000光年的费米气泡内，高能电子与低能光子相互作用产生伽马射线。

费米望远镜

费米望远镜的横截面显示了转换箔如何将入射的伽马射线转换成一对粒子——一个电子和一个正电子。费米望远镜在这些粒子穿过仪器时跟踪它们，重建伽马射线的原始方向。这些粒子将它们的能量储存在测量伽马射线能量的量热计中。

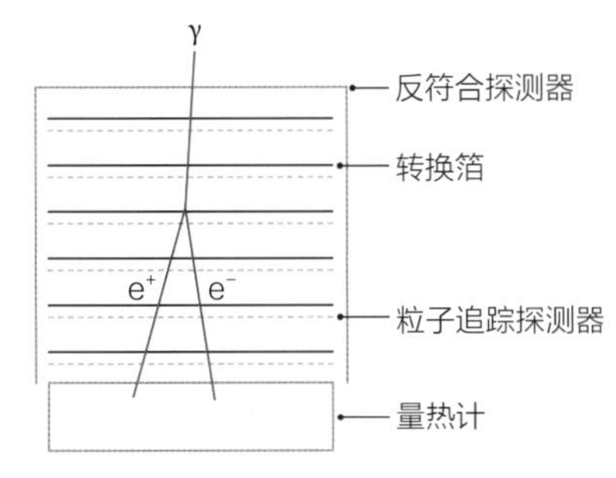

当费米望远镜环绕地球运行并开始绘制银河系的伽马射线分布图时，它看到了一些科学家难以相信的东西。这是一个惊人的发现，就好像在地球上发现了一块全新的大陆。从银河系的平面上浮现出两个巨大的结构，这是两个气泡，各自延伸的距离达到了银河系本身宽度的一半。这些由过热气体组成的气泡延伸到距离银河系平面26000光年处，温度超过1000万摄氏度。它们是如此之大，以至于如果我们的眼睛对气泡发出的伽马射线波长敏感的话，那么从地球这个有利位置来看，它们会填满半个夜空。

要制造出如此宏大和炽热的结构，需要大量能量。是什么事件制造了这个现在被称为费米气泡的结构，这在一定程度上仍然是一个谜，但它们来自何处不难理解。这两个气泡在银河系中心的上下方对称地延伸，这一走向强烈表明它们的起源与发生在其自身的超大质量黑洞周围的事件有关。我们已经从第一幅具有里程碑意义的图像中看到，像M87这样的黑洞不仅能吸入物质，还能将喷流加速到难以想象的速度。如果人马A*在遥远的过去也做了完全相同的事情，会怎样呢？

如今，它保持着相对平静，但我们知道它并非一直如此。在过去的120亿年中，我们的黑洞就像所有其他黑洞一样，有些时候太贪婪了。它没能把吸入的所有物质都消耗掉，而是将其加热并向外抛。我们现在认为费米气泡就是这样的一个事件的遗迹。在黑洞周围的电力和磁力的复杂舞蹈的驱动下，人马A*以速度接近光速的过热气体喷流的形式将大量物质向外输送，抛入数万亿千米的太空中。直到今天，在费米望远镜发现的这两个巨大的气泡中仍然可以看到那个高能事件的遗迹。事实上，我们预计这样的事件可能发生了不止一次，而是发生过多

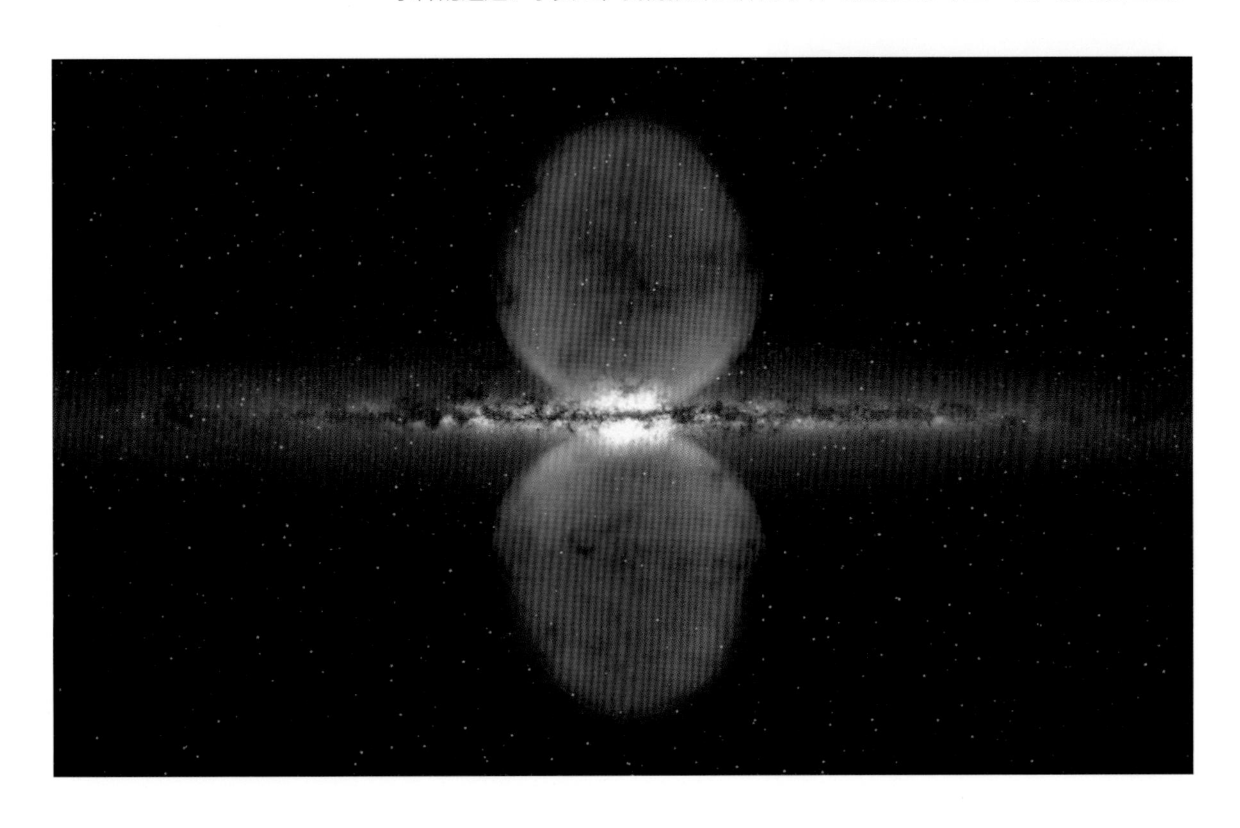

活动星系核

活动星系有一个活动星系核，它会产生一系列非恒星辐射，包括射电波、微波、红外线、可见光、紫外线、X射线和伽马射线等。最强大的活动星系核被归类为类星体。

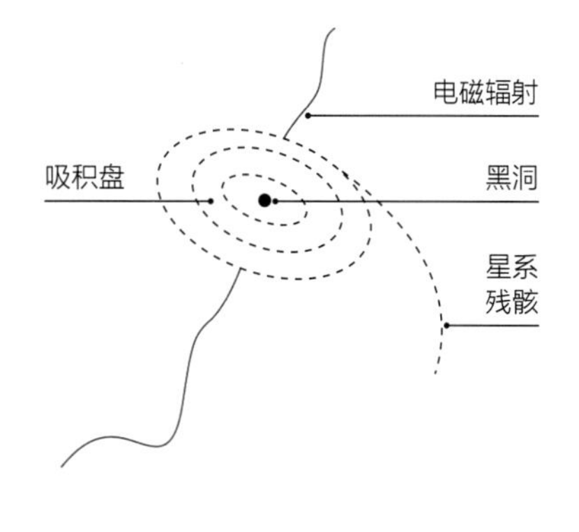

次，它们从根本上改变了银河系的结构和性质，并对其演化产生了深远的影响。

这些巨大的特征提供了一些线索，表明我们的黑洞不完全是一个破坏者。事实上，这些线索指向对立面，它可能还是银河系的终极创造者。我们认为，在也许仅仅持续了数千万年的短暂而强烈的活动的驱动下，人马A*终其一生都在做这样的周期性喷发，将曾经被困在星系中心的热气体喷射到数万亿千米之外的太空中，然后这些物质像宇宙雨一样落到银河系的外围。向一个系统注入如此大量的能量和物质，有一点是肯定的，那就是会产生一些后果。

最近，一种引人注目的观点开始出现，将这些巨大的能量流出与太阳系和地球的出现联系了起来，而在地球上，生命不仅出现了，还茁壮成长。

当然，关于为什么生命不仅在地球上出现，而且能在40亿年里不断壮大，从而演化成我们今天看到的这个复杂的生命世界，还有大量相互关联的因素。乍一看，很难相信这些因素之一可能是数十亿年前银河系中心的一个超大质量黑洞的活动。我们现在开始觉察到，来自人马A*的巨大能量流出对银河系中我们所在的这个区域成为一个生命能茁壮成长的世界发挥了至关重要的作用。

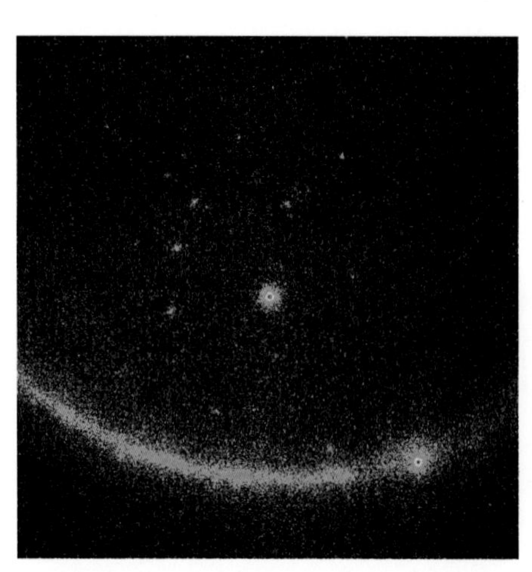

在非常遥远的过去，当人马A*释放出的热气体散落在银河系的这个角落时，它不仅送来了大量对构建我们的恒星和行星至关重要的重元素，还可能对银河系这一区域内恒星的形成率产生了抑制作用。你可能会认为热气体云会产生更多的恒星，但事实恰恰相反。因为热就意味着一切都在非常快速地运动，这就使引力更难抓住气体云并导致其坍缩成恒星。

因此，我们认为人马A*的爆发性影响减少了在银河系的这一区域内形成的恒星数量，这就为地球历史上最宝贵的因素——稳定性占优势扫清了道路。按说我们所在的这个角落应该是一个狂暴的、不适宜生命居住的地方，是一个充满巨星、超新星和愤怒的红矮星的地方，但人马A*改变了这一切，把银河系的一个潜在的狂暴区域变成了一个平静的地方。所以在这里，我们有一个稳定的恒星区域。40亿年前，在一颗不起眼的黄色小恒星周围发生了一些非同寻常的事情。在这个远离恒星爆发所产生的辐射的地方，生命不仅出现了，而且茁壮成长。在宇宙中一个平静的角落，各种生命形式可以缓慢、稳定地演化。

人马A*在为自己的领域注入生命的同时，也将生命从其自身抽离。随着大量曾经靠近它的气体、尘埃和恒星的大部分被清除，几乎没有留下什么东西可供它享用了。我们的黑洞发出的穿越银河系的咆哮减弱了，它从怪兽变成了沉睡的巨人，它是一头隐藏在黑暗中的幽怨野兽。

上图：费米望远镜捕捉到了一个耀变体在发射（中心处）。银河系平面显示为下面的一条曲线。

对页上图：喷流中的粒子在“开启”并成为明亮光源之前所经过的距离是加速区。

对页下图：超大质量黑洞产生的辐射和超快风，几乎呈球形分布。

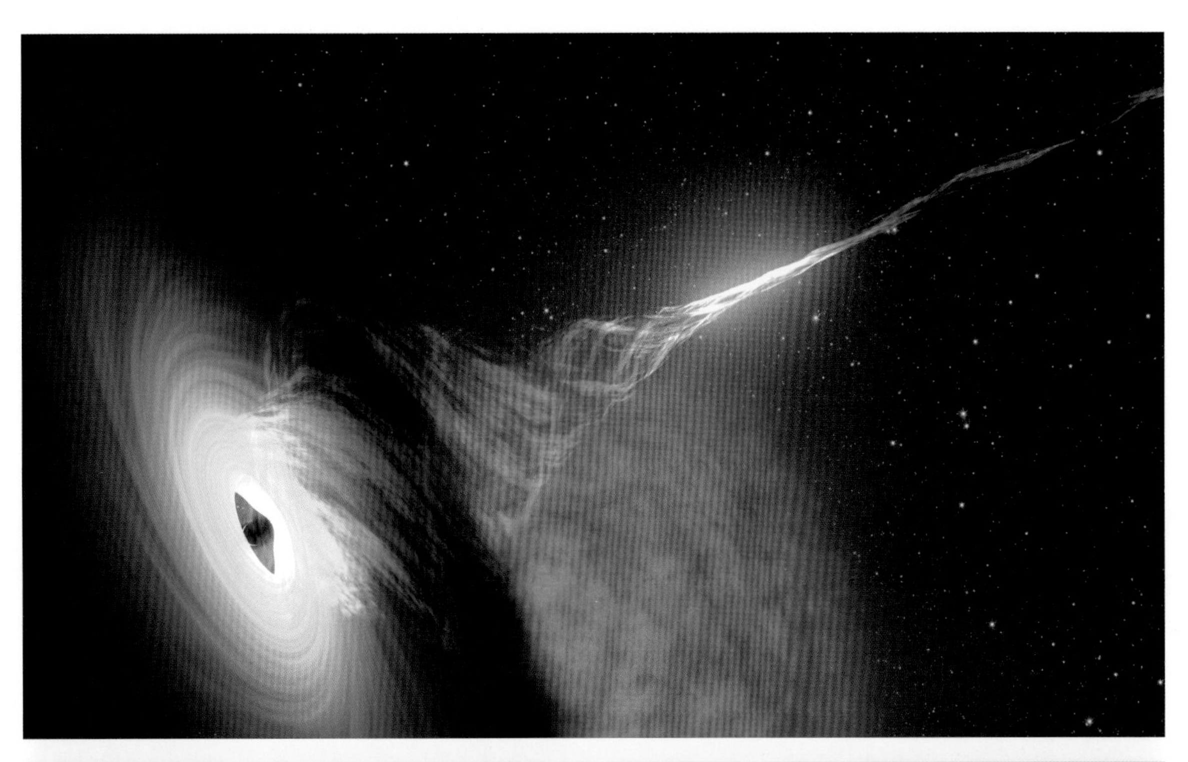

走进内部

从银河系的狂暴毁灭者到雕刻家，再到我们今天所看到的沉睡的巨人，人马A*的这一旅程是在过去的20年里由钱德拉X射线天文台和费米望远镜等的观测数据引领的天文学的一系列非凡进步拼凑起来的。这让我们开始非常详细地了解超大质量黑洞是如何诞生的，它是如何生长的，以及它是如何与环境相互作用的。这只是黑洞外面的故事。我们已经见证了黑洞对星系的强大作用，但黑洞对外施加的力与你穿越到黑洞的里面所受的力相比，根本算不上什么。穿越事件视界，进入黑暗中心，此时即使我们最好的理论也无法充分描述那里的种种极端情况。

正如我们已经阐明了外面的黑暗一样，我们也要开始揭开面纱，揭示里面所发生的一切。通过观察人马A*的未来，我们可以开始理解，当我们的方程失效时，当无限大的力遇到无限大的密度、从而改变了空间和时间的本质时，实际上发生了什么。

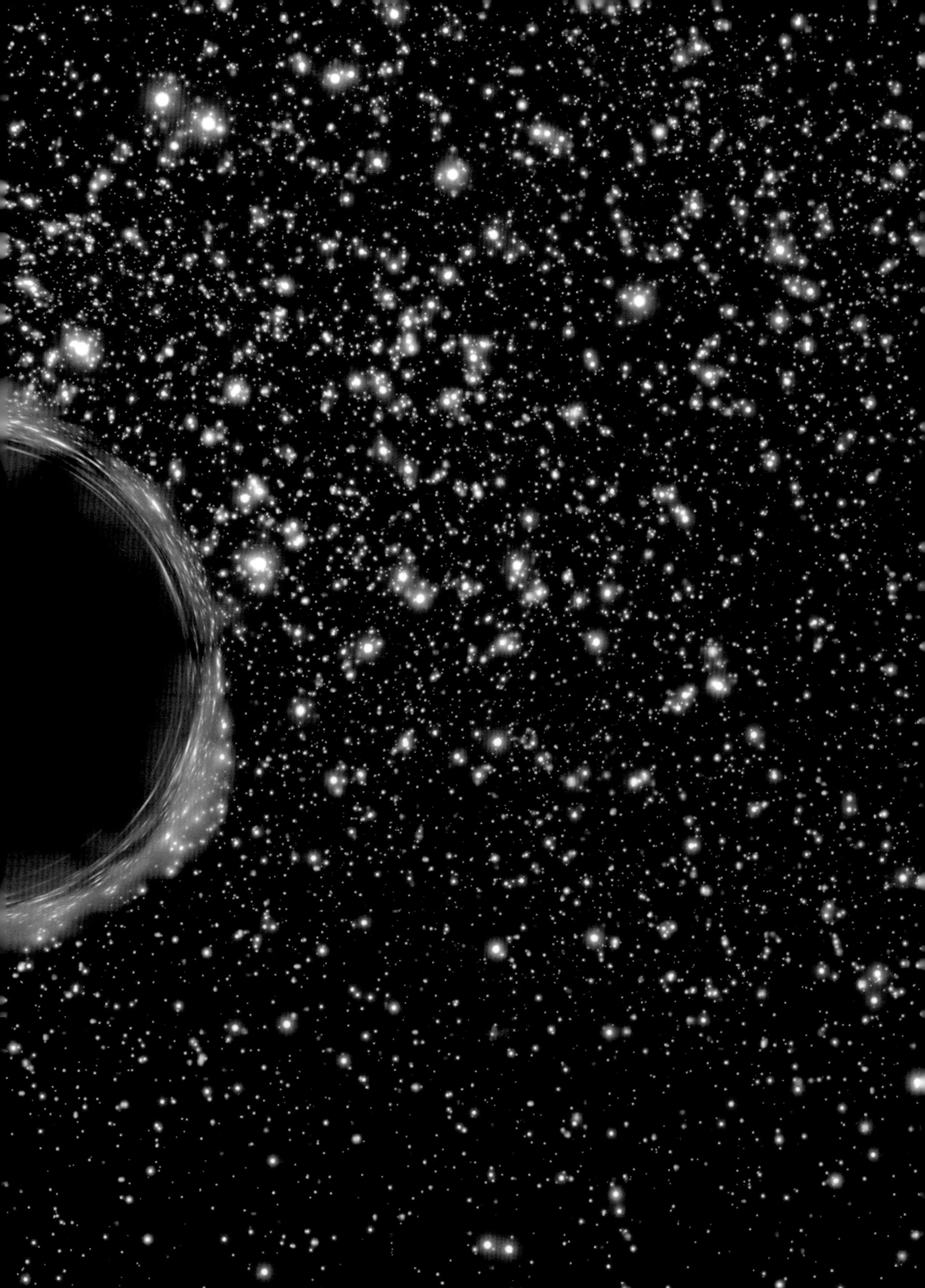

星辰的坠落

S星比我们所知的任何其他恒星都更靠近银河系中心黑洞，它们是一小群在高度偏心的轨道上围绕人马A*高速运行的恒星。正如我们在本章前面看到的，这些恒星的证认和定轨是由地球上的一些最灵敏的望远镜完成的。它们协同工作，组成了一个行星大小的虚拟望远镜①，能够凝视银河系的中心，在这个密集星团中证认出大约30颗恒星。这些恒星的轨道行为对我们确认人马A*的存在和各种特征至关重要，特别是其中最亮的恒星S2，人们已经对它进行了非常详细的观测。我们通过跟踪它绕银河系中心、运行周期为16年的轨道，才能够确定银河系中心的天体质量，因此我们可以自信地说，在银河系的中心有一个超大质量黑洞。

S2距离地球26000光年，我们对它知之甚少，但目前的见解是这样的：它是一颗B型主序星，质量是太阳的10~15倍，相对年轻，可能只有几亿岁。S2极其明亮，发出蓝光。关于它是在哪里形成的，为何如此靠近黑洞，我们几乎一无所知。如果它与银河系中的其他恒星有任何相似之处，那么我们可以推测的一件事就是几乎肯定也有一些行星在围绕着它运行，而这就使得一些令人难以置信的可能性成为可能了。

2018年5月19日，天文学家使用位于智利的甚大望远镜追踪到S2在环绕其黑洞运行的过程中到达了最接近人马A*的位置。此时，它与这个巨大的黑洞的距离大约只有日地距离的120倍。它受到了人马A*的引力场的极端影响。这颗恒星被加速到5000千米/秒的速度。正如爱因斯坦的广义相对论所预言的那样，我们看到它的光被巨大的引力拉伸而变红。这种引力对围绕S2运行的行星有什么影响，我们尚不清楚，但我们可以想象的是，随着S2被拉入一条更近的

下图：一颗离黑洞太近的行星会被撕裂，因为它离黑洞最近的一侧所受到的引力要比另一侧的大得多。

① 此处有误，与拍摄黑洞照片的事件视界望远镜混淆了。观测S星所使用的是位于智利的新技术望远镜和甚大望远镜以及位于夏威夷的凯克望远镜，可参见前文“更靠近我们的家园”及本节下文。——译注

S2证明爱因斯坦是正确的

当恒星S2靠近人马A*时，这个黑洞的引力场使S2的颜色略微变红，这是爱因斯坦的广义相对论的一个效应。

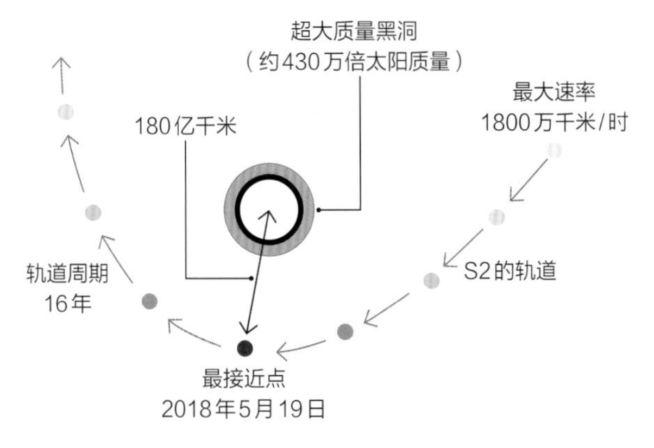

轨道，将会有一个它无法逃脱的时刻。

在未来的某个时刻，S2会漂移到离人马A*很近的位置。这颗恒星及围绕它运行的任何行星都将被拽入黑洞，无法逃脱。这些天体不再能分别在它们的轨道上运行了，它们将踏上通往这头野兽的喉咙、一去不复返的旅程。利用我们在理论上对黑洞的理解以及想象力，我们现在能剖析和描述这段旅程。

让我们想象围绕S2运行的一颗岩质行星率先被黑洞的引力捕获。它的面前只有黑暗，如果我们能站在这颗行星上，当它下落到无法返回的地方时，我们回头看，就会看到一些奇妙的景象。强大的引力不仅会抓住空间，还会抓住时间。对于在这颗行星上的我们来说，时间似乎是正常的，但当我们回头看，宇宙将以惊人的速度展现出来。每一秒中都浓缩了数百万年，仿佛整个宇宙的历史正在我们的眼前上演。一个星系的生命故事，它的恒星、它的行星、它的生命和文明，都将转瞬即逝。然而，从外部来看，我们的时间似乎变慢了。根据爱因斯坦的广义相对论的一个预言（被称为引力时间膨胀的效应），对于追随S2及其行星下落的观察者来说，时间在这个世界上似乎处于停滞状态，观察者要经过无限长的时间才能到达事件视界，也就是说永远不会到达，我们的世界只会从视野中消失。

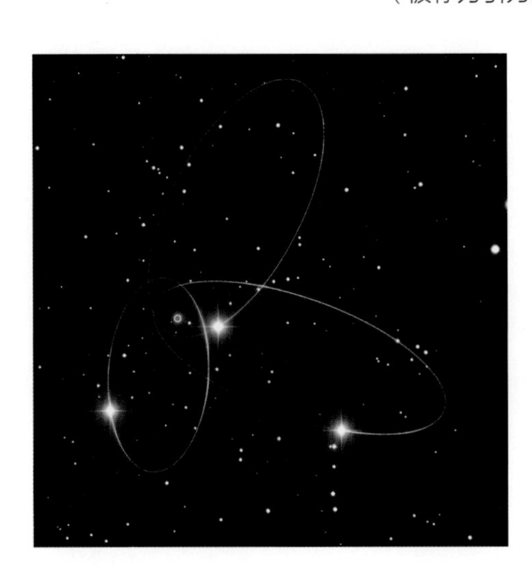

对于在这颗注定要灭亡的行星上的我们来说，这趟旅行还将继续。跨越事件视界，我们不会感到有什么特别。尽管看起来会是如此，但并没有陷入黑暗的一刻，因为黑洞从各个方向吸收光线，使我们能够看到外面，但我们知道我们再也不会被看见了。我们不知道这个与世隔绝的时刻会持续多久，但我们知道最终引力会变得极大。抛开我们自己终有一死这种微不足道的事情不谈，当我们快速落向具有无穷大引力的奇点时，我们脚下的地面会被慢慢撕裂，巨石变成碎石，碎石变成沙子，每一趟进入黑洞的旅行都将结束于奇点。在向内加速的过程中，最靠近奇点的行星残骸会被加速到比尾随其后的残骸高得多的速度，将正在解体的行星拉伸得很长，同时将每一个原子都推向广义相对论所说的完全消除这种物质存在的状态。这不仅是一颗行星的最终死亡，而且是构成它的每一个亚原子粒子的最终死亡。

我们曾经认为这是银河系中的一切事物的命运。在数万亿年的时间里，人马A*周围的恒星和行星会在向内坠落的瞬间消失，而我们的超大质量黑洞将继续存在，锁住黑洞内的每一个生物、每一颗行星和每一颗恒星的物质。根据广义相对论，如果没有任何东西能从一个黑洞中逃离出去，如果人马A*真的是一座永恒的监狱，那么这就是宇宙故事的终结，时空中是一片到处散落着黑洞的黑暗。但这并不是故事的结尾，因为我们相信即使黑洞也有寿命，即使人马A*也会死亡。

上图：包括S2在内的3颗恒星在银河系中心非常靠近人马A*的轨道上运行。

霍金辐射

在1975年4月，斯蒂芬·霍金在《数学物理通讯》(*Communications in Mathe-matical Physics*)上发表了一篇引人注目的论文，这篇论文的标题是“黑洞创造粒子”(Particle Creation by Black Holes)。就像大多数具有历史意义的科学出版物一样，这篇论文在随意拟定的标题背后隐藏着深刻的内容。在这篇21页的论文中，霍金论证了黑洞并不完全是黑的：事件视界并不是一个任何东西都无法逃脱的边界；黑洞实际上在微弱地发光；它们有温度，也有辐射。这种辐射现在被称为霍金辐射，霍金从理论上得出了一个现在已经很著名的方程，表明霍金辐射是存在的，这个方程就是：

$$T_{\mathrm{H}}=\frac{\hbar c^3}{8\pi G k_{\mathrm{B}} M}$$

通过这个方程，霍金证明了黑洞不仅有温度，还在散发热量，产生辐射，因此它们也一定在散发质量。霍金提出发生这一现象的机制可以让我们深入令人难以置信的量子物理世界，理解一类被称为“虚粒子”的瞬态亚原子粒子的存在。从量子场论中衍生出来的虚粒子，即使是在真空中，也会由于最短暂的能量波动而产生。这些虚粒子表现出普通粒子的一些特征，它们短暂地成对产生(宇宙中突然出现一个粒子和一个反粒子)，然后几乎立即相互湮灭，再次消失。

霍金辐射

粒子-反粒子对从量子真空中形成，其中一个粒子落入黑洞，另一个粒子则通过量子隧穿逃逸。这种机制使小黑洞能快速蒸发。

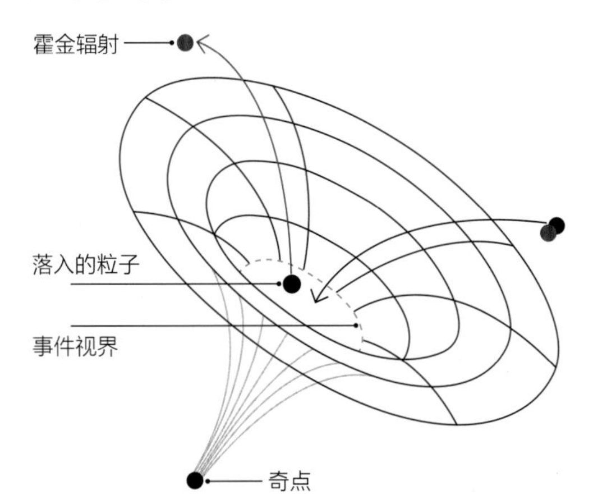

霍金的重大突破在于，他证明了在黑洞的事件视界周围形成这样的粒子对时，其中一个粒子可能会落入黑洞，而另一个粒子则能逃离。事实上，这就使得黑洞看起来像辐射出了一个粒子，减少了它的能量，从而也减少了它的质量，而周围宇宙的能量和质量增加了。这一发现深刻地揭示了黑洞的本质，因为如果它正在失去质量，那就意味着在长得令人难以想象的时标上，黑洞在缓慢地蒸发。霍金为宇宙中每个黑洞的死亡提供了理论基础。

在远超100亿亿年的时间里，在远比宇宙现在的年龄更长的时间里，包括人马A*在内的每一个黑洞都会逐渐消失。人马A*会变得越来越小，直到10000000000000000000000000000000000000000000000000000000000000000000000000000000000000000000000年后，它将在最后的一次爆发中死亡。

黑洞似乎与宇宙中的任何其他天体没有什么不同，它的生命历程是在时间的长河中上演的一个有生命的故事。宇宙的一部分有始也有终，那里曾经有第一颗恒星，也将会有最后一颗恒星。生命在那里开始，也会不可避免地结束，甚至宇宙中最强大的天体——黑洞也终有一个尽头。这一切似乎都很完美地融入了宇宙的宏大生命故事之中，这是一个我们通过转瞬即逝的原子集合能够拼凑起来的故事。这个故事非常简单，但并不完全合乎逻辑，因为黑洞可能死亡这一事实引出了物理学史上最深刻的难题之一——信息悖论。

对页图：未来的探测器接近黑洞捕捉霍金辐射的艺术想象图，图中用蓝光表示霍金辐射。

用最简单的话来说，信息悖论产生于一个基本事实——宇宙中没有任何东西会被真正摧毁。撕下这本书中的一页，还可以把它粘回去。烧掉这一页时，尽管它看上去被毁掉了，但实际上并没有任何东西被毁掉。这张纸被烧掉之前构成它的每一个原子仍然存在，而且从原理上来说，它们仍然可以被艰难地重新组合起来，不仅可以重建这张纸，还可以重现这张纸上的每个字，重新组合出其中的每一条信息。但是，倘若如霍金所表明的，这张纸的原子最终落在事件视界的另一边，消失在像人马A*这样的黑洞的深渊中，永远不再回来，那么当这个黑洞最终消失时，所有这些信息将流向何方？如果最终什么都不可能被破坏，那么当保存所有信息的牢笼消失后，这些信息会发生什么？黑洞是否会将所有落入其中的物质的信息都返还给宇宙？如果是，如何返还？这就是信息悖论的本质，物理学家已经为这一难题奋斗了近50年。即使黑洞会死亡，它的这个谜团仍使我们大惑不解。

直到相当近期，我们最好的理论仍在告诉我们，所有落入黑洞的东西，每一颗恒星、小行星和行星等，都会永远消失。我们曾以为任何东西，甚至包括信息，都无法逃离黑洞，但最近我们发现最好的理论是错误的。越来越多的物理学家认为，随着人马A*的蒸发，它吃过的每一餐的故事都会泄露出来，重返宇宙中去。在银河系的整个历史上，所有落入人马A*的天体的记忆，直到一切的

霍金辐射

1975年，斯蒂芬·霍金发表了一篇令人惊奇的论文，表明黑洞并不完全是黑的。它们发出非常微弱的光，它们有一个与之相关的温度。你可以非常简单地将温度写进这个把物理学中的许多不同领域联系在一起的美丽方程中。这里有引力，有黑洞的质量，有光速。你有一些关于量子世界、亚原子物理学的物理量，你甚至有一些几何学中的量。把所有这些结合在一起，你就会得到黑洞的温度。

只要有温度，物质就会发光，就会产生辐射。当你把手放在热的东西旁边时，你就能感觉到它。因此，随着时间的推移，这种辐射意味着一个像人马A*这样的黑洞在以比宇宙年龄更长的时标蒸发。这种蒸发意味着人马A*必然会消失。

那么，对于落入黑洞的每一块物质所包含的所有信息来说会发生什么？即使光也无法从黑洞中逃离，所以我们真的失去所有信息了吗？当一个黑洞蒸发时，以某种方式编码在霍金辐射中的东西会发生什么？如果可以把所有的霍金辐射都收集起来，我们能以某种方式重建所有落入黑洞的东西的历史吗？

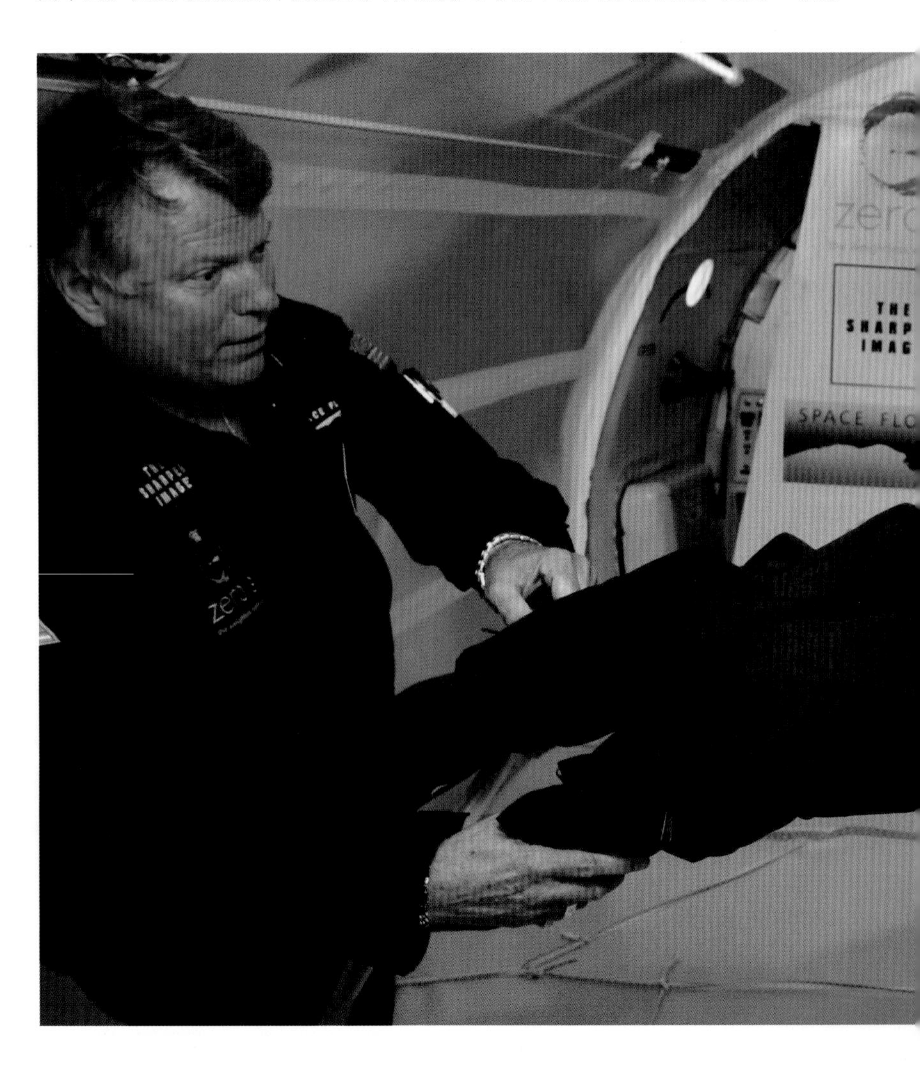

右图：斯蒂芬·霍金正在自由下落飞行。一架经过改装的波音727喷气式飞机进行了一系列急剧的俯冲，创造出短暂的失重状态。

“黑洞并不是人们曾经认为的那样，它不是永恒的监狱。所以，即使你觉得自己身处黑洞之中，也不要放弃。黑洞不是坟墓……它们是一些出入口……”

斯蒂芬·霍金

尽头都仍将存在着。倘若你落入人马A*，那么你不可能在这段旅程中幸存下来，但所有令你与众不同的信息，即所有让你之所以成为你的原始成分，都将毫不受损地保留下来——它们会穿过风暴之眼。尽管这是一趟前往宇宙尽头的单程旅行，但知道这些信息能保留下来，这本身就是一个巨大的成就。因此，人们花费了几十年时间所得到的真正宝藏在于对信息如何传播出来所做的解释。

虽然这听起来像怪异的科幻小说，没有人能完全理解它，但当黑洞蒸发时，它已经走过了大约一半的生命旅程，黑洞内部在某种意义上变成了与亿万年以前产生霍金辐射的地方相同的地方。这就好像在黑洞内部和宇宙远端之间打开了时空虫洞，让你可以读取里面的信息。

不过，这里有一个更大的图景。如果黑洞将分隔亿万光年空间和亿万年时间的地方连接起来，而这些空间和时间的概念对于我们如何体验现实是如此基础，那么它们就不是它们可能出现在其中的那个宇宙的一些不可改变的基本特征。我们距离理解隐藏在银河系超大质量黑洞中的所有秘密还有很长的路要走，但我们正在开始揭开它的面纱。像人马A*这样的超大质量黑洞的存在远远不是宇宙中仅有的少数反常现象，它可能拥有揭开宇宙最深层秘密的钥匙。

第5章

起源

“关于宇宙，最可怕的事实不是它充满敌意，而是它很冷漠。”

——斯坦利·库布里克[①]

① 斯坦利·库布里克（1928—1999），美籍奥地利犹太裔电影导演、编剧、制作人，最著名的作品有《2001太空漫游》（*2001: A Space Odyssey*）、《发条橙》（*A Clockwork Orange*）等。——译注

破晓之前

宇宙在其历史的大部分时间里几乎都是空的，是一个跨越无限时间的无限海洋。不过，这不是我们如今从地球上的这个特殊位置看到的宇宙。我们的视野中有一个充满光之岛的宇宙，有一个充满了星系的宇宙，上千亿个星系分散在各个方向，每一个星系都是数以亿计的恒星的家园。在这些恒星周围的黑暗之中，还隐藏着更多的行星，那是无数个其他世界，每一个世界都奇怪得不可思议。而你和我，就在这个浩瀚而又变幻莫测的宇宙中的某处漂泊。我们是奇迹般的星尘微粒，能够思考、感受，并且想要知道未知的事物。在我们所知道的宇宙中，只有我们才是其中的关键，能够提出关于宇宙的问题，比如宇宙是什么，为什么它

“原始太初，上帝创造了天地。地面上是一片虚空混沌，渊面黑暗。然后上帝说：‘要有光。’”

《创世记》（*Genesis*）

看起来像现在这样，还有那个最深刻的问题“这一切是如何形成的”。这是一个定义了人类大部分历史的问题，是一个关于我们如何被创造出来的巨大谜题。直到20世纪，我们才有了适当的智力上的方法和技术上的工具，能在寻找这个问题的答案的过程中直接拷问大自然。我们发现了一个不同的创造故事。我们发现了时间上的第一个时刻，即138亿年前宇宙的开始，我们称之为大爆炸。这一切是用数学语言来书写的，并由我们头顶上的证据显示出来。但这并不是最终的故事，至少并不完全是，因为随着探索的深入，我们开始觉察到它的意义不止于此，因此我们开始寻找宇宙的证据——在大爆炸之前。

宇宙的时间线

随着宇宙在大爆炸之后的立即冷却以及随后暴胀的发生，原子核开始形成。经过了30万年以后，这些原子核与电子结合形成原子（主要是氢原子）。在100万年内，致密的原子区域吸引附近的物质，形成气体云。而在大约4亿年后，形成了恒星，然后是小星系。星系的形成率逐渐降低，小星系并合成大星系。太阳系是在大约90亿年后形成的。

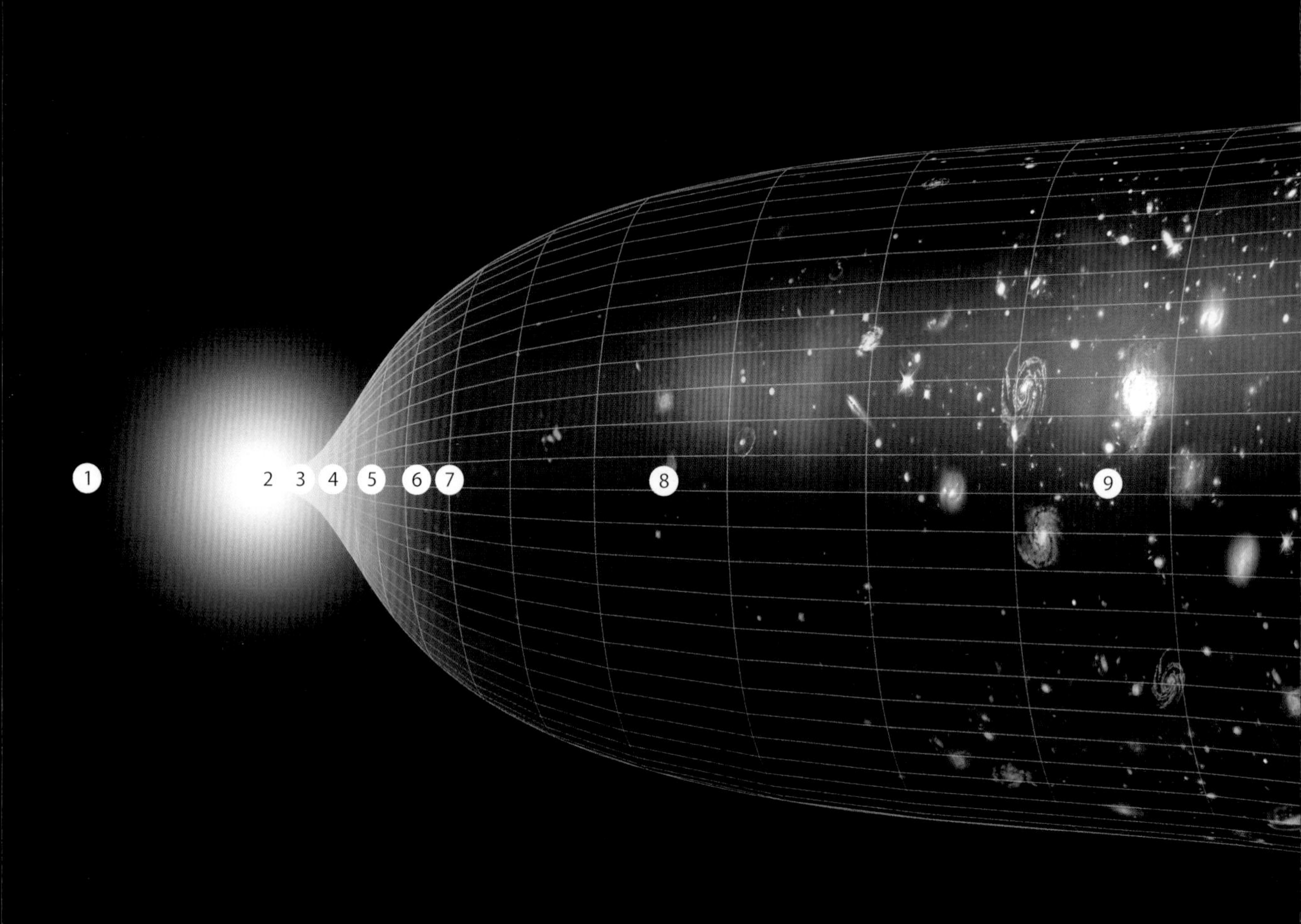

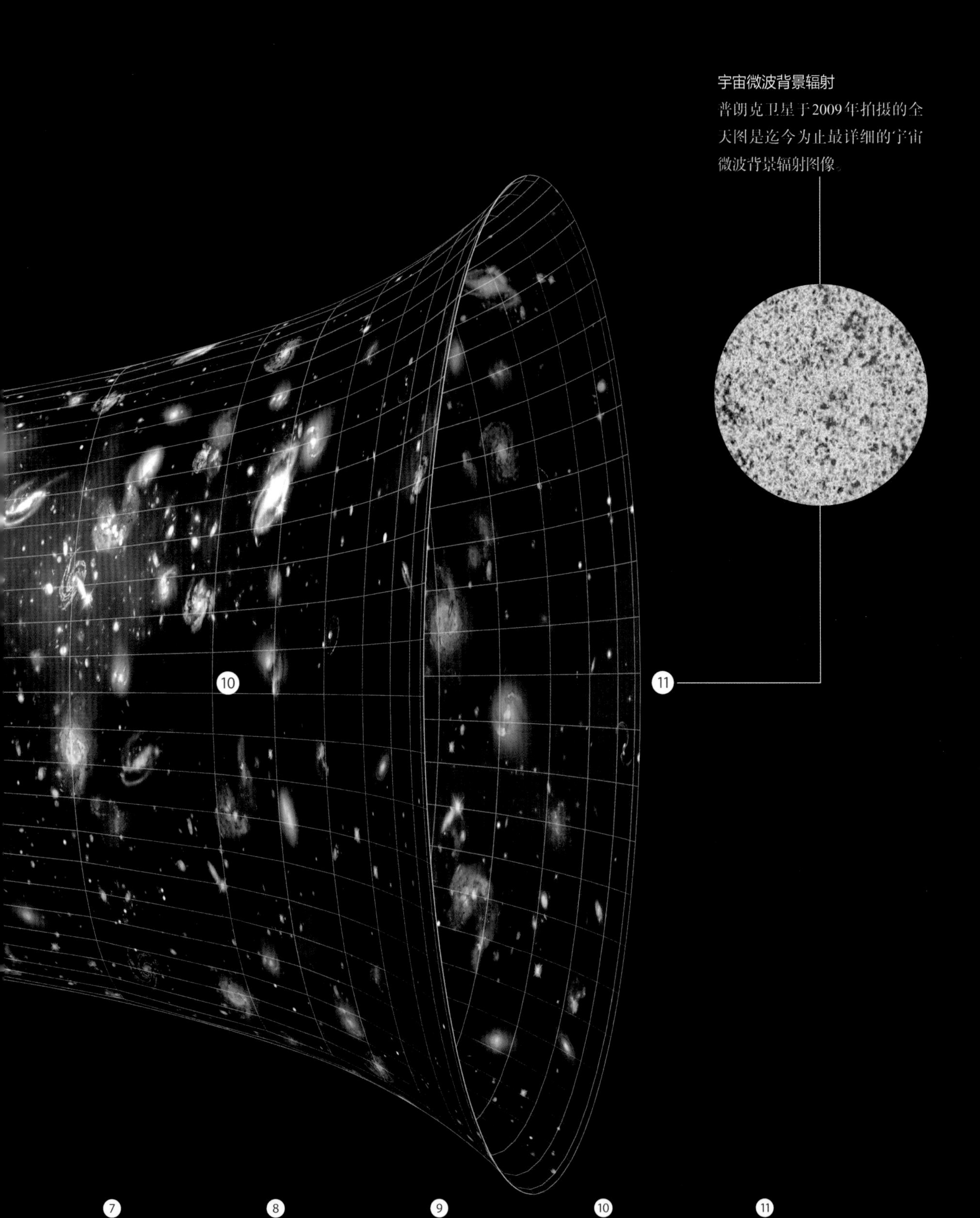

宇宙微波背景辐射

普朗克卫星于2009年拍摄的全天图是迄今为止最详细的宇宙微波背景辐射图像。

7
黑暗时期

普通物质粒子落入由暗物质构成的宇宙网状结构中。

8
自4亿年起

第一批恒星和类星体开始形成。随后，星系开始形成。

9
自10亿年起

宇宙膨胀，当时已存在的星系演化成星系团和更大的超星系团。

10
90亿年

太阳和太阳系中的所有化学元素都是由早期恒星留下的残骸形成的。

11
138亿年

科学家发现了宇宙微波背景辐射，并开始理解宇宙演化的时间线。

时间机器

每当站在晴朗的夜空下凝视着一颗恒星时，我们都在与宇宙发生深邃而玄奥的联系。这颗恒星发出的光是由其核心深处的原子聚变产生的，随后穿过数万亿千米的空间，形成一股不间断的光子流，进入你的眼睛，然后将其古老的能量传递给你的光敏感受器。这些感受器使你与那颗遥远的恒星发生了直接的物理上的联系。

想一想，你见过的每一颗恒星都会跨越遥远的距离和漫长的时间与你直接相连。光以约30万千米/秒的速度行进，这意味着我们看到的任何星光都需要相当长的时间才能被我们看见。光可能传播得很快，但在宇宙尺度上，它仍然是相对缓慢的。以我们的太阳为例，在宇宙尺度上，1800万千米是光在1分钟内行进的距离，但光从太阳到地球仍然需要大约8分钟。这意味着如果太阳突然消失了，那么我们在8分钟内什么都不会注意到。空间的浩瀚意味着天空中所有的恒星都在将我们拉回到过去，向我们展示它的历史以及宇宙的历史——这是一个用光来讲述的故事。

与地球的距离第二近的恒星是半人马座中的比邻星，这是一颗红矮星，是半人马座α三合星系统的一部分。比邻星目前比除太阳之外的任何其他恒星都更接近我们，与我们的距离大约是40000000000000千米，它发出的光需要大约4.2年的时间才能穿越银河系中我们附近的这一区域。抬头仰望夜空中的比邻星，你正在观察的是这颗微小昏暗的恒星在4.2年前的样子。

然而，这只是一个开始。银河系的直径约为10万光年，可能包含2000亿颗恒星。这意味着当我们向远处看时，可以回溯越来越远的时间。开普勒-444是天琴座的另一个三合星系统中的一颗恒星，这个系统是银河系中最古老的恒星系统之一，围绕着这颗恒星的是一群古老的行星。这颗恒星距离地球119光年，我们现在看到的由它发出的光把我们带回到20世纪初，那时我们的脚步仍然被牢牢地禁锢在地球上，我们观察宇宙的视野还没有超出银河系。

继续向外，从我们在地球上的位置出发，银河系中有大约5000万颗恒星（比如说天鹅座的天津四）距离我们大约2000光年。天津四是北半球最明亮的恒星之一，它现在已经耗尽了氢的供给，正在变成一颗红超巨星。它正在变得越来越亮，随着其古老光线结束到达地球的旅程，我们就与《圣经》中描述的那个时代联系了起来。

所有这些恒星都是肉眼可见的，但单凭肉眼只能让我们回溯到这么远。在银河系的2000亿颗恒星中，只有6000多颗是我们肉眼可见的。其中最远的那一颗位于仙后座，距离我们4000光年多一点。它的光度是太阳的10万倍，但看起来只是最昏暗的恒星之一。我们看到的光芒早在4000年前就已经离开了它，当时地球上正是青铜器时代的鼎盛时期，巨石阵正在建造中。

除此之外，如果你曾经有幸目睹仙女星系模糊不清的星光，那么你看到的就是来自万亿个太阳的光，它们在进入你的眼睛之前已经长途跋涉了250万年。这些光的起源甚至早在智人出现在地球上之前。

上图和对页下图：在环地轨道上运行的哈勃空间望远镜。

对页上图：伽利略·伽利雷在1610年出版的《星际信使》（*Sidereus Nuncius*）一书中对月球的观测。

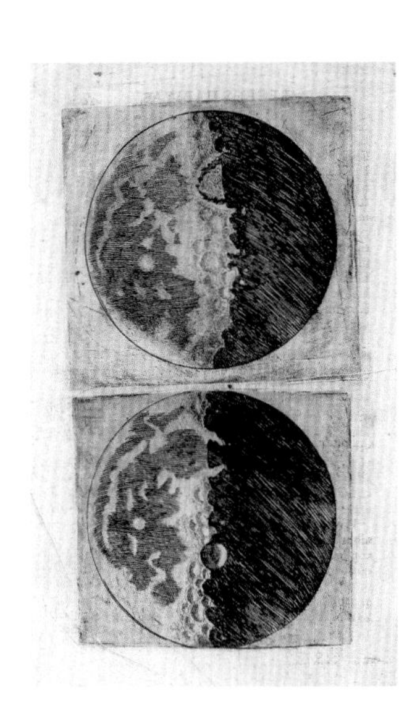

在银河系中最远的地方，我们瞥见了一颗名为UDF2457的恒星发出的光，这是我们在银河系主体内看到的最遥远的天体之一。在这里，我们回溯到近6万年前，早在人类文明开始之前，那时智人只是一个争夺地球霸主地位的人种。

但要想看得更远，我们就不能仅仅依靠肉眼了——肉眼捕捉光线、聚焦光线和探测穿越宇宙的古老光子的能力是有限的。为了能够更深入地观察黑暗，我们需要借助科技，开发出能够捕捉最微弱的古老光线的仪器，使用透镜或反射镜来集中光线，从而聚焦过去。自从1609年伽利略首次使用望远镜探索夜空以来，我们一直在不断建造越来越强大的望远镜。这些仪器使我们能够更深入地观察黑暗，远远超出人眼的极限。这些都是真正意义上的时间机器，使我们能够追溯到数十亿年前。宇宙如此浩瀚，它的光芒如此遥远，我们不仅可以尝试了解它的历史，还可以看到它的历史在夜空中上演。我们可以见证来自遥远过去的种种事件，这些事件形成并塑造了我们如今所处的宇宙。

有一架这样的望远镜，它能比任何其他望远镜追溯到更久远的时间。这是一台时间机器，它以非凡的细节向我们揭示了宇宙的历史。哈勃空间望远镜于1990年由“发现号”航天飞机发射到近地轨道上，30年后仍在运行，使我们得以穿越到数十亿年之前。哈勃空间望远镜给了我们前所未有的力量，使我们能够看到宇宙中最古老的光——它们来自6万年前银河系的遥远边缘。

2018年4月，哈勃空间望远镜让我们窥视到了我们所见过的最古老、最遥远的单颗恒星。这颗炽热的蓝色巨星的昵称为伊卡洛斯[①]（官方名称是MACS J1149 Lensed Star 1），它位于一个遥远、古老的旋涡星系中，比离它最近的

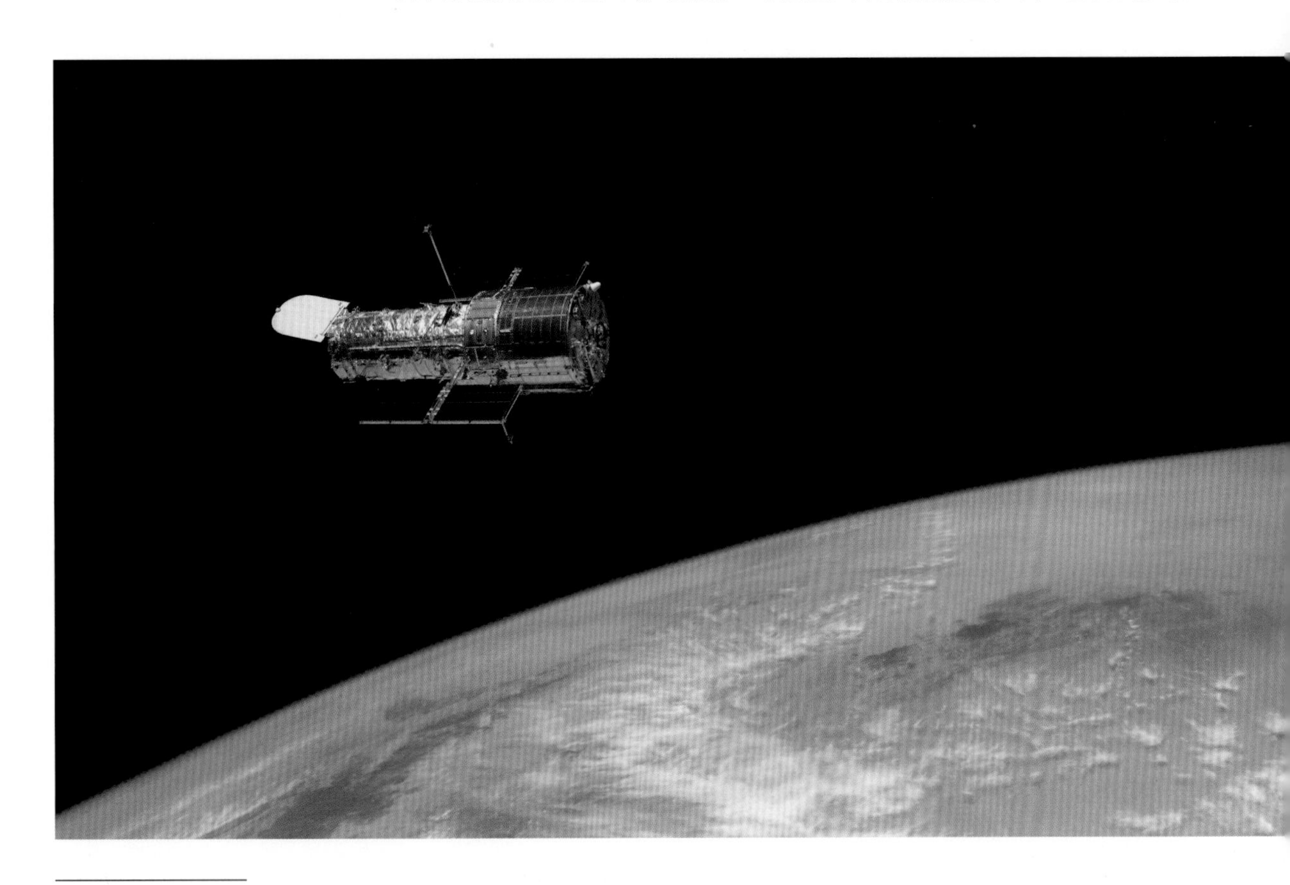

① 伊卡洛斯是希腊神话中的人物，他用蜡和羽毛造的翼逃离克里特岛，但因飞得太高，双翼上的蜡被太阳熔化，他跌入水中丧生。——译注

下图：当一颗超密白矮星经过一颗红色小恒星时，它的强大引力会使红色小恒星的光发生弯曲并将其放大，类似使用透镜的效果。

对页右图：当来自两个遥远星系的光被前方的一个大质量椭圆星系的引力透镜弯曲并聚焦成一个可见的环状结构时，出现了一个“爱因斯坦环”。

单颗恒星远100倍。它是如此遥远，以至于我们通常在这个距离上只能期望窥视整个星系，但通过一种奇怪的天文排列，我们得以看到了一颗恒星在大爆炸后40亿年左右的青少年宇宙中的样子。这颗古老的恒星发出的光穿越宇宙，进入哈勃空间望远镜等待已久的反射镜，花了将近100亿年的时间。我们之所以能看到它，是因为这颗恒星发出的光线不仅被哈勃空间望远镜强大的光学系统放大了，还被一种叫作引力透镜的效应放大了。

爱因斯坦在1915年提出的广义相对论中首次预言了引力透镜效应。当一个遥远的天体向我们传播的光线经过一个超大质量天体（比如一个星系团）时，就会发生这种现象。以伊卡洛斯为例，它不仅需要在我们和这颗遥远的恒星之间游荡的星系团MACS J1149恰好与我们及这颗恒星在一条直线上，还需要这个星系团内有一个像超新星那样的大质量天体恰好也与我们及这颗恒星在一条直线上，从而产生一种被称为微透镜的作用。这会将这颗遥远的恒星放大数千倍，使它在瞬间被窥探到。

即便如此，这还远不及哈勃空间望远镜追溯到的最远距离。2009年夏天，“亚特兰蒂斯号”航天飞机执行了第五次也是最后一次哈勃空间望远镜检修任务。当时航天员对这架望远镜（包括宇宙起源光谱仪和大视场照相机3）进行了新的升级，大视场照相机3是在太空中使用过的最先进的光学探测器。航天员在这次任务中进行了5次太空行走，从而完成了这两台新仪器的安装，此外还进行了其他维修，从而使哈勃空间望远镜达到了其能力的顶峰。随着升级到位，哈勃空间望远镜开展了其历史上最大的项目。“宇宙星系近红外遗珍巡天”（Cosmic Assembly Near-Infrared Deep Extragalactic Legacy Survey），也称为“烛光巡天”（其缩写CANDELS与“蜡烛”的英文candles相近）。这发生在2010年至2013年间，哈勃空间望远镜连续观测了60多天，902次经过指定轨道。当

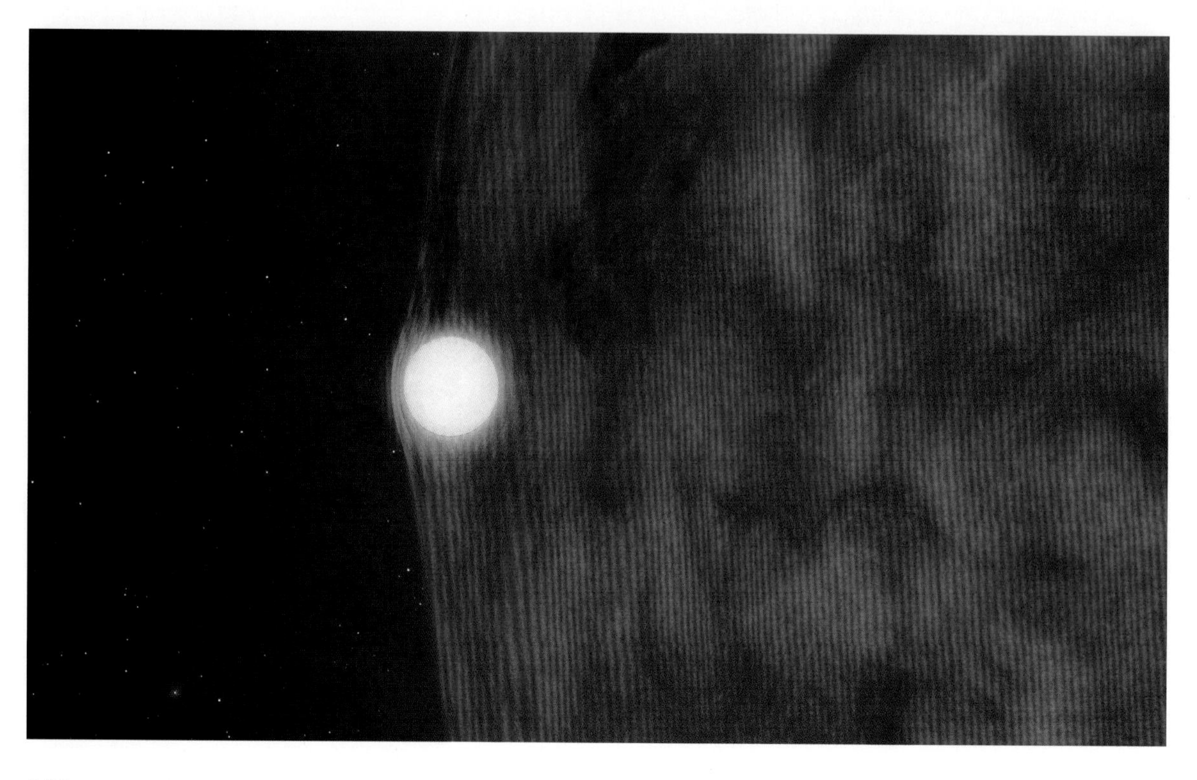

这架望远镜日复一日地凝视着同一片看起来黑暗的区域时，它开始收集我们迄今所见过的最遥远的光线。由此得到的图像乍看起来并不是哈勃空间望远镜拍摄的数千幅图像中最令人印象深刻的，也不是最美丽的，但当你意识到其中包含的是什么时，它很快就会成为我们所见过的意义最深远的图像之一。这就是哈勃极深场，布满这幅图像的并不是单颗恒星，而是遍布半个可观测宇宙的单个星系。

最古老和最遥远的星系在这幅图像中呈红色，这是因为它们发出的光已经传播了很长时间，以至于宇宙膨胀导致光被拉伸，或者说“红移”到较长的波长。当这一现象发生时，宇宙中的每一个遥远的天体看起来都在离我们而去，因为它发出的光通过不断膨胀的空间传播到我们的望远镜时会被拉伸到较长的波长。红移越大，星系就离得越远，而这些星系的距离是如此之远，以至于我们可以追溯到大爆炸后不到10亿年的时间。正是在这些星系中，

洞察宇宙的黎明

哈勃空间望远镜是第一个了不起的天文台，也是人类历史上最了不起的科学仪器之一。归根结底，它只是一块直径为2.4米的玻璃，原本应该成为冷战时期间谍卫星的一部分。但我们已经将它转向了宇宙观测，这就使我们在理解宇宙是如何运作的方面取得了前所未有的进步。这是一台时间机器，它发现了一些其他世界，发现了星系是如何形成和演化的。通过把这块玻璃放在我们的大气层上方，把高质量光学设备和真正先进的检测仪器置于望远镜的焦点处，我们在过去30多年中取得的进步，坦白地说，已经超过了过去3万年天文学史上的进步。

永远不要忘记，观察太空这一行为就意味着你在回看过去。时间旅行不是科幻小说，毫不夸张地说，你一直都在这么做。在你的一生中，你从未目睹过现在。所以，如果你在看离你大约0.3米远的人或物，那么你看的是此人或此物在大约1纳秒（即十亿分之一秒）之前的样子。如果你离他或它再远一步，比如0.6米，那么你看到的就是他或它在2纳秒之前的样子。如果你离他或它8光年远，那么看到的就是他或它在8年前的样子。2.3亿光年、10亿光年的情况，以此类推。借助哈勃空间望远镜，我们可以观察非常非常非常遥远的天体和宇宙的那些最早期的阶段，我们可以看到宇宙的黎明。

格兰特·特伦布莱，
哈佛–史密松天体物理中心
天体物理学家

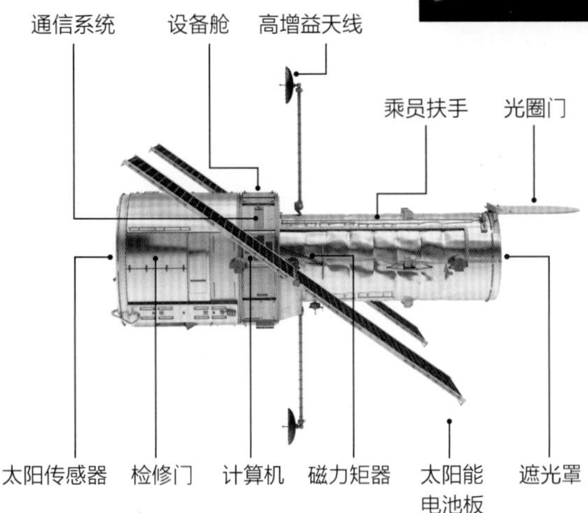

下图：Westerlund 2是一个由大约3000颗恒星组成的星团，位于距地球2万光年的嘈杂的恒星孕育地Gum 29中。

右图：马头星云丝丝缕缕的上脊被年轻的五合星系统猎户座σ从背面照亮。

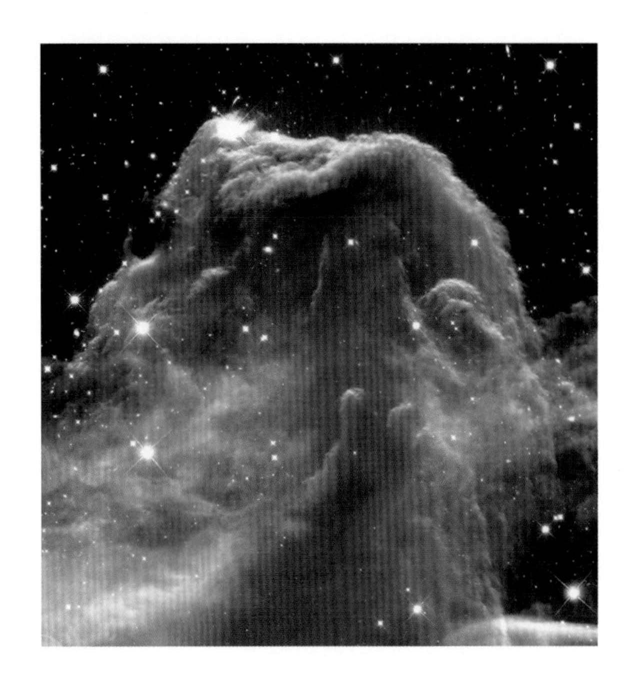

“宇宙就像一幅美丽的抽象画，我们必须观察它的每一个部分才能理解它，每个人都有自己的看法。”

拉纳·伊兹丁，
佛罗里达大学天文学家

对页图：哈勃极深场包括5500个星系，其中一些是迄今为止人们发现的最遥远的星系。

上图：哈勃空间望远镜捕捉到了位于室女座的草帽星系，这是一个大约在5000万光年之外的旋涡星系。

下图：迄今为止发现的最遥远的星系GN-z11（嵌入图），它属于宇宙中的第一代星系。

对页图：花岗岩基岩稳固了地理景观，正如宇宙的暗物质基岩锚定了宇宙一样。

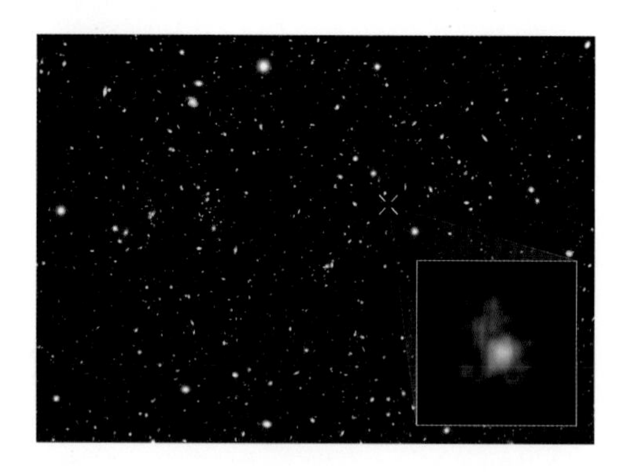

我们发现了记录在案的最古老的星系。

2016年3月，科学家宣布发现了GN-z11，这打破了之前所有的宇宙距离纪录，成为宇宙中迄今为止人们所观测到的最远的星系，它也是迄今为止人们所看到的最古老的天体。这个距离我们134亿光年的星系是在大爆炸后4亿年形成的，当时宇宙本身还处于形成阶段，只有目前年龄的3%。这是来自最早的一些恒星的光，来自创世之初的光。我们之所以知道这一点，是因为我们能够精确地测量出这些古老的光发生了多大红移，这精确地表明了它的距离和年龄。在发现GN-z11之前，用光谱法测得的最遥远的星系的红移量为8.68，相当于132亿光年的距离。利用哈勃空间望远镜，我们已经能够确认GN-z11的红移量为11.1，这意味着我们正在回溯的时间离大爆炸又近了2亿年。

GN-z11是一个奇怪的星系，它的大小仅为银河系的1/4，质量仅为银河系的1%。以银河系的标准来看，它非常小，但它的活动性弥补了它在大小方面的不足。GN-z11的内部正在经历一场巨大的、异常猛烈的恒星爆发，速度是银河系的20倍。我们认为它的里面充满了年龄不超过4000万年的炽热的蓝色恒星。我们没有预料到会发现一个质量如此大的星系，它在第一批恒星开始形成之后这么快就存在了。当时，它正在快速形成，非常明亮地燃烧着。

我们能窥视到如此遥远的过去，这个事实几乎是无法理解的，但有了这些知识，我们就可以尝试更深入地进入这个古老的星系。我们也可以想象，在这些光芒之下还隐藏着一些行星，这是宇宙历史上存在的第一批行星。这些原本可能是一些奇怪的、原始的世界，由于它们靠近暴烈恒星所产生的强烈辐射，因此遭到了破坏，但也许其中一颗行星的表面出现了一些壮观的景象——宇宙中第一次出现了黎明。

我们不知道何时在第一批恒星周围的何处形成了第一批行星。GN-z11可能见证了这些最初的黎明之一，但在时间上回溯到这么久远之前，还不可能有任何确切的答案。我们所知道的是，这个黎明并不是宇宙故事中的第一个时刻。恒星和行星必须来自某个地方，来自一个我们知道的、隐藏在黑暗中的时期。那是一个连哈勃空间望远镜都看不到的时代，因为在GN-z11之前没有星系，没有行星，甚至没有恒星。在穿越宇宙历史的旅行中，我们到达了一个似乎无法再往前看的点。天文学家将这个漫长的黑夜称为宇宙黑暗时期。宇宙起源的秘密必定就在这里，在宇宙黑暗时期的深邃幽暗中，在任何种类的恒星出现之前的宇宙中。

即使我们可以想象到的最强大的望远镜也永远无法穿透宇宙黑暗时期的幽暗。为了继续我们回溯宇宙起源的旅行，我们必须将目光转向寻找其他线索，这些线索可以引导我们找到你、我和其他一切事物的终极起源。

虽然我们被困在银河系的一个小角落里，但我们已经能够通过追踪星光在时间上回溯到过去，到达宇宙中最遥远的地方。不过，在过去的100年里，星光也被用来以其他方式引导我们穿越宇宙的历史。星光在宇宙中穿越了数百万年（甚至数十亿年），被印上了关于宇宙演化方式的印记，这是我们正在学习从恒星中解读的一段秘史。

在宇宙黑暗时期寻找答案

第一批恒星的形成及其真正的形成时间是一个有争论的问题，也是目前大家非常感兴趣的问题之一。当然，我们的宇宙有一个非常漫长的时期，有时被称为宇宙黑暗时期。在这一时期，宇宙中没有光，一直到宇宙演化到相对较晚的某个时间点，第一批恒星才开始形成，首次照亮了宇宙。

尽管“宇宙黑暗时期”这个名字会使人觉得此时可能不会发生什么特别有趣的事情，但事实证明，宇宙中那时发生的一切使其看起来像今天的样子，而这一切的基础都是在那个时期建立的。因此，宇宙黑暗时期是暗物质真正为构建所谓的宇宙网奠定基础的时期。

因此，下面这些就是我作为天文学家一直在问自己的几个问题：我们如何才能真正设法探测宇宙中最早的那些恒星和星系，从而了解最早的暗物质结构是何时产生的，以及暗物质的性质可能是怎样的。

索纳克·博斯，
哈佛大学天体物理中心研究员

动态的历史

在20世纪初，我们对宇宙的看法仍然受到空间和时间的限制。我们还没有看到银河系边界之外的东西。对当时许多伟大的天文学家来说，最简单的结论是宇宙并没有延伸到银河系之外，即没有超越这个巨大的光岛。

我们那时还没有真正了解宇宙的过去和未来，也没有意识到它来自何处，将如何演化。当时人们的共识是，这是一个永恒的宇宙，是一个没有生命故事的宇宙。当时包括阿尔伯特·爱因斯坦在内的许多伟大科学家认为宇宙在时间上向前和向后都无限延伸。但到了1912年，揭示更深层真相的第一批线索开始浮出水面。

美国天文学家维斯托·斯里弗在亚利桑那州弗拉格斯塔夫的洛厄尔天文台工作期间，开始检测当时已知天体发出的光的颜色，即遥远星系（当时人们称之为星云）的谱线。斯里弗首先观测的是仙女星云，他注意到来自这个遥远天体的光有一些特别之处——发生了红移。斯里弗得出结论：这可能只意味着一件事，那就是这个星云正以极快的速度远离我们而去。他估计这一速度约为300千米/秒。在取得这一发现之后，斯里弗又采用同样的技术观测了其他15个星云发出的光，结果发现几乎所有星云都在远离我们。看起来无论我们往哪里看，宇宙都在以不可思议的速度迅速远离我们。这一观测具有深远的意义，但对于斯里弗来说，这个观测来得有点过早了。在他取得这一发现时，我们还不知道这些星云实际上是星系，是由数以亿计的恒星组成的巨大岛屿。他的发现对宇宙学的深刻影响将被隐藏15年。

“这个速度的大小是迄今为止我们观测到的最大的，这就提出了一个问题，即这种速度的位移是不是由其他因素造成的，但我相信目前我们对此还没有其他解释。”

维斯托·斯里弗

经过21世纪最著名的天文学家的努力，斯里弗的发现才得以重见天日。在加利福尼亚州威尔逊山天文台工作的埃德温·哈勃不得不动用254厘米口径的胡克望远镜，这是当时地球上同类望远镜中功能最强大的。1919年，哈勃来到这个天文台，用这架望远镜观测到一种被称为造父变星的恒星。这些恒星有一个珍贵的特征，是几年前美国天文学家亨丽埃塔·莱维特在哈佛大学天文台发现的。莱维特在研究了数百个这种变星的光度变化后发现，这些恒星的内禀亮度可以计算出来，并因此可用作距离的一种度量。这在天文学中被称为标准烛光，是一种宇宙标尺。简单地说，物体越远，它看起来就显得越暗，所以如果你知道每一颗这种恒星的亮度，就可以测量它们各自与地球的距离。

这是一个巨大的突破，使哈勃能够在莱维特的工作的基础上继续前进，因此几年后，他就得以在仙女星云中发现了许多造父变星。当他测量这些恒星的距离时，发现它们不可能是银河系的一部分。这使哈勃在1924年带领我们走出了我们的岛宇宙，揭示了像仙女星云这样的星云完全就是另外一些星系，是在我们的星系之外的一些恒星岛屿。

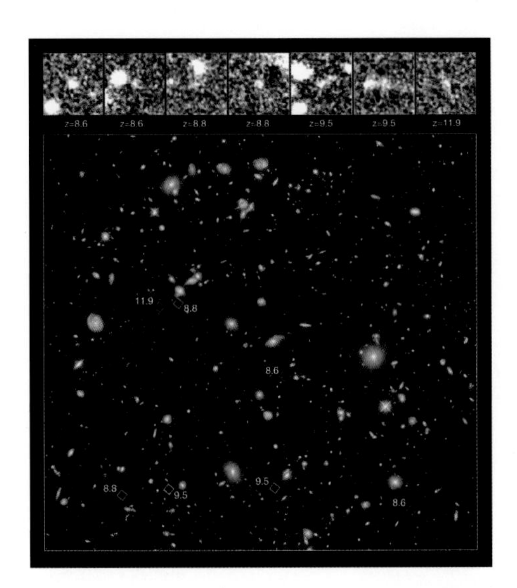

对页图：始建于1894年的洛厄尔天文台是美国最古老的天文台之一。1930年，天文学家就是在这里发现了矮行星冥王星的。

上图：2012年的哈勃极深场，其中精确定位了一群红移量为9~12的星系，这是迄今为止我们看到的最遥远的星系。

描述哈勃定律

当描述星系的速度（y轴）与距离（x轴）的关系时，得到的图像意味着这两个值成正比，其比例系数即哈勃常数。埃德温·哈勃的这一发现支持宇宙正在膨胀的理论，并使科学家能够计算出宇宙的年龄。

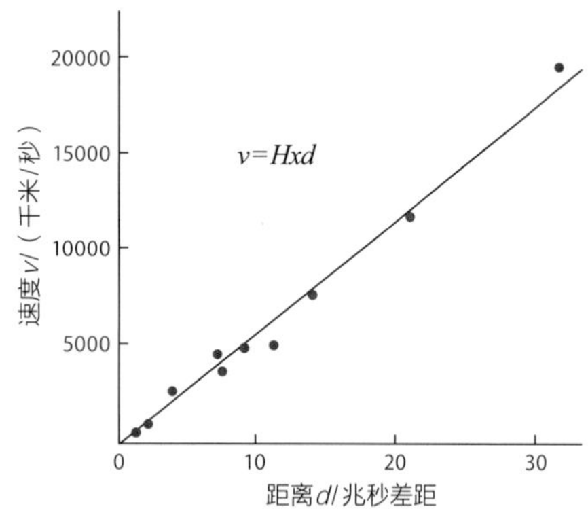

利用造父变星，哈勃就有了测量出数十个其他星系的距离的手段。他从10年前斯里弗的红移结果中得知，这些星系也在远离我们。在包括斯里弗、比利时天文学家乔治·勒梅特和哈勃在威尔逊山天文台的助手米尔顿·赫马森在内的许多其他人的工作的基础上，哈勃测量了24个星系的距离，然后将这些测量结果与它们的速度（由它们发出的光的红移表明）相关联，由此绘制出了那幅如今很著名的图（见左图）。这幅图揭示了一个简单而又深刻的真相，并在瞬间永久地改变了我们对宇宙的理解。哈勃首先观测到的是这些星系的距离与速度之间的简单关联。每个星系都以正比于它们到地球的距离的速度远离我们，这一关系后来被称为哈勃定律（也被称为哈勃-勒梅特定律，我们稍后会对此有更详细的阐述）。星系越远，其移动速度似乎就越快。哈勃的观测只有一个结果，但这个结果的意义深远：这不是一个静止的、永恒的宇宙，而是一个似乎正在膨胀的宇宙。在1934年的美国国家科学院年会上，哈勃向世人展示了他的发现的潜在后果，他说："目前星云的分布可以通过这样一个假设来表示：它们曾经挤在空间的一个特定区域中，但在大约20亿年前的某个特定时刻，它们开始以不同的速度向各个方向奔逃。膨胀的宇宙，以及之前所描述的其瞬息变化的规模，是宇宙学中被广泛接受的最新进展。"

下图：埃德温·哈勃改变了我们对宇宙的理解，他证明了宇宙不是静止的，而是在快速膨胀。

通过时间伸展空间

当物理学家谈论宇宙膨胀时，他们真正的意思是指空间本身在我们所处的宇宙中的这个位置与离我们很远的那些天体之间伸展。所以，二者之间的空间确实正在伸展，几乎就像一张蹦床或一块橡胶板那样。它确实在随着时间的推移而伸展。这就意味着天体离我们越来越远，事实上每个天体离其他天体也都越来越远。随着时间的推移，这种空间结构在各个方向上非常均匀地伸展。

这是一种貌似坚固的物质，一种我们一直在围绕着它运动的支架。一想到它实际上可能不是那么坚固，以致空间本身摇摆不定，我们就会感到相当不安。它可以弯曲和卷翘，也可以伸展。它可能会在像太阳、黑洞甚至整个星系这样的大质量天体附近弯曲变形。因此，它的形状可以在空间的一个区域内变形，它实际上可以伸展出去，随着时间的推移，把物体推得越来越远。所以，我们所认为的这个我们生活在其中的坚固网格实际上居然并不是那么坚固。

戴维·凯泽，
麻省理工学院物理学家

如今，我们认为宇宙膨胀这一观念是理所当然的，但将哈勃的初步观测转变成今天科学所讲述的基本创世故事的基础，花费了数十年的时间。关于宇宙膨胀的想法与人们数百年（乃至数千年）来所持有的想法背道而驰，不可能与人们普遍接受的稳态宇宙概念一致。稳态宇宙是一个永远不会变老的宇宙，它是永恒的，其中新的星系、恒星、行星以及生命是无尽的创造循环的一部分。直到20世纪60年代末和70年代初，另一种解释才完全站稳脚跟，即“宇宙中各天体的布局会转变成一部关于天体演化的历史”，宇宙有始也有终。

为了将哈勃的这些有争议的观测结果转化为宇宙的确定历史，科学家付出了数十年的努力。科学家反复尝试提高哈勃最初的这些测量结果的准确性，方法是不断改进我们测量一个数字（即这一最初发现的核心数字，它被称为哈勃常数）的能力。

哈勃常数是用来描述宇宙膨胀的量度，它最常被表示为1兆秒差距（天文单位，代表3.09×10^{19}千米）外的星系的速度。它不仅是描述宇宙膨胀的关键数字，而且通过回溯膨胀，还揭示了宇宙的年龄。早在1929年，当哈勃绘制他的初始数据并进行第一次计算时，他就得出了一个大小大约为501千米/(秒·兆秒差距）的值——这个值带来了一个不容忽视的重要结果。这个数字意味着宇宙实际上比太阳系还要年轻，这个宇宙的年龄不超过20亿年，而我们当时已经知道太阳和地球已经存在了近50亿年。仅这一点就令哈勃怀疑自己的这些发现是否正确，因此他提出在遥远的星云中观测到的红移也许可归因于空间的一种未知的性质，而不是对它们的速度的真实度量。

1934年，哈勃就这个难题发表了自己的看法。他知道，只有收集到更精确的数据，围绕着他的这些发现的不确定性才能降低，而随着技术的进步，对他的常数进行精确测量的能力会得到提高。哈勃寄希望于当时加州理工学院正在建造的一架新望远镜将给出的观测结果。“宇宙学上进一步的突破性进展很可能要等待积累更多的观测数据……”哈勃解释道，“并肯定会回答如何解释这些红移的问题，它们是否代表实际运动。如果它们确实代表实际运动，如果宇宙正在膨胀，那么它们可能表明了某种特定的膨胀。这一前景是整个故事的高潮。”

左图：埃德温·哈勃与加州帕洛马天文台的黑尔望远镜（1976年以前世界上最大的望远镜）。

下图：大麦哲伦云中的双星OGLE LMC-CEP0227。这两颗恒星中较小的那一颗是造父变星。

底图：盖亚空间望远镜显示了大、小麦哲伦云的恒星密度。红色代表巨星，绿色代表主序星，蓝色代表年轻恒星。

最终提供这些数据的望远镜不是位于地球上，而是在地面上方540千米处的环地轨道上运行，当时哈勃几乎无法想象这一点。这架以这位伟大天文学家的名字命名的望远镜在改变我们对宇宙的看法方面所做的工作也许超过了人类历史上的任何一项技术。哈勃空间望远镜摆脱了地球大气层的扭曲效应，使我们能够以比哈勃本人所能想象的更大的威力和更高的精度观察更远的宇宙。凭借清晰的天空视野，它使我们能够在30多年的时间里始终以更高的精度测量地球到暗弱恒星和星系的距离。有了这种更高的精度，就有了一组更可靠的数据来计算哈勃常数，而哈勃常数已经被用作我们估计各种基本宇宙学参数（包括宇宙的年龄）的基础。

在哈勃空间望远镜出现之前，我们利用当时能得到的最精确的数据，也只能算出宇宙的年龄在97亿年和195亿年之间。哈勃空间望远镜的威力改变了这一切。使用这架望远镜，可以精确地测量出5600万光年之外的室女星系团中的一群造父变星的距离。天文学家依靠这些新数据，得以在20世纪90年代末将哈勃常数的误差以及因此将宇宙年龄的误差减小到10%。这只是一个开始，因为在哈勃空间望远镜运行的前20年里，随着一系列检修任务的进行，它的观测精度大大提高，从而使哈勃常数的计算更加精确。

计算哈勃常数需要同时做两件事：通过精确的光谱技术测量遥远恒星和星系的红移，以极高的精度测量这些天体的距离。为了最大限度地提高这些计算的精度，天文学家需要测量距离地球越来越远的天体的这两个值。我们能够测量的天体距离越远，对哈勃常数的计算就越精确。为了实现这一目标，近年来天文学家一直在不断理顺和加强宇宙距离阶梯的构建。这个阶梯是由一系列技术构建而成的，当这些技术结合在一起时，我们就能够准确地测量远近不同的恒星和星系。

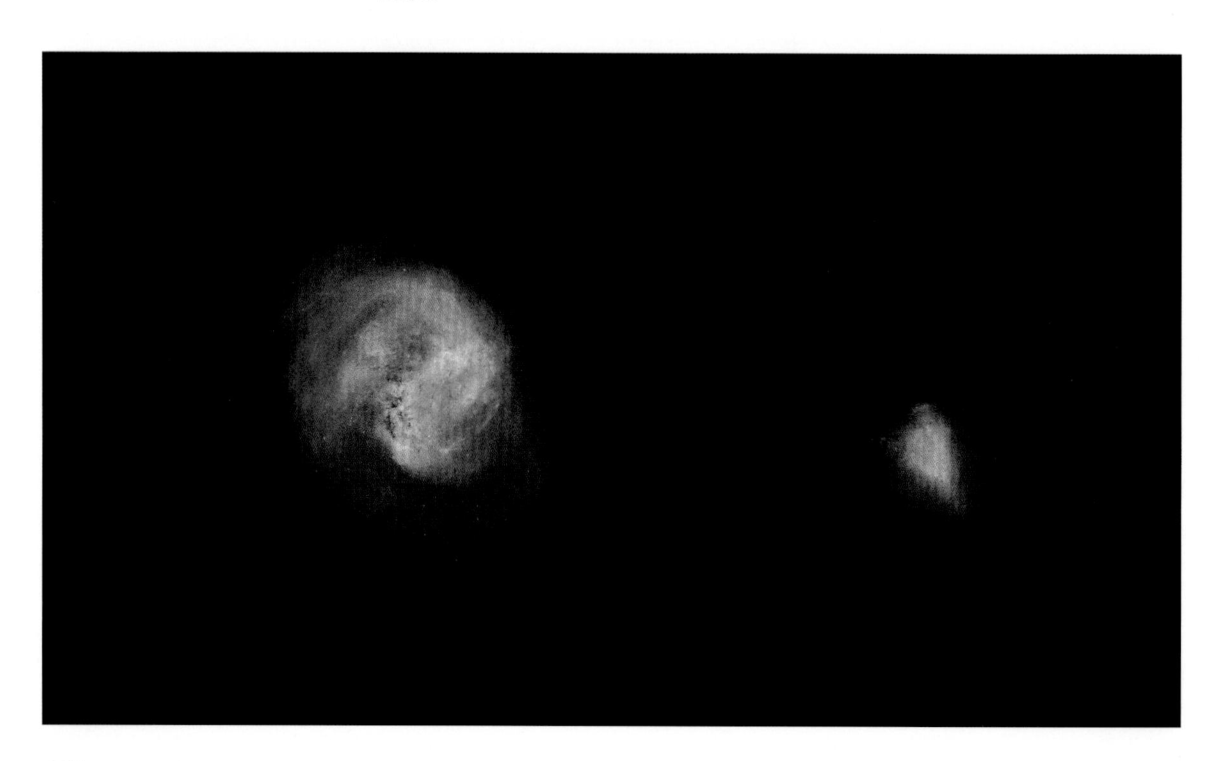

计算哈勃常数

天文学家建立了一个三级的宇宙距离阶梯来计算哈勃常数，方法是测量附近和较远处的造父变星的距离，并将二者与拥有Ia型超新星的星系以及遥远星系发出的发生了红移的光进行比较。

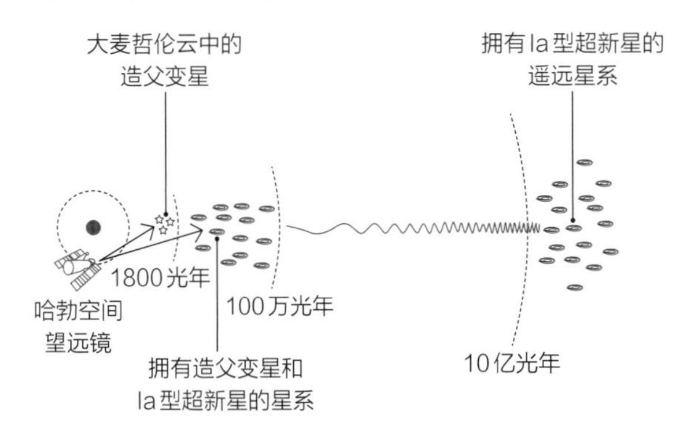

哈勃空间望远镜在构建这个阶梯的过程中发挥了重要作用，为测量银河系、附近的星系和宇宙中更远处的天体提供了火力。就本地的那些距离而言，造父变星（即哈勃最初用来计算离我们最近的星系的距离的那一类恒星）仍然是最有用的标尺。这是到达银河系边缘的天文测量所使用的标准烛光，我们在那里可以观测到大麦哲伦云中的造父变星。在更远的地方，从仙女星系到数千万光年以外的那些星系，造父变星仍然是测量距离的绝佳标尺，但如果你真的想提高哈勃常数的计算精度，就需要测量更大的距离，于是这些造父变星会显得太暗而无法使用。为了测量到最远的星系的距离，天文学家转而采用另一种标准烛光。虽然这种烛光转瞬即逝，但当它真正发光时就会创造出宇宙中最短暂而又最壮观的景象，让我们可以沿着这些阶梯向宇宙中的更远处前进。

下图：银河系中央，中间靠右的是三叶星云和两颗新发现的造父变星，它们在红外波段清晰可见。

死亡之舞

NGC 2525距离地球7000万光年，是一个美丽的棒旋星系。该星系是南半球船尾座的一部分，其直径至少为6万光年，中心潜伏着一个超大质量黑洞。自从1791年2月威廉·赫舍尔首次发现它以来，我们一直在观察它，殊不知在2021年它会发生一件大事，使我们能够将它作为最遥远的星系之一来设法测量宇宙的膨胀，并比以往任何时候都更精确地计算出宇宙的年龄。

我们那时绝不可能知道，宇宙中最奇怪的野兽之一——一颗白矮星正以一种岌岌可危的脆弱状态隐藏在这个遥远的棒旋星系的黑暗之中。白矮星是像太阳这样的恒星的残骸。当它们到达生命的尽头时，其大小还不足以形成黑洞或中子星。这些恒星的残骸会变成密度极高、亮度极低的天体，通常会被较年轻、明亮的近邻恒星的光芒所掩盖。白矮星被认为是几乎所有质量为太阳质量的7%~100%的主序星的最终演化阶段。据估计，仅银河系中就有100亿颗白矮星。一颗即将变成白矮星的恒星在其生命的最后阶段几乎会耗尽所有的氢，剩下的核心主要由碳和氧组成。当它排出外层的大部分剩余物质并形成行星状星云时，将只留下密度极高的碳氧核。这个碳氧核并不比地球大，但质量与太阳相当。

“赫舍尔把布满斑点的帐篷顶从这个世界上移开，使空间暴露出不可估测的深度，点缀其间的是一支巨大的恒星舰队，它们正航行到10亿里格[①]之外的遥远之处。”

马克·吐温

上图：威廉·赫舍尔，探索天空的先驱，他发现了数千个天体。我们现在知道它们是遥远的星系，其中包括他在1791年发现的NGC 2525。

对于大多数白矮星来说，未来只是维持一段走向昏暗的旅程，漫长而缓慢。当白矮星从已经死亡的恒星的余热中形成时，它们还是炽热的。由于不再经历聚变，没有能源为它们提供能量，因此余热会慢慢消散。当它们的核心冷却时，内部的物质会结晶，实际上变成了恒星钻石，在黑暗中隐约发光。几乎每一颗白矮星的最终命运都是一样的，当它们不再发出任何热和光时，就成了所谓的黑矮星。尽管这些天体在理论上存在，但我们认为目前宇宙中并不存在这样的天体。白矮星需要很长时间才能冷却下来，以至于根据我们的计算，现在还没有任何一颗白矮星的年龄大到足以到达它的生命历程的最后阶段。虽然宇宙到了138亿岁的年纪，但它仍然太年轻，还没有诞生出第一颗黑矮星。

不过，对于极少数白矮星来说，未来绝不是一片黑暗。这些天体的巨大密度意味着它们会产生巨大的引力，其中一些成为定时炸弹。如果一颗白矮星的质量能够增加到一个被称为钱德拉塞卡极限（相当于太阳质量的1.4倍）的临界值以上，它就不再稳定，引力就会取得主导地位，使白矮星发生坍缩，从而将其命运转移到一条截然不同的道路上。

2018年初，NGC 2525外缘的一颗白矮星发生了这样的事情。这颗白矮星并不孤独，数百万年来它一直被锁定在一颗红巨星的轨道上，但这场舞蹈不可能永远持续下去。当它们相互绕转时，这颗白矮星凭借强大的引力，开始从巨大的邻居那里窃取气体和等离子体。它以巨星为食，因此质量渐渐增大，直到它的质量达到了临界值。此时，它的密度是如此之大，以至于构成它的物质再也无法抵抗所受的引力。随着无情的引力占据上风，它的核心再也无法支撑，以致它在很短的时间内从稳定走向坍缩。

① 里格是一个古老的长度单位，1里格约等于5千米。——译注

船尾座

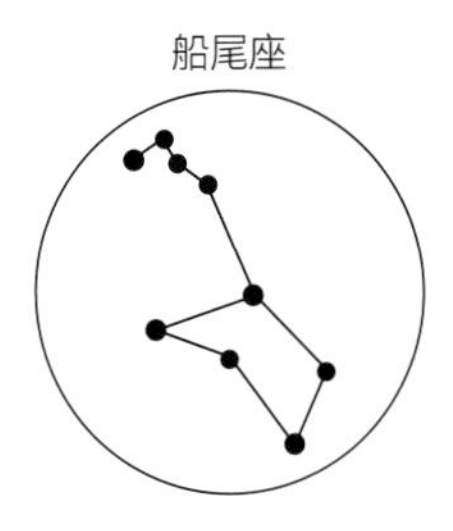

在日本山形县郊外森林密布的山区，世界上最多产的业余天文学家之一板垣光一正在观测7000万光年之外的天区。这是2018年1月15日，板垣光一注意到船尾座方向上有一颗看起来正在变亮的恒星。到这个时候，他已经取得了以他的名字命名的80多项发现。板垣光一有着丰富的经验，这使他确切地知道他正在观察的是什么：一颗超新星在一个遥远的星系中诞生，而这是一颗尚未达到其峰值的超新星，尚未在完全爆发后湮灭。这颗超新星后来被称为SN 2018gv。由于我们得到了足够的提醒，因此得以见证它正在照亮夜空。

超新星的发现是完全无法预测的，所以发现一颗新的超新星总会引起全世界天文学家的关注，SN 2018gv也不例外。在它达到最大致命光度还有10~15天的时候，哈勃空间望远镜团队立即采取行动。有了板垣光一作为宇宙瞭望者，这个团队得以将这架望远镜的全能之眼转向他的发现，并且在几天后就开始进行观测。该团队观测并记录了7000万光年之外的一个天体的亮度，它是如此明亮，以至于他们能够在它变得越来越亮时拍摄出一部非凡的电影。

这不只是一位电影明星，而是一种非常特殊的恒星，是为试图测量宇宙中遥远星系的距离的天文学家准备的一份礼物。虽然这样的超新星只会发光几天，但它们在发光时会在整个宇宙中投射出深邃而明亮的光芒。

下图：恒星在垂死挣扎阶段释放出一层又一层过热气体，这些气体以超过96.5万千米/时的速度穿过太空。

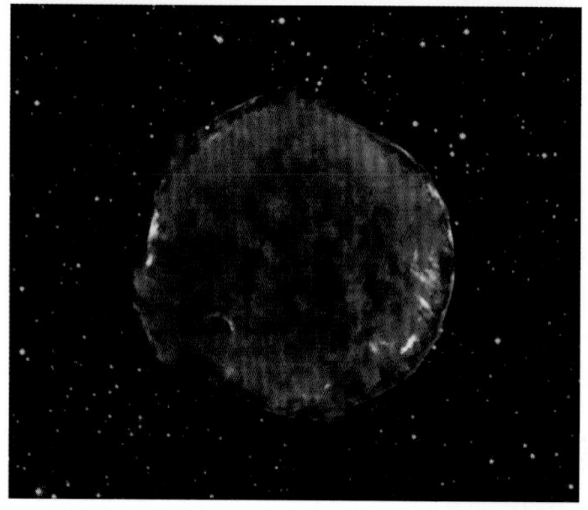

天文学家给这种超新星起了个名字——Ia型超新星，它们的确是大自然的恩赐。当从邻近的恒星吸取物质时，注定要成为Ia型超新星的白矮星会慢慢地达到这样一种状态：由额外质量所产生的压强和密度会使这颗死恒星的温度升高。我们认为，在达到重新启动聚变反应所需的温度之前，这颗处于边缘状态的恒星可以在这个沸腾阶段停留大约1000年。一颗也许已燃烧和发光了80亿年或100亿年的恒星死后作为白矮星在阴影中生活了数百万年，然后以邻居为食，在1000年的时间里逐渐将温暖带回它的核心。而当达到碳聚变的温度时，就在一刹那，这颗恒星复活并重新点燃了。在这颗恒星重新点燃的短短几秒内，失控的反应开始了。由于无法控制其温度，因此这颗曾经死亡的恒星从灰烬中重生并以极快的速度发生转变。碳和氢在短短几秒内聚变成更重的元素，释放出大量能量，瞬间将内部温度升高到数十亿摄氏度。随着能量的快速释放，这颗恒星再也无法控制自己，构成白矮星的物质开始以难以想象的速度飞散。而这正是板垣光一在2018年1月的一天首先在地球上目睹的一幕：一颗白矮星在7000万年前爆发，那是一次最猛烈的爆发，它发出速度为2万千米/秒的冲击波，发出了比太阳亮50亿倍的光芒。

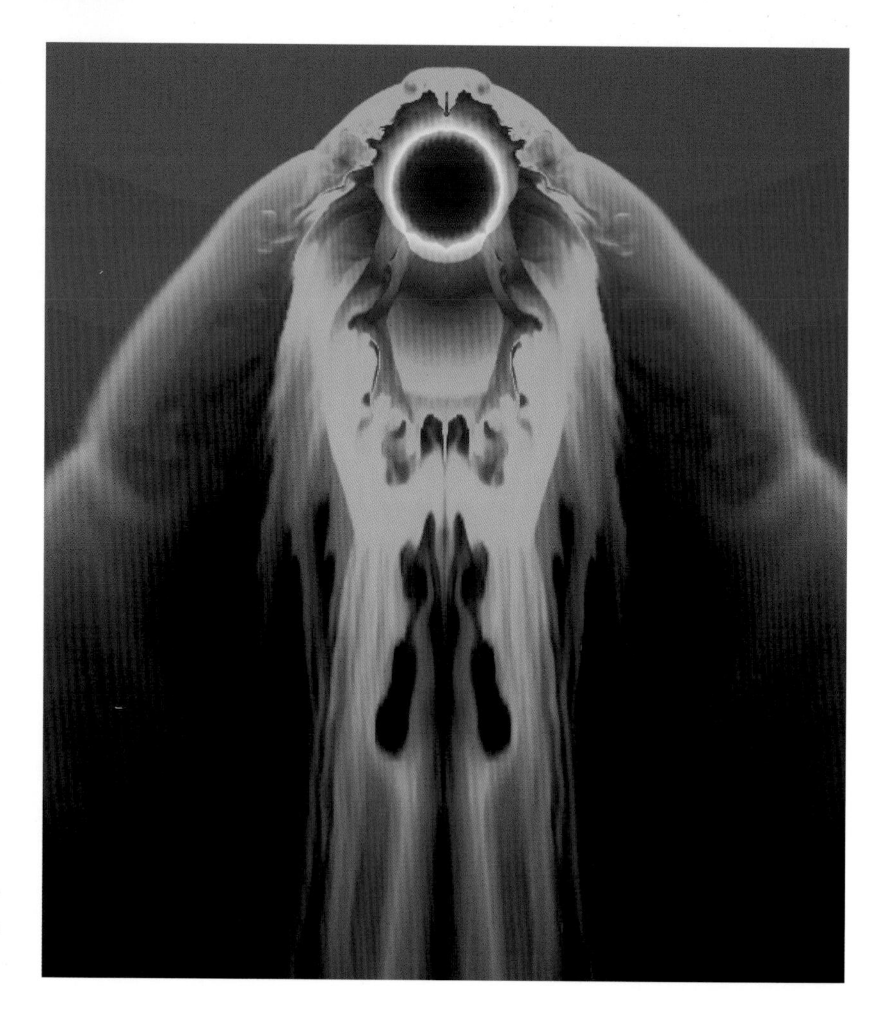

上图：第谷超新星遗迹是1572年一颗白矮星在Ia型超新星爆发之后形成的可移动的热气体和尘埃云。

本页和对页右下图：一颗恒星在其伴星变成超新星的10分钟后其周围的密度。在对页右下图中，密度图示从红色变为深蓝色；在本页下图中，密度图示从黑色变为红色。爆发的恒星喷出的物质在与这颗恒星发生相互作用时形成复杂的旋涡和冲击波波前。

除了令人难以置信的暴力之外，我们现在知道Ia型超新星还具有令人难以置信的可预测性。智利和美国的一组天文学家在一个名为“卡兰/托洛洛超新星巡天”的项目中，通过绘制每一颗恒星随时间变化的特征光变曲线发现，这些超新星就像莱维特在近100年前发现的造父变星一样，可以作为标准烛光。这些恒星都以相同的方式爆发，都以同样的亮度发光，这意味着如果你看到一颗比较暗的超新星，那么它一定离你比较远。与造父变星不同，它们非常明亮，我们可以在数百亿光年之外看到它们。这意味着我们可以精确测量可观测宇宙边缘的一些星系的距离，一直到像NGC 2525那样的星系。

这正是我们从2018年2月开始做的事情。当这颗Ia型超新星燃烧它那短暂而又明亮的生命时，哈勃空间望远镜可以利用它的光来测量暗弱星系NGC 2525的距离。将这一测量与超新星以及星系本身发出的光的红移相结合，SN 2018gv为我们提供了构建迄今为止最精确的宇宙阶梯的另一个数据点，从而使哈勃常数的测量得到了大幅度的提高：21世纪初的不确定性为10%，现在（撰写本书时，即2021年5月）我们测量宇宙膨胀率时的准确度达到了98.1%。

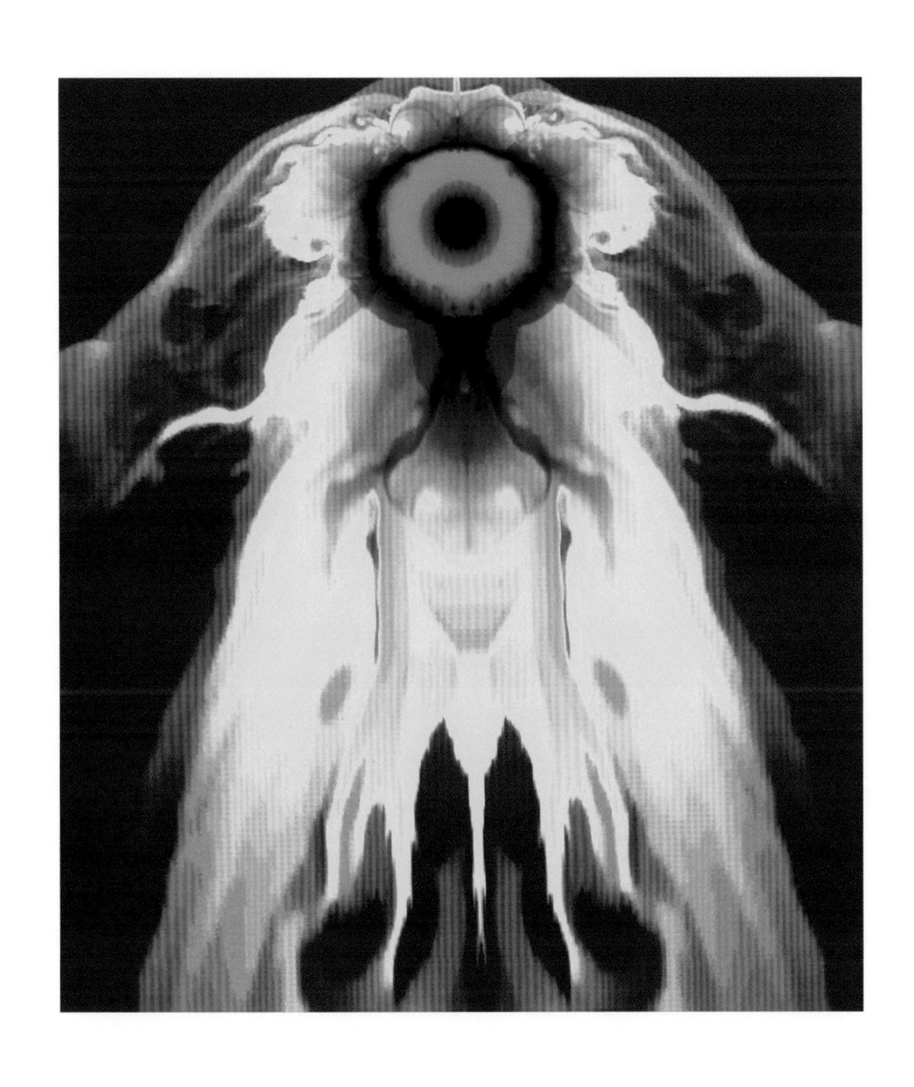

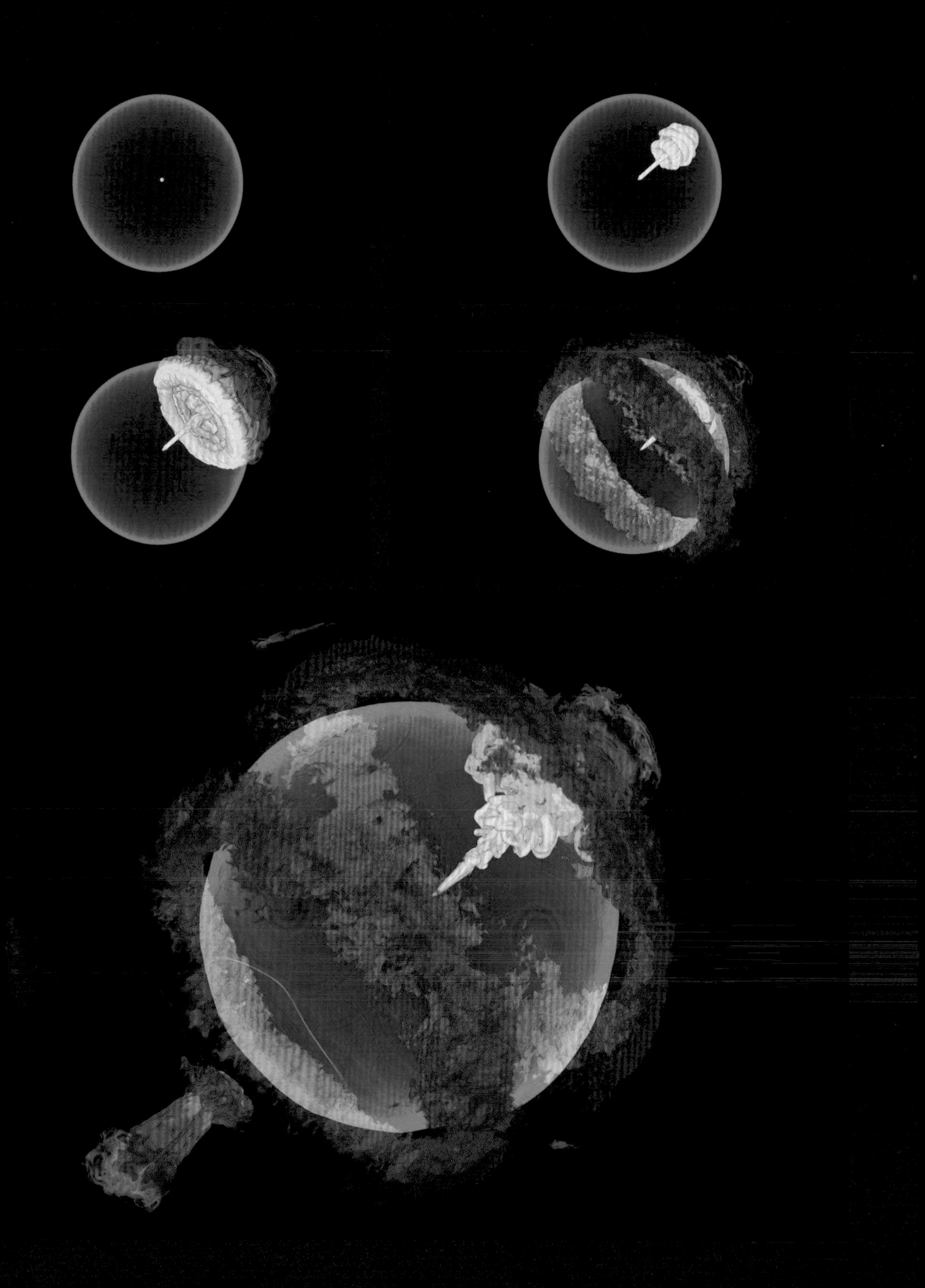

光变曲线

这张光度（相对于太阳的光度）与时间的关系图显示了Ia型超新星的特征光变曲线。峰值主要是由镍（Ni）的衰变引起的，而后期则由钴（Co）提供动力。

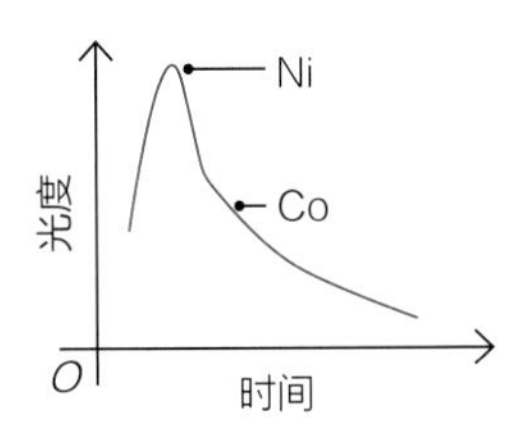

这使得我们对哈勃常数的新估计变成了（74.03±1.42）千米/（秒·兆秒差距）。从这个数字回溯，我们估计宇宙的年龄为（138.××±0.××）亿年。

工作看来完成了，但正如科学中经常发生的情况一样，一个数据集是永远不够的。尽管哈勃空间望远镜使我们在过去的30多年中大幅提高了哈勃常数的计算精度，但它在2019年发布的数据也带来了一个新问题：数据精确性的提高加大了它的发现与用于计算哈勃常数的其他主要方法的发现之间的不一致。在过去的20年中，科学家一直在采用另一种方法：拍摄宇宙中最早的光的图像（即宇宙微波背景辐射的图像），并利用它来快放宇宙的生命历程，从而给出另一种测量哈勃常数的方法，由此测量宇宙的年龄。一开始，采用这两种方法获得的测量结果非常相似，没有引起人们的任何担忧，但随着哈勃空间望远镜提高了它的观测能力，另一种方法的观测能力也提高了。欧洲空间局于2009年5月发射的普朗克望远镜使我们能够像利用哈勃空间望远镜改进宇宙阶梯技术那样，大幅提高后一种方法的数据质量，其结果是计算哈勃常数的两种主要方法之间产生了越来越大的差异。

随着普朗克望远镜团队得出的数值小至67，我们现在有了两个差别很大的宇宙膨胀率数值，以及两个相差20亿年的宇宙年龄数值——这两个数值不可能都是正确的。是的，这是一个问题，但这是一个令人振奋的问题，因为没有人能确定是什么导致了这一差异。这种情况在科学中并不罕见，但通常随着数据可靠性的提高，两种不同方法之间的差异就会减小，直至消失。然而，在用两种方法计算哈勃常数时出现了相反的结果。我们不知道这是不是由于其中一种实验方法中存在一个未知的缺陷，但当我们的知识中出现这样的缺口时，也会有最令人兴奋的可能性：两种方法都是正确的，但这种差异表明我们目前对宇宙的理解存在根本的缺口。一些科学家现在认为，这一缺口指向一些尚未发现的新现象、新物理学前景以及对宇宙运行方式的新理解。没有什么比这更令人振奋了。

虽然天文学家和宇宙学家还在继续为哈勃常数的精确值争辩，但有一件事情没有改变，那就是我们对宇宙起源的探究。如果宇宙正在膨胀，那么这就意味着一切曾经比现在靠近得多。如果我们想了解这一切是如何开始的，就必须回溯到宇宙比现在小得多，其中一切都比现在靠近得多的时刻。我们必须回到地球和太阳形成之前的一段时间，回到像GN-z11这样的第一批星系出现之前的一段时间，回到宇宙黑暗时期之前的一段时间。如果我们继续穿越黑暗回到过去，最终就会到达宇宙历史上最著名的那个时刻——大爆炸。

对页图：一颗大小与地球相当、质量与太阳相当的白矮星作为Ia型超新星爆发时的计算机模拟。

从小处开始

我们今天看到的宇宙是一个具有无限多样性的宇宙，其中包含约2000亿个星系以及数量令人难以想象的恒星和行星，蕴藏着无数生命，而这一切都来自一个不会比这句话末尾的句号更大的微小空间，这样的一个想法几乎是不可理解的。不过，我们已经看到这个想法从20世纪早期的一个笨拙的概念发展成了人类思想史上基于证据的最全面的创世故事。

“大爆炸”这个词本身的发明要归功于英国天文学家、科幻小说家弗雷德·霍伊尔。尽管霍伊尔是该理论最激动的批评者之一，但他也是在1948年英国广播公司（BBC）的一次广播中第一个将其命名为“大爆炸”的人。霍伊尔认可宇宙的稳态模型，即一个无始无终的宇宙。在其他人抛弃这一理念很久以后，他还一直坚持其正确性。尽管他秉持这种理念，但他所起的这个描述性的名字将主导我们对宇宙起源的认识。

不过，在这个名称流行起来很久之前，这一理论本身就已经慢慢上升到主导地位了。在20世纪20年代末，埃德温·哈勃和比利时物理学家兼牧师乔治·勒梅特都提出了关于宇宙膨胀的想法。事实上，首先发表这一想法的是勒梅特，他在一篇晦涩难懂的论文中描述了一条定律，而这条定律后来被称为哈勃定律。1927年，这篇论文发表在一种鲜为人知的比利时期刊上，几乎没有引起什么关注。正如我们在本章前面所看到的，埃德温·哈勃在两年后使膨胀宇宙的概念引起了全世界的注意，同时也将勒梅特本人以及他的研究放到了科学的阴影之中。

“如果这个建议是正确的，那么世界的开端就出现在空间和时间开始之前。”

乔治·勒梅特

勒梅特的研究远不止这些。他推断，如果宇宙向各个方向同时膨胀，那就必定意味着昨天的宇宙比今天的小，前天的宇宙甚至更小。按照这个逻辑，日复一日地回溯，跨越百亿年，宇宙的尺度会不断缩小，直到最终回到一点上，整个宇宙的历史就是从这个点开始的。1931年5月，勒梅特在《自然》（*Nature*）杂志的一篇简短的通讯中描述了自己的想法，他仅用450多个单词就首次精确地描述了一个始于一个“原初原子”的“世界”。勒梅特的简要描述刊登在一篇描述在一条眼镜蛇的消化道中发现昆虫残骸的通讯文章旁边，看似无关紧要，但事实上它在科学界掀起了一股冲击波，并立即被世界各地的大众媒体转载。几天后，《纽约时报》（*New York Times*）全文刊登了勒梅特的这篇通讯文章，而《大众科学》（*Popular Science*）杂志发表了一篇洋洋洒洒的长文，重点介绍此时已是大名鼎鼎的“勒梅特神父”。在国际关注的热潮中，勒梅特应其导师阿瑟·爱丁顿的邀请，从比利时的鲁汶大学前往伦敦。几年前，爱丁顿曾在剑桥大学教授过勒梅特。这一邀请包括在伦敦大学大会堂举行的英国科学促进会成立100周年纪念大会上发言的机会。演讲的主题是物质、精神和宇宙演化之间的关系，勒梅特不遗余力地用他的新“烟花”创世理论吸引尊贵的听众。

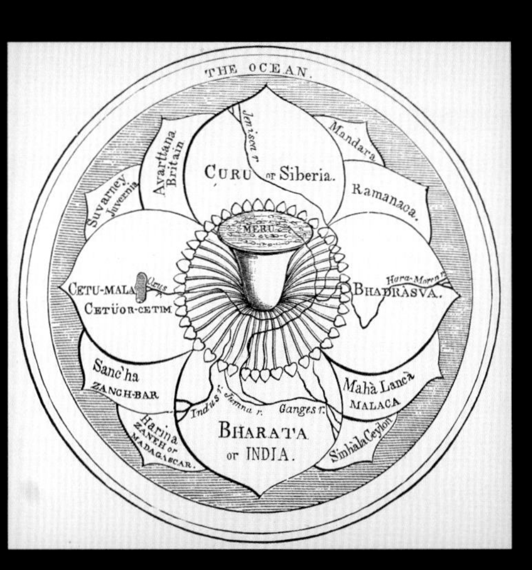

上图：综观历史，我们曾设想过宇宙有多种形态。这是19世纪印度人提出的宇宙体系。

下图：1668年，勒内·笛卡儿[1]设想物质以旋涡的形式聚集，充满宇宙，每个旋涡的中心都有一颗恒星以及绕其运行的行星。

右图：希尔德加德·冯·宾根[2]的第一幅宇宙体系简图，对12世纪的《威斯巴登抄本》（*Wiesbaden Codex*）中的一幅图略作简化。

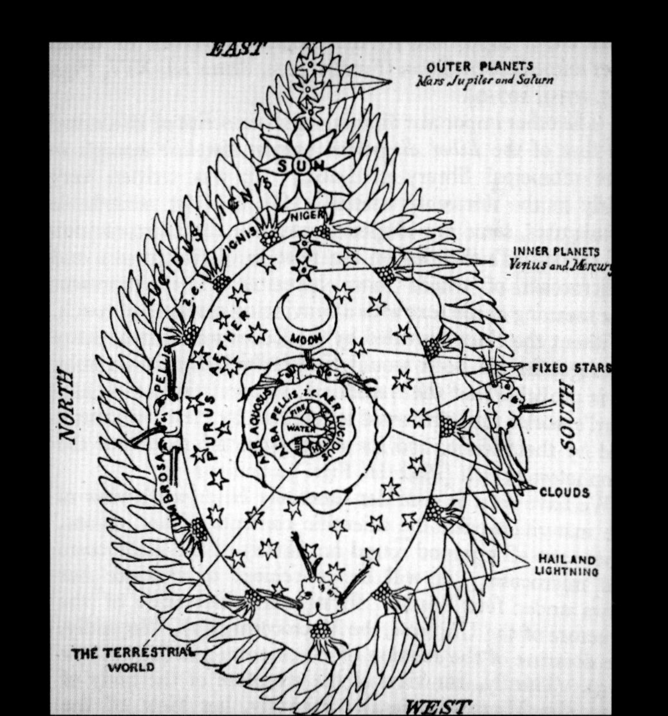

从量子理论的角度看世界的开始

阿瑟·爱丁顿爵士指出，从哲学上讲，自然界当前的秩序有开端这一说法令他反感。量子理论的现状表明，世界的起始与自然界当前的秩序非常不同。从量子理论的观点来看，热力学原理可以表述如下：①总量恒定的能量分布在离散的量子中；②不同量子的数量在不断增加。如果我们沿着时间回溯，就必然会发现量子越来越少，直到我们发现宇宙中的所有能量都集中在几个量子甚至一个独一无二的量子之中。

那么，在一些基本过程中，空间和时间只不过是统计概念。如果将这些概念应用于仅涉及少数几个量子的个别现象，那么它们就会逐渐消失。如果世界始于一个量子，那么空间和时间的概念在一开始就完全没有意义。只有当原始量子被分成数量足够多的量子时，它们才会开始有合理的意义。如果这个想法是正确的，那么世界的开端就出现在空间和时间开始之前。我认为，世界的这样一个开端与自然界目前的秩序相去甚远，这一点也不令人反感。也许我们很难详细地探究这一想法，因为我们还无法计算每种情况下的量子包数量。例如，我们也许可以这样计算：一个原子核必须作为一个独一无二的量子来计算，原子序数充当一种量子数。如果量子理论的未来恰好朝着这个方向发展，那么我们就可以将宇宙的开端设想成一个独一无二的原子的形式，而它的原子量就是宇宙的总质量。这

下图：早期的3个频率的微波分布图，用颜色编码来显示微波背景的温度变化。[图中上方文字的意思是“宇宙背景探测器较差微波辐射计全天微波分布图”，左下角文字的意思为“银道坐标系”，右下角文字的意思为“1989年11月(发射)—1990年5月”。]

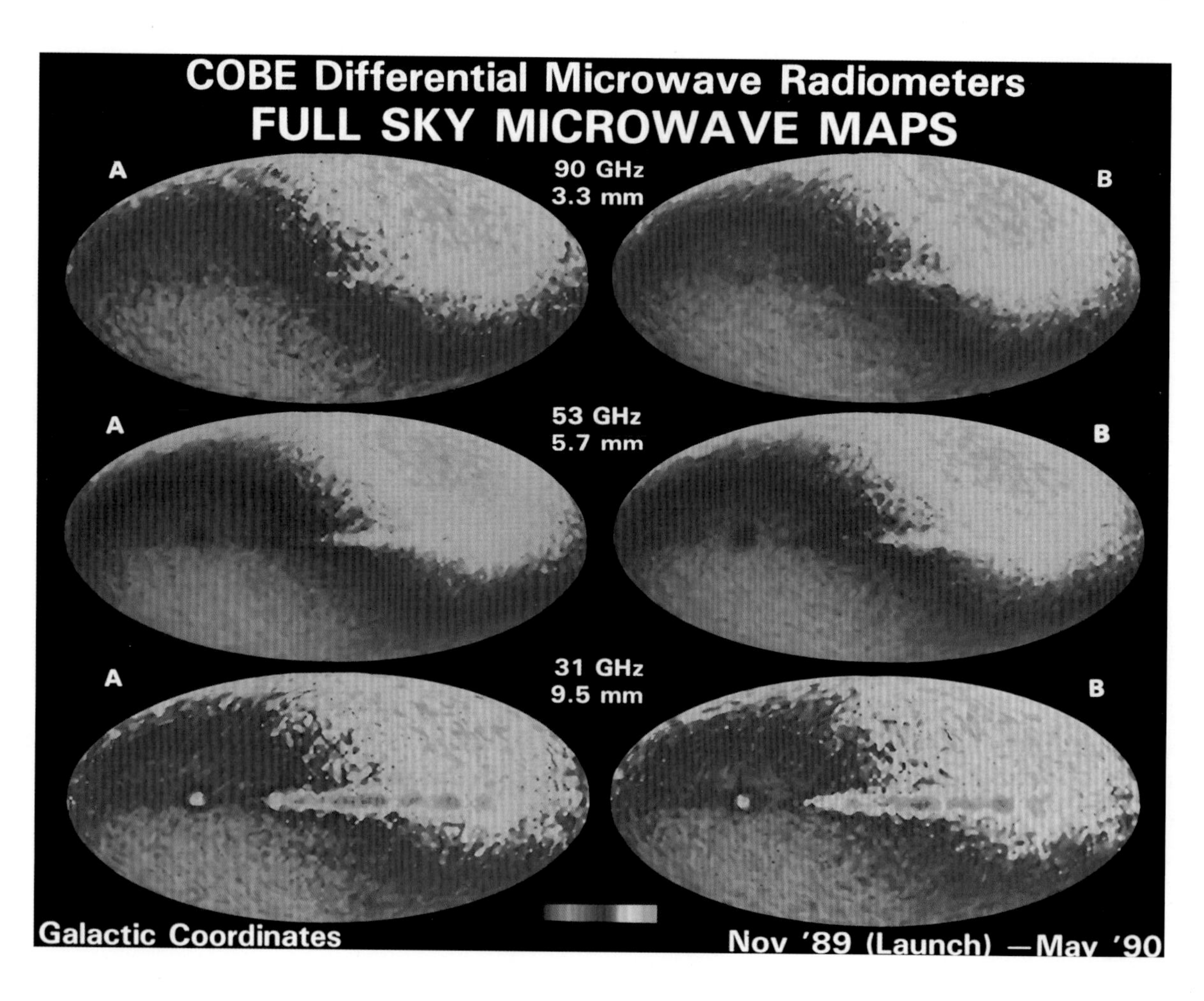

对页图：第一张全天微波分布图，其中显示了宇宙微波背景辐射中的波纹。这是利用来自宇宙背景探测器的数据制作的。图中上方的COBE DMR是该探测器的较差微波辐射计（Differential Microwave Radiometer）的英文缩写。

下图：弥漫红外背景实验（DIRBE）绘制了1.25~240微米范围内的10个波段的绝对天空亮度分布图，以探测其变化。（图中上方文字的意思是"弥漫红外背景实验银道面分布图"。）

个高度不稳定的原子会通过一种超放射性过程分裂成越来越小的原子。根据詹姆斯·琼斯爵士的想法，这个过程的一些残余物可能会增加恒星的热量，直到我们的那些低原子序数的原子出现，从而使生命的诞生成为可能。

勒梅特在发表于《自然》杂志的一篇论文中写道："显然，这个最初的量子在本质上无法掩盖整个演化过程，但是根据不确定性原理，这并不是必要的。我们的世界现在被理解为一个其中真的有事情发生的世界，这个世界的完整故事不需要像唱片上录制好的歌曲一样，记录在第一个量子中。整个世界的物质在一开始一定就是存在的，但它必须讲述的故事可能是一步一步地撰写出来的。"

尽管勒梅特有了短暂的名声，但他的理论仍然处于科学主流之外，只是设法解释哈勃的观测结果的众多相互竞争的理论之一。爱因斯坦也对这个比利时人的工作不屑一顾。据说，爱因斯坦告诉勒梅特，他在"数学上的计算是正确的，但他的物理很糟糕"。由于有这种地位的反对者，因此勒梅特的原初原子假说仍然处于边缘地位也就不足为奇了。无论有什么证据支持，这个世界还没有准备好接受一个形式如此激进的创世故事，而且当然没有准备好从一位碰巧是神职人员的物理学家那里接受这个故事。数百年来，科学思考一直在努力让我们摆脱宇宙始于一个创造时刻的描述，要求科学界接受一个信奉上帝的人讲述这个故事的新经验主义形式也许太过分了，无论他的数学有多好。多年后，勒梅特在评论这些方法的这种二元性时打趣道："当时在我看来，通往真理的道路有两条，而我决定同时走这两条道路。"

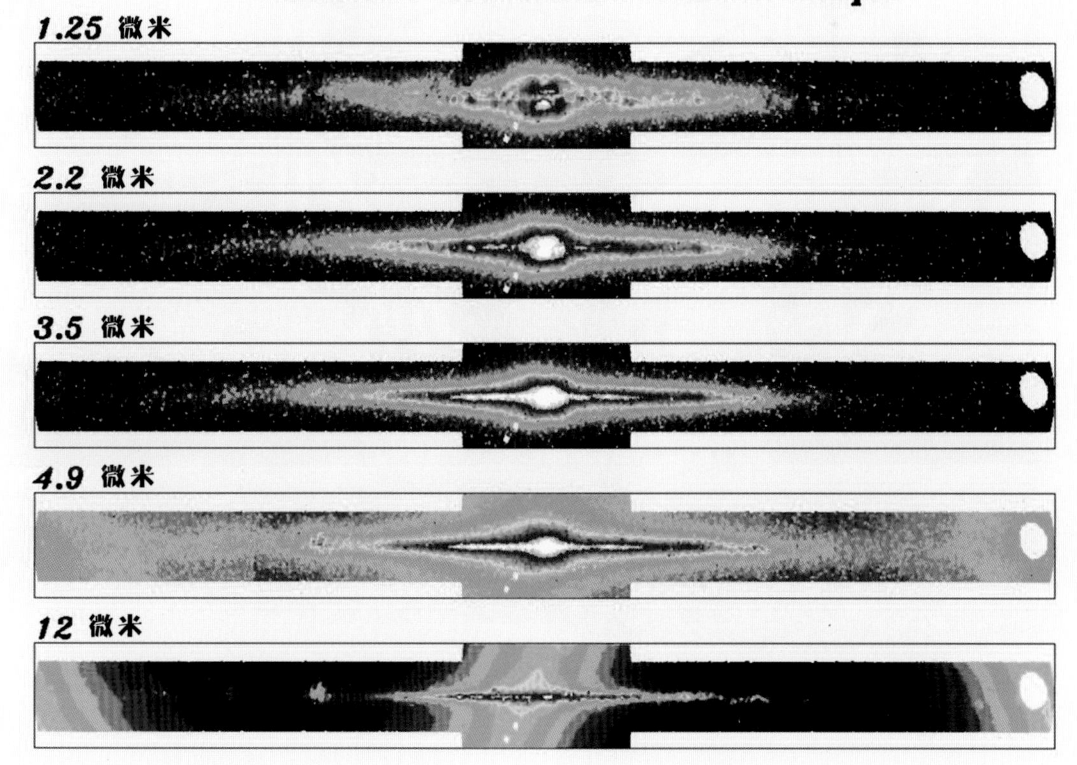

下图：阿尔诺·彭齐亚斯和罗伯特·威尔逊站在一架15米长的喇叭状天线旁。这架天线使他们取得了最引人注目的发现。

右图：与此同时，英国柴郡麦克尔斯菲尔德附近的焦德雷班克天文台的一架望远镜正监测着太空中每一个单独天体的射电发射。

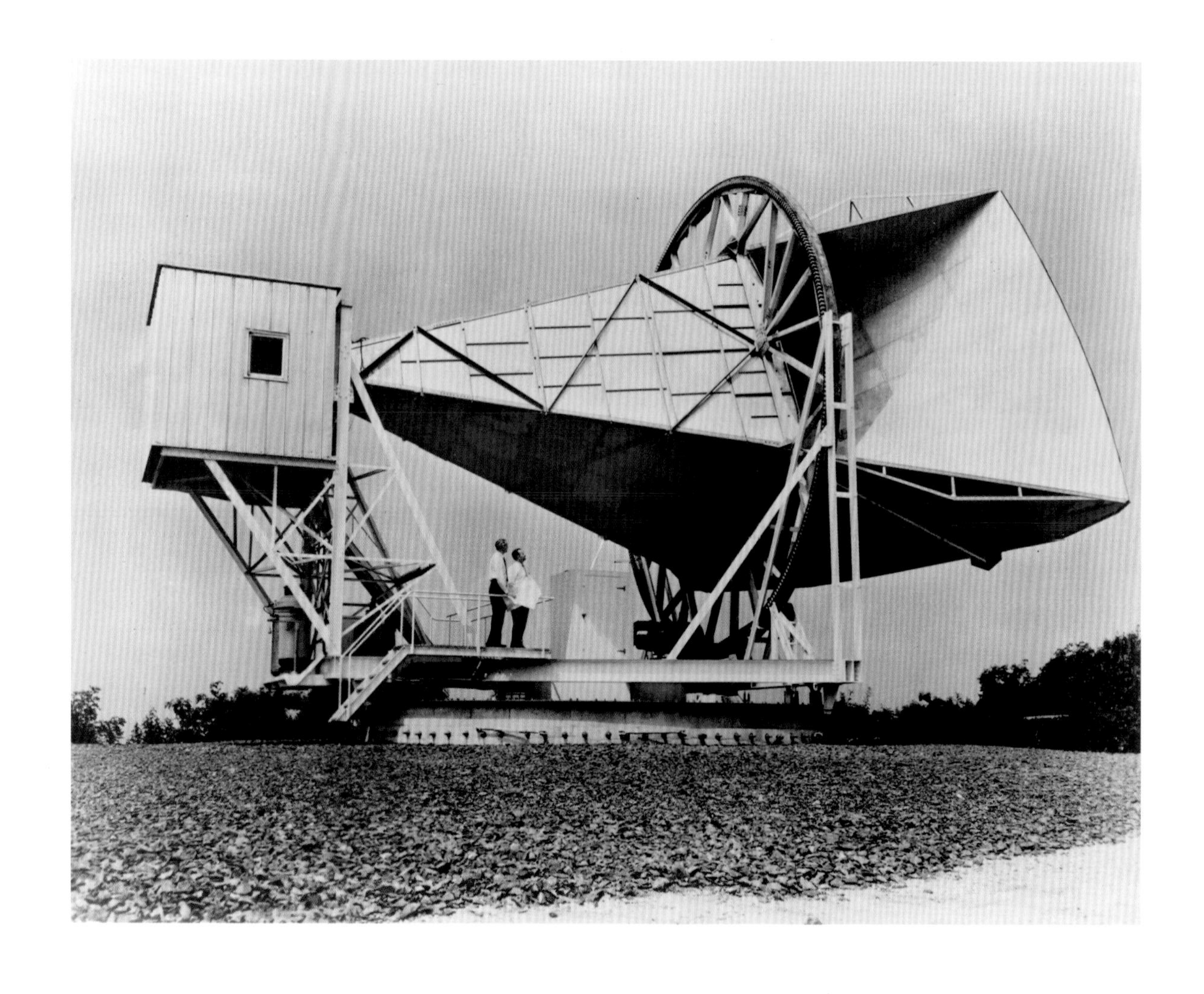

“从哲学上讲，自然界当前的秩序有开端这一说法令我反感。”

阿瑟·爱丁顿

直到第二次世界大战之后，在解释宇宙膨胀证据的竞赛中才出现了两个突出的模型。一个是弗雷德·霍伊尔倡导的稳态模型，即一个无始无终的宇宙，这个模型中用于解释宇宙膨胀的是新物质的产生。另一个是勒梅特倡导的原初原子假说——此时已（被霍伊尔）称为大爆炸理论，该理论从一个远古开端的角度解释了宇宙膨胀。1961年8月，在加州大学伯克利分校举行了一次会议，该领域的所有领军人物都参加了这次会议。勒梅特在会上将他的理论描述为“一种空间和时间的底部”。尽管这场辩论在20世纪60年代初一直在激烈地进行着，但很明显，潮流的发展方向是向一边倒的，越来越多的证据支持大爆炸假说。然后，就在一瞬间，形势发生了变化。

1964年，阿尔诺·彭齐亚斯和罗伯特·威尔逊在新泽西州霍姆德尔的贝尔实验室工作时，发现了一种无法解释的现象。他们使用一架高度灵敏的喇叭状大型微波天线，接收到了一种令人费解的射电噪声。这种噪声过于微弱，不可能来自银河系内部的射电源，而且似乎不是来自单个源，而是同时来自天空中的各个方向，一天24小时的强度相同，一年到头也没有变化。他们没有与观测结果相符的任何解释，因此去寻找地面上的干扰源。他们研究这是不是从纽约市外逸出来的射电噪声，甚至还发生了将这种异常信号归咎于天线上的鸟粪这一著名事件。所有可能的解释都站不住脚，而随着所有的干扰源都被排除在外，这种奇怪的射电信号似乎仍无法解释。不过，这时出现了一个惊人的巧合。就在彭齐亚斯和威尔逊对他们发现的射电波感到困惑的同时，普林斯顿大学的一个由罗伯特·迪克领导的团队在理论上预言了大爆炸会导致这种射电波存在。当迪克和他的团队正在匆忙建造自己的天线，想看看能否探测到这种信号时，消息传到了同处新泽西州的贝尔实验室团队，后者很快意识到，对于这种奇怪的射电信号，他们现在有了最深刻的解释。他们测量到的这些信号是创世的余晖，是宇宙中最古老的光，它们在“原初闪光”中诞生，被宇宙的巨大膨胀拉伸成了射电波。由于这一发现，我们回溯到了比以往任何时候都更久远的时间。我们终于冲破了黑暗，到达了开端，到达了“没有昨天的一天”的那个尽头。至少我们是这么想的。

上图：马丁·赖尔教授正在检查记录在穿孔纸带上的数据，这些数据是由剑桥穆拉德射电天文台的射电接收器转换而来的。

开始之前

我们仅仅花费了一辈人的时间，就已经回溯到了我们自己的创世故事中，回溯到了比我们能够梦想的还要远得多的过去。我们已回到生命出现之前，回到地球存在之前，回到太阳诞生之前，回到银河系演变成数以亿计的恒星的家园之前。再往前追溯，我们将第一个星系和第一颗恒星抛在身后，穿过黑暗，直到越过宇宙网和宇宙的支架，越过第一个原子，回到大约138亿年前，那是一切开始的时候。时间本身的开始，宇宙中所有事物的每一部分，包括你的每一个部分，都包含在一个令人难以置信的炽热、致密的点中。从那时起，这个点一直在膨胀。

提到我们所谓的大爆炸时，似乎已经到达了最遥远的地平线，即空间和时间的起点。但正如埃德温·哈勃所表明的，"天文学的历史就是地平线后退的历史"，即使在时间本身的边缘，如今我们也料想必定还存在着另一条地平线。我们曾经认为宇宙就是在时间的这个起点从这种非常炽热、非常致密的状态开始演化的，但现在我们强烈地觉得宇宙在那之前就已经存在了，所以从一种非常实在的意义上讲，现在我们有可能谈论大爆炸之前的某个时间了。

为这段回到大爆炸之前的旅程带来可能性的是理论和物理探索的强大结合。理论之旅始于20世纪70年代末，当时艾伦·古思参加了罗伯特·迪克的一次讲

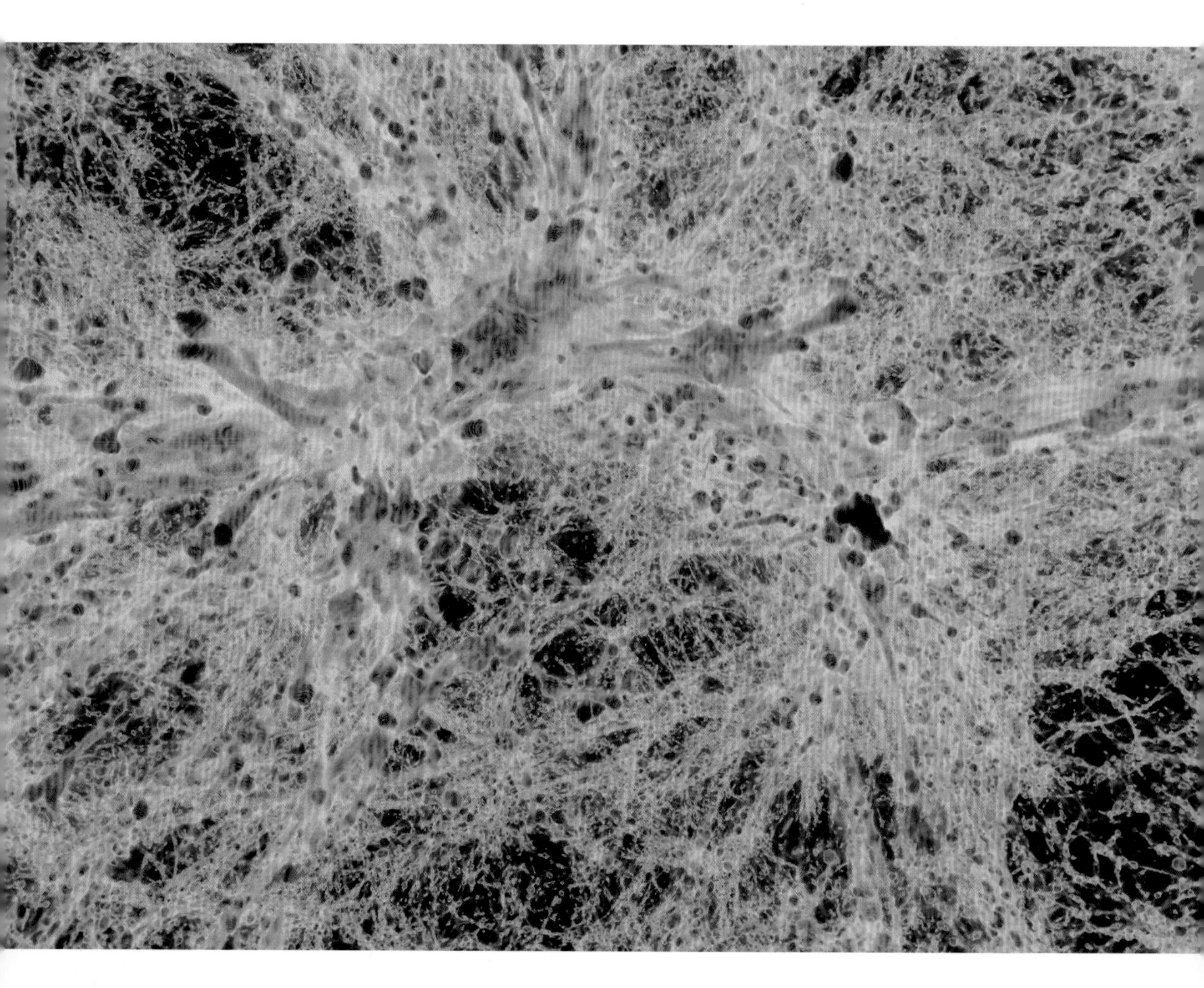

座。迪克领导的团队预言了大爆炸之后会存在一种射电余晖，他提供了一些支持大爆炸假说的最基本的证据，但我们对宇宙特征的理解仍然存在空白，而这些空白是无法仅用大爆炸假说来解释的。当时迪克和其他一些天文学家正在努力试图解释为什么宇宙诞生时处于如此均匀的状态，它在空间上是平坦的，在所有方向上的温度都完全相同，精度达到99.997%，并且没有时间之初存在的超高能量的残余。这个问题被称为“平坦度问题”。

古思提出的解决方案是让我们回到大爆炸之前的某个时刻。进入一个不可思议的时空，那里没有物质存在，只有巨大的能量聚集在极其微小的粒子中。这个前宇宙中的任何事物都无法与我们今天所看到的宇宙联系起来，它是一个没有结构的空洞，里面充满了能量，但除此之外什么都没有，而潜藏在其内部的某种东西仍然能够引发一场令人难以想象的剧烈膨胀，古特称之为宇宙暴胀。

根据古思的理论，暴胀使这个原初粒子以惊人的速度膨胀，每十亿分之一秒就会膨胀10亿亿亿倍。该理论认为，暴胀时期可能已经持续了很长的一段时间，甚至是永恒的，但这最后一段指数式膨胀时期持续的时间远不到1秒。我们认为它仅仅持续了10^{-32}秒就结束了。

随着暴胀时期迅速接近尾声，宇宙的大小介于一个足球与一幢大楼之间。正是在这一刻，曾经充满早期宇宙的所有能量从驱动快速膨胀转变为构成可观测宇宙中的一切事物的那些最基本的成分，这些能量足以构成2000亿个星系，而每个星系中都有数以亿计的恒星和行星。在某一时刻，一个由纯粹的正在膨胀的能量构成的宇宙转变成了一个膨胀速度慢得多的宇宙，所有的原初成分各就各位，准备构建我们今天所看到的宇宙。我们所谓的大爆炸正是发生在那一时刻。

因此，大爆炸并不像勒梅特最初想象的那样，是一种规模巨大的“烟花猝发”，是一种爆炸。这实际上是一种转变，是一种能量向物质的转变。在那一刻，一个粒子——前宇宙变成了我们的宇宙。

暴胀

根据暴胀理论，宇宙膨胀得如此之快，以致根本没有时间使其本质上的均匀性发生破缺，因此暴胀之后的宇宙非常均匀，即使它的各部分之间不再相互接触。

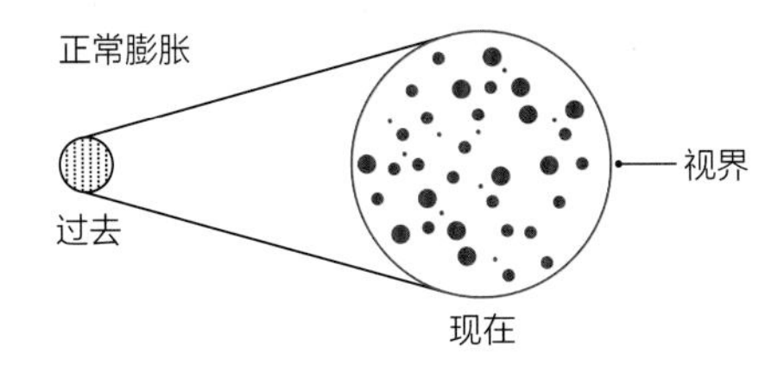

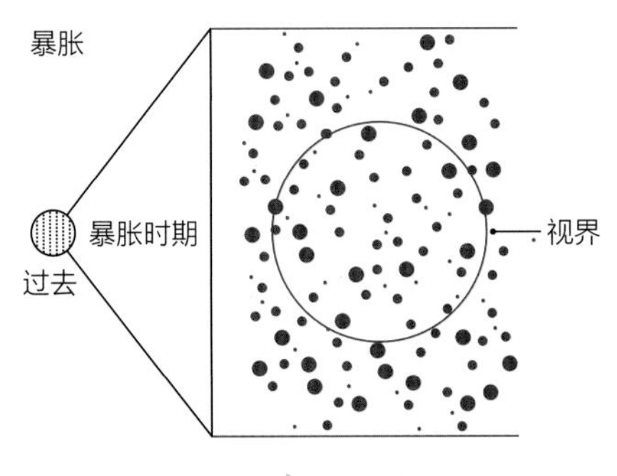

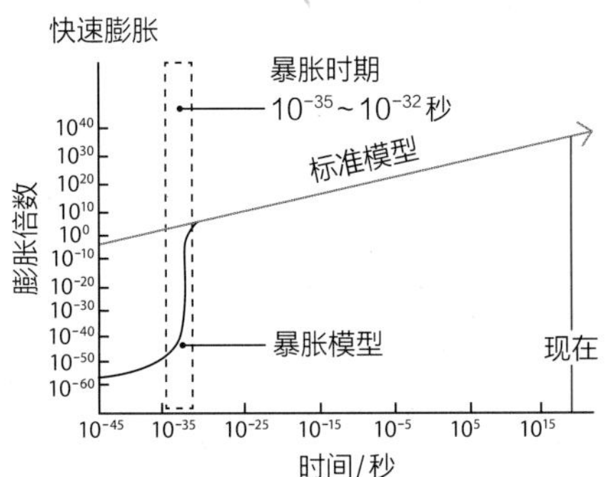

对页图：宇宙早期星系中辐射流体力学的超级计算机模拟，其中包含的暗物质和恒星粒子超过10亿个。

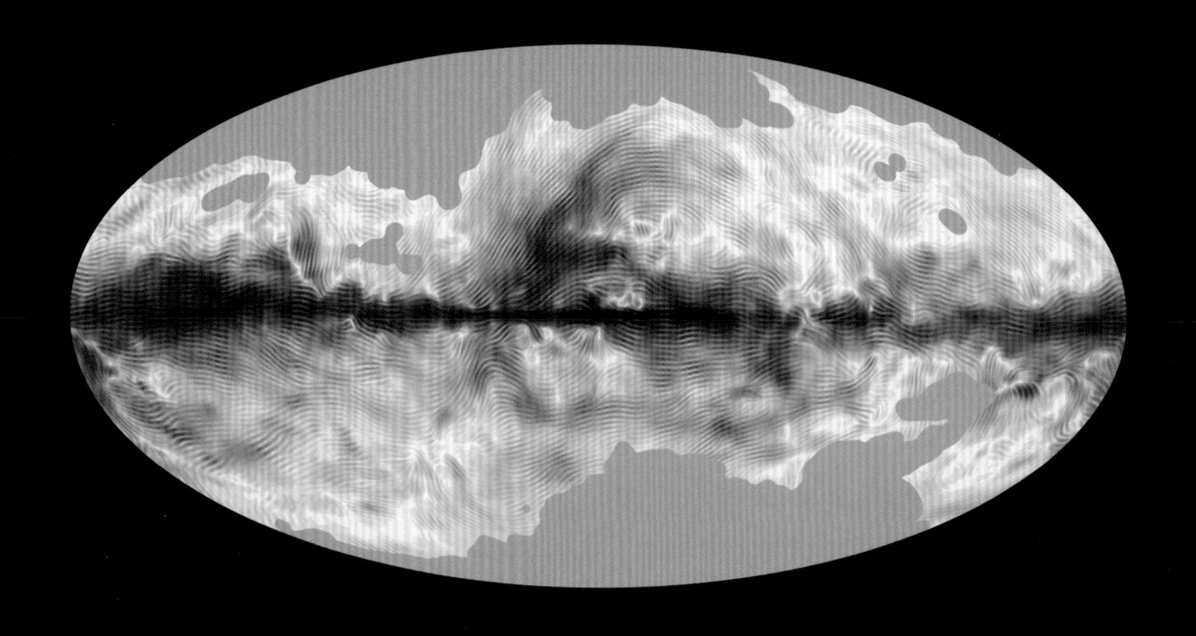

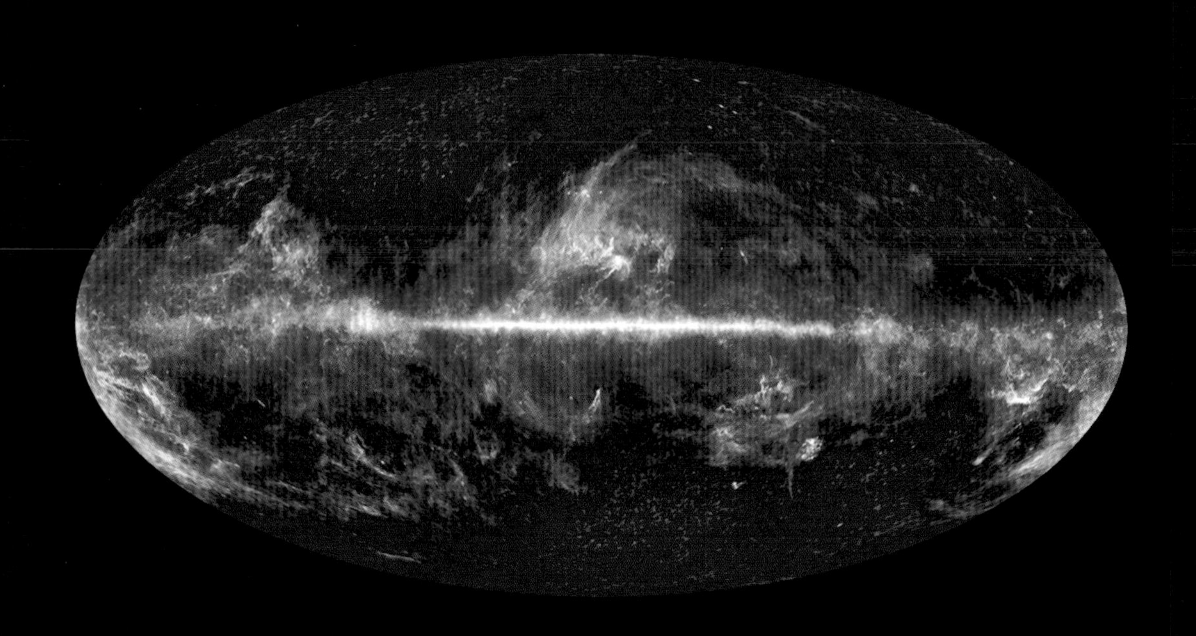

黑暗中的线索

暴胀的概念远远超出了我们如今所生活的宇宙的经验范畴，因此我们几乎不可能想象如何将自己送回那个时刻，并找到证据来支持这一理论。但令人惊讶的是，在过去的30年中，我们已经能够回顾并发现支持暴胀理论模型的直接证据。

为了理解我们是如何搜寻这些证据的，就必须回到支持大爆炸理论的最初发现。1964年，彭齐亚斯和威尔逊探测到一种奇怪的射电信号，而这种信号被证明是直接来自大爆炸的余晖，这引发了数十年来对第一束光中可以探测到的细节的研究。这一探索使我们能够在这些光中寻找线索，而这些光直接引导我们回到宇宙历史上的第一个关键时刻，即大爆炸即将结束、暴胀即将开始的那一刻。

如今，我们将彭齐亚斯和威尔逊首次探测到的原初信号称为宇宙微波背景辐射，而我们能够拍摄到的这种“最古老的光”的图像有助于转变我们对早期宇宙的认识。宇宙微波背景辐射中包含的光在穿越宇宙的138亿年里被拉长了，它发生了极大的红移，因此现在以微波的形式到达我们这里。这是电磁波谱中波长最长的光。这些光是在大爆炸后38万年的某个时刻发出的。我们的计算表明，正是在这一刻，宇宙变得足够冷，从而使得电子和质子形成了氢原子，这为宇宙首次对光透明创造了条件。因此，光能够在不被自由电子和其他亚原子粒子散射的情况下传播，而在这之前，宇宙中充满了这些粒子构成的雾。这些光本身并不是来自任何恒星和星系，因为这是在任何恒星和星系出现之前很久的事情。相反，宇宙微波背景辐射是由早期宇宙的热量发出的，就像勒梅特想象中的创世的第一刻之后留下的“余烬”那样发光。所以，它确实是大爆炸的余晖，只有在宇宙冷却到足以让它逃逸之后才变得可见。

在接下来的几十年里，我们通过一系列越来越强大的望远镜，能够越来越详细地拍摄宇宙的这张“婴儿期照片”。美国国家航空航天局在1989年发射了宇宙背景探测器，这让我们在1992年第一次真正看到了宇宙微波背景辐射，其分辨率约为7度。2001年发射的威尔金森微波各向异性探测器将宇宙微波背景辐射的成像推进到了大约半度的分辨率。

这一切成果都将与普朗克望远镜的非凡成就相形见绌。2009年5月14日，欧洲空间局发射了普朗克望远镜，其运行轨道将其置于距离地球150万千米的精确位置，准备以极高的精度开始测量宇宙微波背景辐射。普朗克望远镜携带了两台用于探测这种古老光线的高灵敏度仪器，还有一个为其设计的冷却系统，使望远镜的工作温度低至零下273.05摄氏度（仅比绝对零度高0.1摄氏度），从而成为宇宙中已知最冷的人造天体，直到低温冷却器耗尽电能为止。这种创新的设计使普朗克望远镜能够以很高的灵敏度工作，以至于对它的探测能力造成限制的不是仪器自身，而是宇宙微波背景辐射的基本物理特性。这意味着普朗克望远镜创建的分辨率为0.07度的宇宙微波背景辐射图像极有可能永远不会被超越，但这也意味着2013年首次发布的这幅图像为我们提供的是一扇了解宇宙早期历史以及开启这一切的暴胀时期的终极窗口。

宇宙的构成

普朗克望远镜2013年的数据发布之前和发布之后的宇宙构成。这些调整在很大程度上来自一些较小尺度上的功率谱可靠性的提高，暗物质的影响在这些尺度上变得更加重要。

普朗克望远镜的数据发布之前

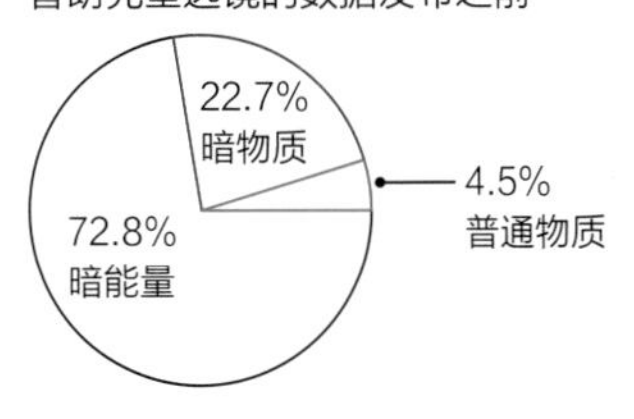

普朗克望远镜的数据发布之后

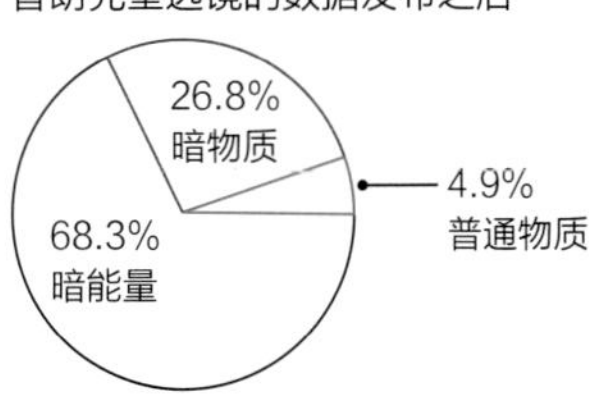

对页上图：银河系星际尘埃发出的偏振光展示了银河系的磁场。

对页下图：具有微小温度涨落（亮点）的微波天空反映了密度变化，而我们的宇宙网就起源于这种密度变化。

左上图：普朗克望远镜周围有一个大挡板，用来将各种科学仪器产生的热量辐射到太空中。

右上图：2007年，技术人员在法国组装欧洲空间局的普朗克望远镜，为2009年的发射做准备。

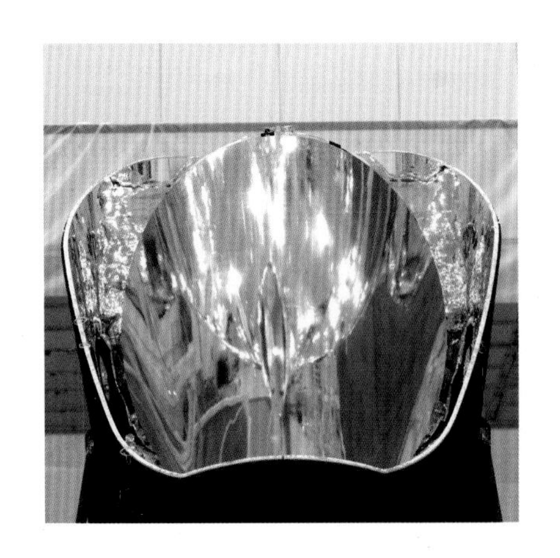

推动科学的前沿

科技使天文学界真正聚集在一起，制造出一些令人惊叹的仪器来探索太空。我们真的在不断突破自己的极限，制造了最大的望远镜和最复杂的系统。我们可以借助它们来理解宇宙。虽然天文学一直处于技术的前沿，但我们现在采用的这种技术绝对是惊人的。它真正告诉我们对宇宙有了一种全新的认识，这种认识超过了在几乎整个人类历史上我们之前所取得的全部认识。这真的非常特别，令人感到自身的渺小。

戴维·德萨里奥，
杜伦大学天文学家

普朗克望远镜提供的这张宇宙微波背景辐射照片使我们能够比以往任何时候都更深入地观察遥远的过去。这张照片捕捉到的光线在到达我们之前已经传播了近138亿年。这是一张全天照片，天球被展平，这样我们就可以看到它的全貌——这是宇宙在星光出现之前的样子，此时只有宇宙本身发出的、几乎没有任何特征的光。但这幅图像包含了非凡的细节，因为颜色中隐藏着一种由波纹构成的图案，其中包含着宇宙起源的线索。

为了理解隐藏在宇宙微波背景辐射中的这些线索，我们首先要回到大爆炸发生38万年后，即宇宙微波背景辐射产生的那一刻。在这个确切的时刻，普朗克望远镜在宇宙微波背景辐射中捕捉到了这些光子突然从早期宇宙的原初雾中释放出来的图像。在这一刻之前，光子和其他亚原子粒子一直非常紧密地耦合在一起，构成了物质和辐射的单一“流体”。随着宇宙温度的下降，这两种成分在一个被称为“退耦”的过程中相互分离，使第一批光子获得自由，开始了它们穿越宇宙的旅行。经过138亿年的旅行后，它们最终进入普朗克望远镜的探测器。至关重要的是，这种古老的光在那个关键时刻并不是均匀地被释放出来的，每一个光子都携带着对它曾经被困在其中的宇宙结构的记忆，从而向我们揭示了物质和辐射在那个转变时刻的分布。

这种细节不是直接通过宇宙微波背景辐射的光显示出来的，而是通过我们在其中看到的温度涨落间接揭示的。这些温度涨落之所以能揭示这么多的信息，是因为宇宙微波背景辐射图像上任何一点的温度都与宇宙的这一部分在当时的结构直接相关。因此，如果一个光子在被释放时位于空间中密度略高一点的地方，那么它就必须消耗更多的能量才能获得自由并踏上穿越宇宙的漫长旅程。这意味着它看起来比位于密度略低一点的空间区域中的光子要稍冷一些。这样，普朗克望远镜能够如此精确地绘制出宇宙微波背景辐射中的温度涨落，因此它为我们提供的分布图也揭示了当时宇宙中物质密度的微小变化，即星系、恒星和行星存在之前的宇宙结构。宇宙微波背景辐射是宇宙结构的终极快照，因为它是在一切开始仅仅几十万年后产生的。

正是出于这个原因，宇宙微波背景辐射中的这种模式被许多人视为人类历史上最重要的发现之一，因为它揭示了宇宙在其历史上的一个关键时刻的演化。从这一刻向前推进，我们看到那个尚未定型的宇宙中的密度涨落与我们今天看到的宇宙是直接相关的。这是因为早期宇宙中物质密度的这种涨落现象持续存在，随后密度略高的那些物质区域逐渐增长。随着它们的引力作用的增强，它们的密度也逐渐增大。然后，它们吸引了越来越多的物质，直到这些原初密度涨落成宇宙发展的种子。它们首先凝聚成宇宙网的形式，然后形成我们如今看到的所有恒星和星系。所有这些（我们认为现在可能存在于宇宙中的约2000亿个星系中的每一个，以及其中的所有恒星和行星，包括我们自己的）都可以追溯到我们在宇宙微波背景辐射中看到的结构。

对页下图：在位于法属圭亚那库鲁的欧洲发射场的一间洁净室里，普朗克望远镜的防护罩被移除。

上图：普朗克望远镜的主要任务是研究宇宙微波背景辐射，即大爆炸遗留下来的辐射。

下图：普朗克望远镜拍摄的宇宙微波背景辐射全天图像。这种微波背景辐射是138亿年前大爆炸遗留下来的辐射。

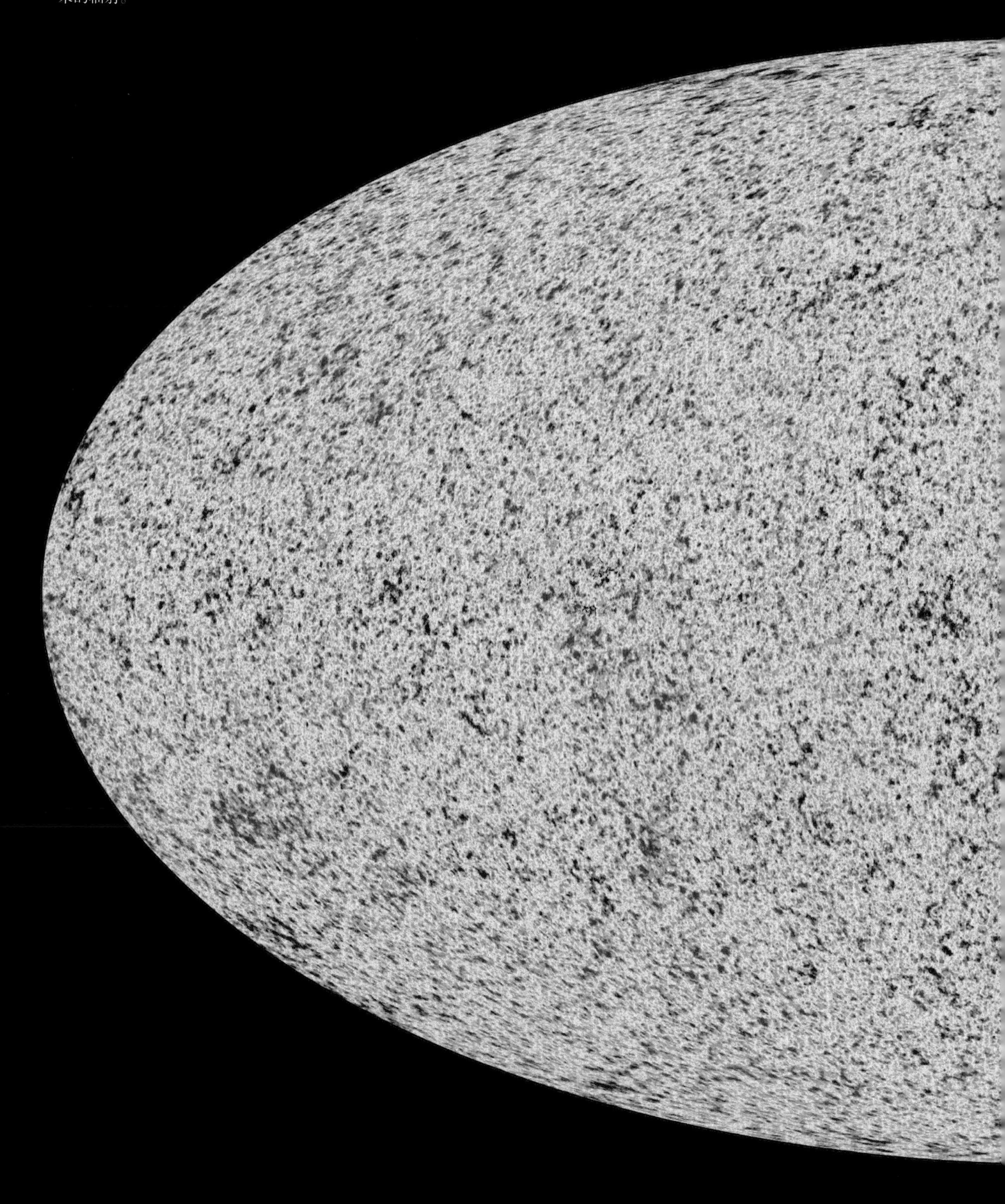

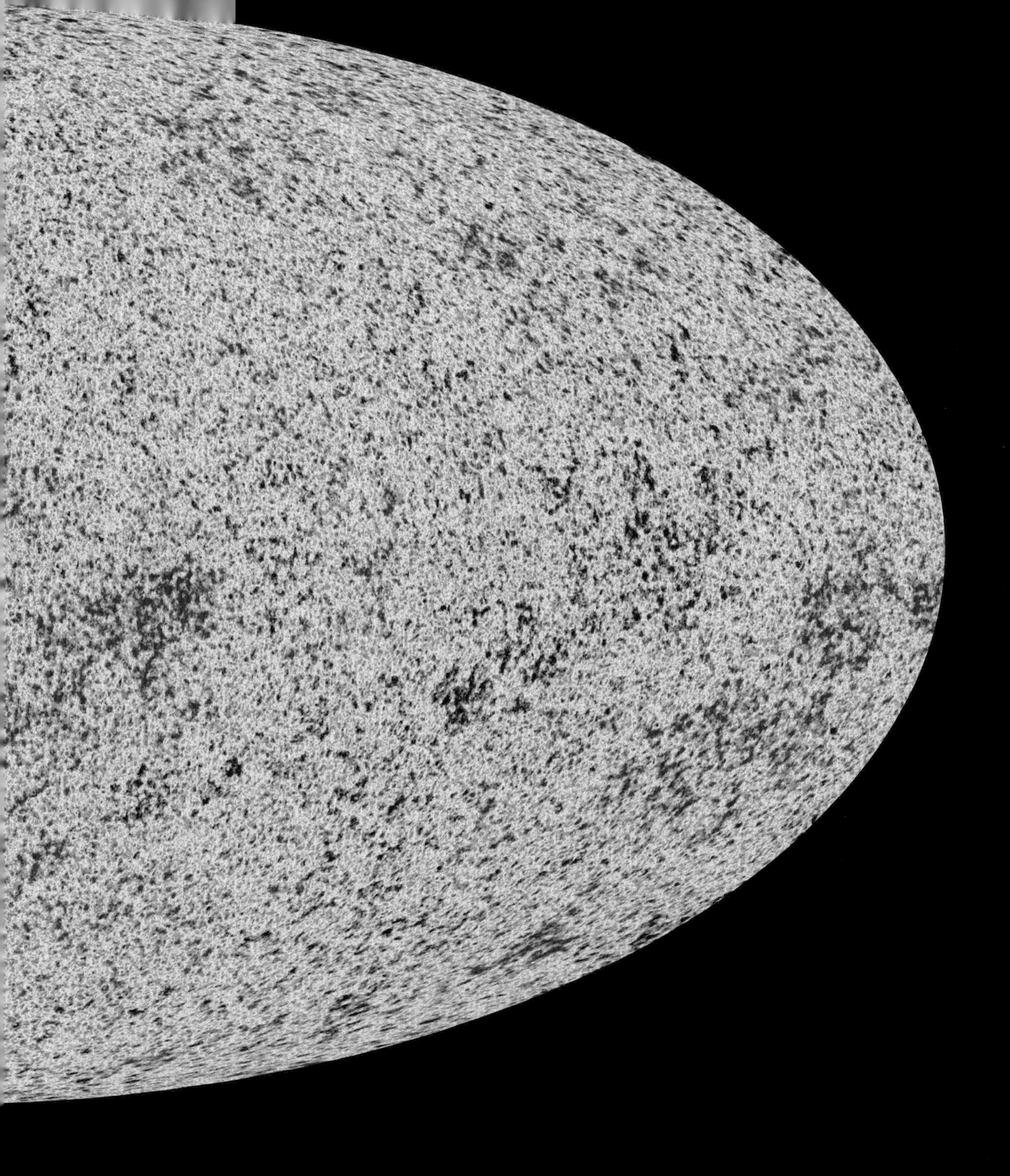

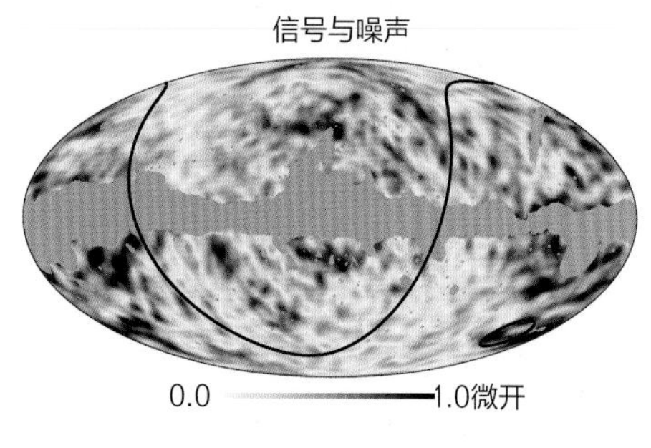

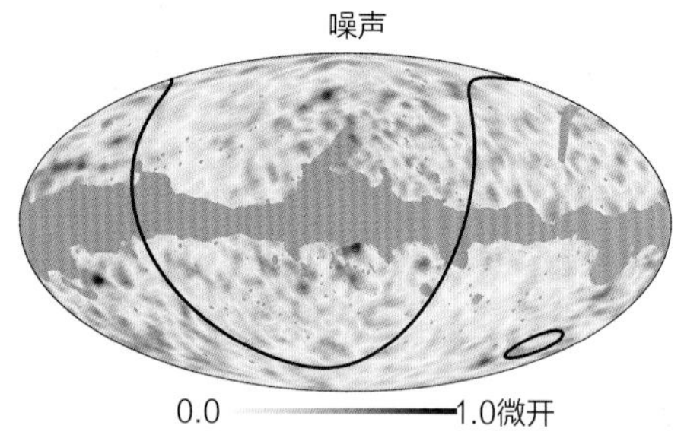

这幅图像的威力还不止于此，因为它不仅为我们提供了宇宙历史上的一个向前的起点，也给了我们一个让时光倒流的时刻。我们在宇宙微波背景辐射中看到的那些导致了我们如今所看到的这个宇宙形成的密度涨落也必定来自某个地方。所以，当时钟倒转时，我们可以追溯这些结构变得越来越小的过程，直到我们发现自己到了大爆炸之前的某个时候，到了宇宙即将经历最快速膨胀的那一刻。

就在此刻，在一个并不比一个粒子更大的宇宙中，充满了创造一整个充满恒星的宇宙所需的所有能量。正是在这里，我们发现了这张古老分布图的第一缕痕迹，而其他一切都将从图中的这些结构开始演化。早在20世纪80年代初，一群研究暴胀模型的理论物理学家首次提出了这样的观点：在驱动暴胀的早期能量海洋中存在着这些原初涨落。包括艾伦·古思和斯蒂芬·霍金在内的一些科学家提出的理论是，在一个完全静止的能量海洋中是不可能发生暴胀的（因此也就不会产生一个完全对称的宇宙）。相反，在快速暴胀时期之前的宇宙内部会出现微小的量子涨落，它们是能量海洋中的波纹，宇宙会从这些波纹中构建起来。虽然这些理论断言仅是一个方面，而宇宙微波背景辐射的密度涨落则为我们提供了这些量子涨落存在的直接证据。这是因为当暴胀结束，宇

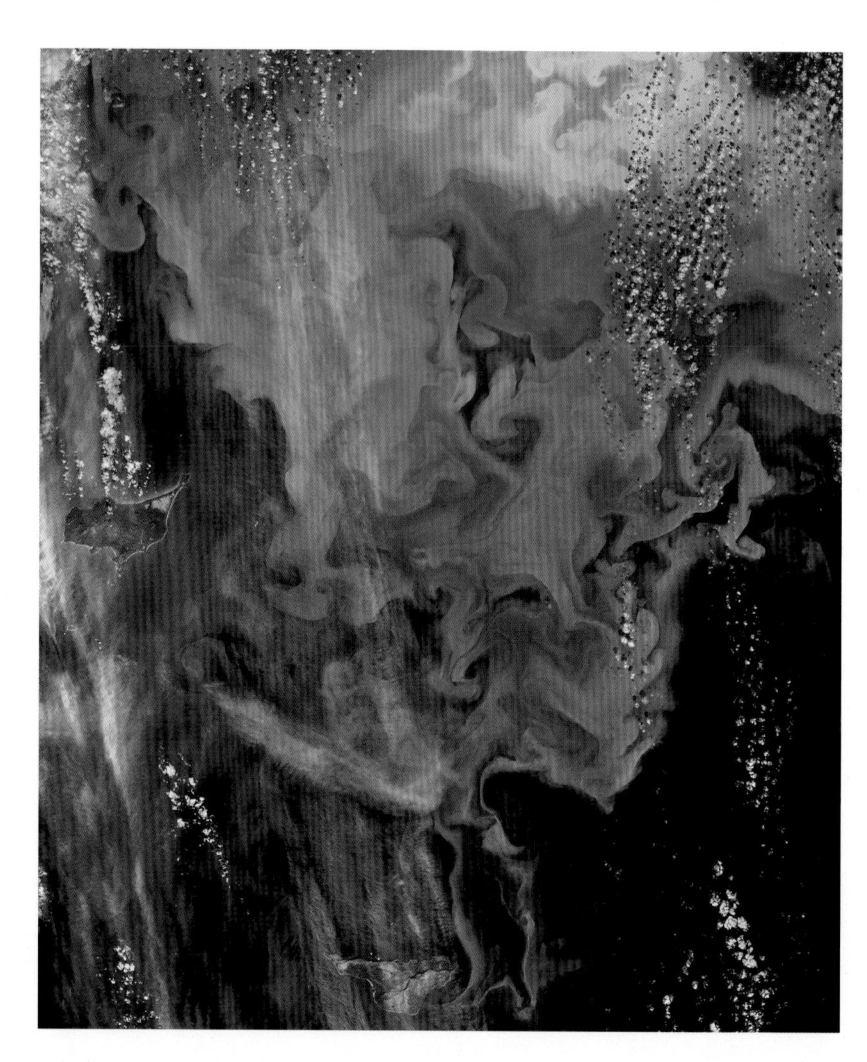

上图：对普朗克望远镜的数据进行比较的偏振分布图，上图为信号与噪声，下图为噪声，这表明了一些尚未得到解释的异常。

右图：早期的宇宙可以比作一个能量的海洋，而量子波纹涨落将产生所有的物质。

下图：早期的宇宙中充满了亚原子粒子的等离子体，所以想象像洋流这样的力在起作用会有所帮助。

“普朗克望远镜正在捕捉我们在宇宙中迄今为止能够观测到的最早的光。这是在宇宙历史上的这些最早时刻的非常微小的不均匀，它会不断增长，从而形成我们周围的宇宙网。”

戴维·凯泽，
麻省理工学院物理学家

宙从纯能量转变为充满物质的空间时，这些涨落在宇宙中留下了印记。产生未来一切的原初种子就这样播下了。

如此看来，这就是我们的创世故事。这个故事始于一个粒子，它具有难以想象的能量。这颗微小的种子孕育了整个宇宙，但这并不是一颗完美的种子——结构上的缺陷，即能量海洋中的波纹，都会作为一个自然的结果而出现。因此，当暴胀驱动了最短暂而又最猛烈的膨胀时，这个粒子中的波纹随之被拉伸。当暴胀结束，能量转化为物质时，这些波纹就印刻在宇宙的结构中。我们已经看到了宇宙中最初的物质的那些微小的密度涨落，它们不断增长并增厚，形成了在最古老的光所投射下的阴影中的空间区域。从这些物质团块中诞生了第一批恒星，然后是第一批星系，所有这些都是按一幅很久以前就已绘就的蓝图发展的。这幅蓝图创造了约2000亿个恒星岛屿。90亿年后，在其中的一个星系中形成了一颗恒星，并出现了8颗行星。而在其中一颗行星上，138亿年前的那些微小的涨落导致了一群“原子”的产生，这些“原子”能够观察、思考和探索宇宙及其中的一切是如何形成以及为何形成的。

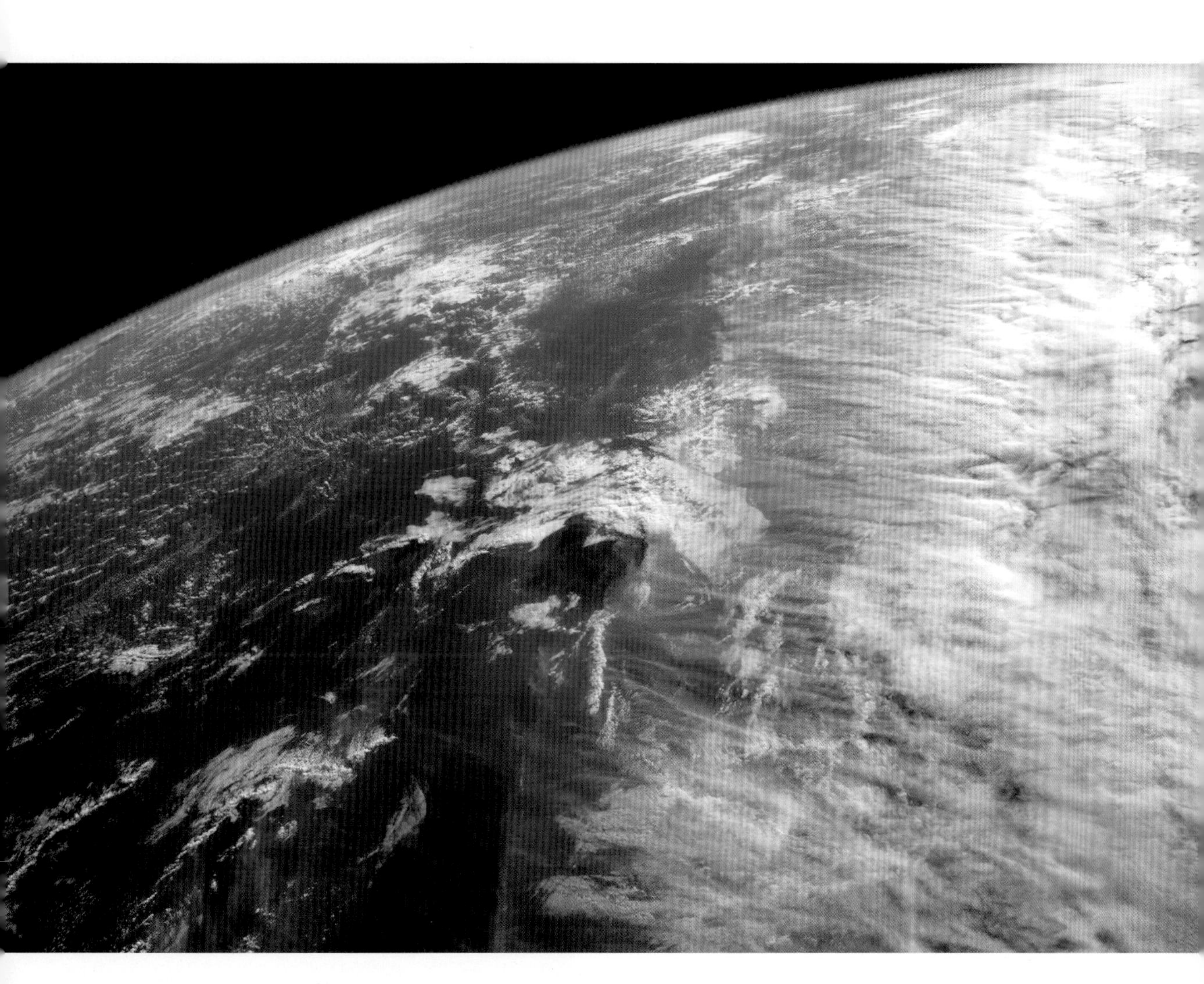

最后，让我们来重温一下布赖恩•考克斯教授的话：

“这一切对人类意味着什么？我们为什么会存在？世间万物为什么会存在？这些听起来不像是科学问题，而像是哲学或神学上的问题。但我认为它们确实是科学问题，因为它们是关于自然界的问题，是关于宇宙的问题。

“我们理解宇宙的方式是观察它。我们已经看到宇宙中最古老的光中的波纹，这些波纹是由大爆炸之前发生的事件引起的。我们已经看到了星系流，数以亿计的星系在天空中编织了一张巨大的宇宙网。我们已经看到成千上万颗行星绕着遥远的恒星运行，它们都是超乎想象的世界。在我看来，下面这个教训是毫不含糊的：要回答那些最深刻的问题，我们不能保守内视，而必须将我们的目光抬到地平线的上方，向外观察恒星之外的宇宙。我们过去常常仰望天空，但看到的只是问题而已。现在我们开始看到答案了。”

图片来源

t=顶图；m=中图；b=底图；l=左图；r=右图

All reasonable efforts have been made to trace the copyright owners of the images in this book. In the event that there are any mistakes or omissions, updates will be incorporated for future editions.

1 Forgem / Shutterstock; 2 NASA, ESA and J Maíz Apellániz (Instituto de Astrofísica de Andalucía); 5 Forgem / Shutterstock; 7 NASA / Joel Kowsky; 8 SCIEPRO / SCIENCE PHOTO LIBRARY; 10 NASA, ESA and STScI; 13 NASA / JPL-CALTECH / SSI / CORNELL / SCIENCE PHOTO LIBRARY; 14 tl CPA Media Pte Ltd / Alamy Stock Photo, bl ARABIC MANUSCRIPTS COLLECTION / NEW YORK PUBLIC LIBRARY / SCIENCE PHOTO LIBRARY, r Bartolomeu Velho, 1568, Public Domain, Wikimedia Commons; 15 t The Granger Collection / Alamy Stock Photo, b Giordano Bruno, 1588, Public Domain, Wikimedia Commons; 16 tl NASA Photo / Alamy Stock Photo, ml Science History Images / Alamy Stock Photo, tr Science History Images / Alamy Stock Photo, mr NASA / VRS / DETLEV VAN RAVENSWAAY / SCIENCE PHOTO LIBRARY, br 504 collection / Alamy Stock Photo; 17 Chronicle / Alamy Stock Photo; 18 DAVID PARKER / SCIENCE PHOTO LIBRARY; 19 EUROPEAN SOUTHERN OBSERVATORY / SCIENCE PHOTO LIBRARY; 20 t NASA / SCIENCE PHOTO LIBRARY, b NASA / JPL / SCIENCE PHOTO LIBRARY; 21 l NASA / GODDARD SPACE FLIGHT CENTER / SDO / SCIENCE PHOTO LIBRARY, r NASA / GODDARD SPACE FLIGHT CENTER / SDO / SCIENCE PHOTO LIBRARY; 22 Dotted Yeti / Shutterstock; 23 t Leire P J / DYDPPA / Shutterstock, b Hemis / Alamy Stock Photo; 25 NASA / ESA; 26 NASA / JPL-Caltech; 27 Frances Roberts / Alamy Stock Photo; 28 tl NASA / Kim Shiflett, bl NASA / Chris Rhodes, tr NASA / Jim Grossmann, m NASA / Kim Shiflett, br NASA / Jim Grossmann; 29 l LYNETTE COOK / SCIENCE PHOTO LIBRARY, r Andrew Z Colvin, Public Domain, Wikimedia Commons; 31 t NASA / JPL-Caltech, b NASA / Ames / JPL-Caltech; 32 Harvard-Smithsonian Center for Astrophysics / David Aguilar; 33 JLStock / Shutterstock; 34 ADRIAN BICKER / SCIENCE PHOTO LIBRARY; 35 Gareth McCormack / Alamy Stock Photo; 36 Huw Griffiths / British Antarctic Survey; 37 t Anup Shah, bl Image by Joshua Stevens, using Landsat data from the US Geological Survey, br GUDKOV ANDREY / Shutterstock; 38 NASA / SCIENCE PHOTO LIBRARY; 39 KEES VEENENBOS / SCIENCE PHOTO LIBRARY; 40 PETER FRETWELL / PETE BUCKTROUT, BRITISH ANTARCTIC SURVEY / NASA / GSFC / METI / JAPAN SPACE SYSTEMS / SCIENCE PHOTO LIBRARY; 41 Morley Read 42 NASA / JPL-Caltech; 42 inset NASA / JPL-Caltech; 43 l NASA /JPL-Caltech / ASU / MSSS, r NASA / JPL-Caltech, b NASA / JPL-Caltech; 44 ENRIQUE LOPEZ-TAPIA / NATURE PICTURE LIBRARY / SCIENCE PHOTO LIBRARY; 45 NASA/JPL-Caltech; 46 t NASA / Ames Research Center / Wendy Stenzel, bl ESA / ROSETTA / MPS FOR OSIRIS TEAM MPS / UPD / LAM / IAA / SSO / INTA / UPM / DASP / IDA; NAVCAM: ESA / ROSETTA / NAVCAM / SCIENCE PHOTO LIBRARY; 47 NASA / Ames / SETI Institute / JPL-Caltech; 48 Paulo Afonso / Shutterstock; 49 RGB Ventures / SuperStock / Alamy Stock Photo; 50 Jiann / Shutterstock; 51 t NASA image by Jeff Schmaltz, MODIS Rapid Response Team, Goddard Space Flight Center, b BorneoRimbawan / Shutterstock; 52 SCIENCE PHOTO LIBRARY; 53 tl NASA / Chris Gunn, tm NASA / Northrop Grumman, tr NASA / Goddard Space Flight Center / Laura Betz, b NASA / Alex Evers; 54 NASA / JPL-Caltech; 55 J Marshall Tribaleye Images / Alamy Stock Photo; 56 t NASA, ESA, and G Bacon (STScI), b ESA,D DUCROS / SCIENCE PHOTO LIBRARY; 57 l GREGOIRE CIRADE / SCIENCE PHOTO LIBRARY, r EUROPEAN SOUTHERN OBSERVATORY / SCIENCE PHOTO LIBRARY; 58 NASA /JPL-Caltech; 61 NASA / JPL-Caltech / GSFC / JAXA; 62 Jack Dykinga / naturepl.com; 64 Science History Images / Alamy Stock Photo; 65 The Print Collector / Alamy Stock Photo; bl 66 Chronicle / Alamy Stock Photo, br Prof. Peter Fowler / Science Photo Library; 67 bl EFDA-JET / SCIENCE PHOTO LIBRARY , br Royal Astronomical Society / Science Photo Library; 68 World History Archive / Alamy Stock Photo; 69 Smithsonian Institution Archives; 70 NASA / JPL / California Institute of Technology; 71 ROYAL ASTRONOMICAL SOCIETY / SCIENCE PHOTO LIBRARY; 72 Rashevskyi Viacheslav / Shutterstock, inset GREGOIRE CIRADE / SCIENCE PHOTO LIBRARY; 73 t NASA / GSFC / SDO, m Geopix / Alamy Stock Photo, b DAMIAN PEACH / SCIENCE PHOTO LIBRARY; 74 ESA and the Planck Collaboration / H Dole, D Guéry & G Hurier, IAS / Univ. Paris-Sud / CNRS / CNES; 75 NASA, ESA and M Montes (Univ. of New South Wales); 76 ESA / Hubble & NASA; 79 l Hideki Umehata, r Joshua Borrow using C-EAGLE; 80 t Volker Springel / Max Planck Institute for Astrophysics / Science Photo Library, b Pavel_Klimenko / Shutterstock; 81 M Najjar / ESO; 83 tl Everett Collection Historical / Alamy Stock Photo, tr Everett Collection / Shutterstock, b Everett Collection / Shutterstock; 84 Suzyj, Public Domain, Wikimedia Commons; 85 NASA / ESA / STSCI / R SCHALLER / SCIENCE PHOTO LIBRARY; 86 row 1 l MICHAEL W DAVIDSON / SCIENCE PHOTO LIBRARY, row 1 m EDWARD KINSMAN / SCIENCE PHOTO LIBRARY, row 1 r KTSDESIGN / SCIENCE PHOTO LIBRARY, row 2 l GERD GUENTHER / SCIENCE PHOTO LIBRARY, row 2 m POWER AND SYRED / SCIENCE PHOTO LIBRARY, row 2 r DIRK WIERSMA / SCIENCE PHOTO LIBRARY, row 3 l ANDRE GEIM, KOSTYA NOVOSELOV / SCIENCE PHOTO LIBRARY, row 3 m DENNIS KUNKEL MICROSCOPY / SCIENCE PHOTO LIBRARY, row 3 r MASSIMO BREGA / SCIENCE PHOTO LIBRARY, row 4 l Rich Carey / Shutterstock, row 4 m Andrzej Kubik / Shutterstock, row 4 r Albert Beukhof / Shutterstock; 88 NASA / JPL-Caltech / ESA / CXC / Univ. of AZ/Univ of Szeged; 89 DSS, STScI / AURA, Palomar / Caltech and UKSTU / AAO; 90 NASA, ESA, N Smith (Univ. of California, Berkeley), and The Hubble Heritage Team (STScI / AURA); 92 NASA / GSFC / M Corcoran et al.; 93 l NASA / JPL-Caltech / Harvard-Smithsonian CfA, tr NASA / JPL-Caltech, br NASA, ESA, and The Hubble Heritage Team (STScI/AURA); 94 NASA, ESA, AND THE HUBBLE HERITAGE TEAM (STSCI / AURA) / SCIENCE PHOTO LIBRARY; 95 NASA, ESA, STScI, N Habel and S T Megeath (Univ. of Toledo); 96 NASA Goddard; 97 TWStock / Shutterstock; 98 tl AC NewsPhoto / Alamy Stock Photo, tr Earth Science and Remote Sensing Unit, NASA Johnson Space Center, bl Science History Images / Alamy Stock Photo, br UPI / Alamy Stock Photo; 99 tl NASA / JPL-Caltech / Univ. of Arizona, tr Nasa / JPL-Caltech / Univ. of Arizona / Science Photo Library, bl NASA / JPL-Caltech / MSSS, br NASA / JPL-Caltech / Univ. of Arizona; 100 NASA / Ames Research Centre; 101 tl Granger Historical Picture Archive / Alamy Stock Photo, m NASA/JPL, r NG Images / Alamy Stock Photo; 102 Volgi archive / Alamy Stock Photo; 103 NASA/SDO; 104 NASA / Naval Research Laboratory / Parker Solar Probe / Science Photo Library; 105 tl NASA/Kim Shiflett, tm NASA / Leif Heimbold, r NASA / Kim Shiflett, b NASA / Bill Ingalls; 106 Yvonne Baur / Shutterstock; 108 t NOAA / C German (WHOI), b John Durham / Science Photo Library; 110 NASA / JPL-Caltech; 111 NASA / JPL-Caltech; 112 t NASA / CXC / M Weiss, b NASA/JPL-Caltech; 113 NASA / JPL-Caltech / ESA; 115 NASA / ESA / STSCI / HUBBLE HERITAGE TEAM / SCIENCE PHOTO LIBRARY; 117 t NASA / JPL-Caltech, m NASA, ESA, the Hubble Heritage Team (STScI/AURA)-ESA/Hubble Collaboration and M Stiavelli (STScI), b ESA / Hubble and NASA; Acknowledgement: Judy Schmidt; 118 t Sunyaev-Zel'dovich effect: ESA Planck Collaboration; optical image: STScI Digitized Sky Survey, b NASA/JPL-Caltech / AMES /Univ. of Birmingham; 119 t MIKKEL JUUL JENSEN / SCIENCE PHOTO LIBRARY, b NASA / JPL-Caltech / Univ. of Arizona; 120 Ron Miller / Stocktrek Images; 121 l NASA / ESA / JPL / Q D WANG / S STOLOVY / SCIENCE PHOTO LIBRARY, r ESA/Herschel / PACS / SPIRE / Ke Wang et al. 2015; 122 Universal History Archive / UIG / Bridgeman Images; 123 Petr Kratochvila / Shutterstock; 124 thipjang / Shutterstock; 126 CORVAJA / ESA / SCIENCE PHOTO LIBRARY; 127 l ESA / ATG medialab, tr M PEDOUSSAUT / ESA / SCIENCE PHOTO LIBRARY, br M PEDOUSSAUT / ESA / SCIENCE PHOTO LIBRARY; 128 Lost in Time / Shutterstock; 130 ROBERT GENDLER / SCIENCE PHOTO LIBRARY; 131 t ThomasLENNE / Shutterstock, b picturepixx / Shutterstock; 132 t Pichet siritantiwat / Shutterstock, b NASA/ESA / JPL-Caltech / Conroy et. al. 2021; 133 t ESA / Planck Collaboration, b ESA / NASA / JPL-Caltech; 134 ESA / GAIA / DPAC / SCIENCE PHOTO LIBRARY; 136 NASA, ESA, the Hubble Heritage (STScI/AURA)-ESA / Hubble Collaboration and A Evans (Univ. of Virginia, Charlottesville / NRAO / Stony Brook University); 138 JUAN CARLOS CASADO (STARRYEARTH.COM) / SCIENCE PHOTO LIBRARY; 139 tl The History Collection / Alamy Stock Photo, tr Science History Images / Alamy Stock Photo, b Art Collection 2 / Alamy Stock Photo; 140 ESA / Hubble & NASA; 141 ESA; 142 ADAM BLOCK / MOUNT LEMMON SKYCENTER / UNIV. OF ARIZONA / SCIENCE PHOTO LIBRARY; 144 t LWEINSTEIN, NASA / SCIENCE PHOTO LIBRARY, b NASA / ESA / STSCI / SCIENCE PHOTO LIBRARY; 146 DR RUDOLPH SCHILD / SCIENCE PHOTO LIBRARY; 147 tl ROYAL ASTRONOMICAL SOCIETY / SCIENCE PHOTO LIBRARY, bl ROYAL ASTRONOMICAL SOCIETY / SCIENCE PHOTO LIBRARY, r ROYAL ASTRONOMICAL SOCIETY / SCIENCE PHOTO LIBRARY; 148 t NASA / JPL-Caltech / UCLA, b NASA / JPL-Caltech; 150 ROYAL ASTRONOMICAL SOCIETY / SCIENCE PHOTO LIBRARY; 151 t FLHC 50 / Alamy Stock Photo, m Science History Images / Alamy Stock Photo, b National Academy of Sciences, nasonline.org; 152 l Public Domain, Wikimedia Commons, r SOTK2011 / Alamy Stock Photo; 153 t NASA Goddard, b ECKHARD SLAWIK / SCIENCE PHOTO LIBRARY; 154 NASA, ESA, J Dalcanton (Univ. of Washington), B F Williams (Univ. of Washington), L C Johnson (Univ. of Washington), the PHAT team, and R Gendler; 156 tl NASA, ESA, J DePasquale and E Wheatley (STScI) and Z Levay, tr ESA / Gaia (star motions); NASA / Galex (background image); R van der Marel, M Fardal, J Sahlmann (STScI), b NASA; 157 Nasa; 159 NASA; ESA; Z Levay and R van der Marel, STScI; T Hallas and A Mellinger; 161 NASA / JPL-Caltech; 162 DAVID A HARDY, FUTURES: 50 YEARS IN SPACE / SCIENCE PHOTO LIBRARY; 163 PROF YOSHIAKI SOFUE / SCIENCE PHOTO LIBRARY; 164 NASA / CXC / Amherst College / DHaggard et al.; 166 NASA / Marshall Space Flight Center; 167 tl Marshall Space Flight Center collection, tr NASA Goddard, bl NASA / CXC / JPL-Caltech / PSU / CfA, br NASA Goddard; 168 bennu phoenix / Alamy Stock Photo; 169 Everett Collection Historical / Alamy Stock Photo; 170 t SCIENCE PHOTO LIBRARY; 170 b NASA / JPL-Caltech / SSC; 171 NASA Goddard; 173 NASA Goddard; 174 t Public Domain, Wikimedia Commons, b NASA, ESA, AND D PLAYER (STSCI) / SCIENCE PHOTO LIBRARY; 176 NASA / JPL-Caltech/Novapix / Bridgeman Images; 177 NASA'S GODDARD SPACE FLIGHT CENTER / JEREMY SCHNITTMAN / SCIENCE PHOTO LIBRARY; 178 NASA / Marshall Space Flight Center; 179 Gado Images / Alamy Stock Photo; 180 MARK GARLICK / SCIENCE PHOTO LIBRARY; 182 NASA / Marshall Space Flight Center; 183 t NASA Image Collection / Alamy Stock Photo, b Xinhua/ Shutterstock; 184 NASA, ESA, and D Coe, J Anderson and R van der Marel (Space Telescope Science Institute); Acknowledgement for Omega Centauri Image: NASA, ESA and the Hubble SM4 ERO Team; Science: NASA, ESA, C-P Ma (Univ. of California, Berkeley), and J Thomas (Max Planck Institute for Extraterrestrial Physics, Garching, Germany); 186 EHT COLLABORATION / EUROPEAN SOUTHERN OBSERVATORY / SCIENCE PHOTO LIBRARY; 187 Matteo Omied / Alamy Stock Photo; 188 X-ray: NASA / CXC / Villanova University / J Neilsen; Radio: Event Horizon Telescope Collaboration; 189 EUROPEAN SOUTHERN OBSERVATORY / EHT COLLABORATION / SCIENCE PHOTO LIBRARY; 190 The Print Collector / Alamy Stock Photo; 191 t Hezekiah Conant, US Patent 371306 A, Public Domain, Wikimedia Commons, b John D Sirlin 192 t ALMA (ESO / NAOJ / NRAO) / JR Goicoechea (Instituto de Física Fundamental, CSIC); 192 b Richard Wainscoat / Alamy Stock Photo; 193 L CALCADA / SPACEENGINE.ORG / EUROPEAN SOUTHERN OBSERVATORY / SCIENCE PHOTO LIBRARY; 194 NASA, ESA, S Baum and C O'Dea (RIT), R Perley and W Cotton (NRAO / AUI / NSF), and the Hubble Heritage Team (STScI / AURA); 196 b NASA / SCIENCE PHOTO LIBRARY, tl NASA / SCIENCE PHOTO LIBRARY, tr NASA / Kim Shiflett; 197 NASA Goddard; 198 NASA / DOE / FERMI LAT COLLABORATION / SCIENCE PHOTO LIBRARY; 199 t NASA / JPL-Caltech, b NASA / JPL-Caltech; 200 NASA AND G BACON (STSCI) / SCIENCE PHOTO LIBRARY; 202 MARK GARLICK / SCIENCE PHOTO LIBRARY; 203 M PARSA / L CALCADA / EUROPEAN SOUTHERN OBSERVATORY / SCIENCE PHOTO LIBRARY; 204 RICHARD KAIL / SCIENCE PHOTO LIBRARY; 206 NASA / SCIENCE PHOTO LIBRARY; 209 NASA / JPL-Caltech; 210 ALFREDO RUIZ HUERGA / Alamy Stock Photo; 212 MIKKEL JUUL JENSEN / SCIENCE PHOTO LIBRARY; 213 PLANCK COLLABORATION / ESA / SCIENCE PHOTO LIBRARY; 214 NASA Image Collection / Alamy Stock Photo; 215 t Heritage Image Partnership Ltd / Alamy Stock Photo, b J Marshall Tribaleye Images / Alamy Stock Photo; 216 NASA / JPL-CALTECH / SCIENCE PHOTO LIBRARY; 217 l Nerthuz / Alamy Stock Photo, r NASA / ESA / HUBBLE / LEO SHATZ / SCIENCE PHOTO LIBRARY; 218 NASA, ESA, H TEPLITZ AND M RAFELSKI (IPAC / CALTECH), A KOEKEMOER (STSCI), R WINDHORST (ARIZONA STATE UNIVERSITY), AND Z LEVAY (STSCI) / SCIENCE PHOTO LIBRARY; 219 tl NC Collections / Alamy Stock Photo, tr LWM / NASA / Alamy Stock Photo, b NASA / Alamy Stock Photo; 220 NASA, ESA and P Oesch (Yale); 221 Brad Mitchell / Alamy Stock Photo; 222 RGB Ventures / SuperStock / Alamy Stock Photo; 223 NASA, ESA, R Ellis (Caltech), and the HUDF 2012 Team; 224 b Anonymous / AP / Shutterstock; 225 Granger / Shutterstock; 226 t Matteo Omied / Alamy Stock Photo, b ESA / GAIA / DPAC / SCIENCE PHOTO LIBRARY; 227 VVV CONSORTIUM / D MINNITI / EUROPEAN SOUTHERN OBSERVATORY / SCIENCE PHOTO LIBRARY; 228 Classic Image / Alamy Stock Photo; 229 NASA / JPL / STScI / AURA; 230 tl NASA / CXC / SAO / JPL-CALTECH / MPIA, CALAR ALTO, O KRAUSE ET AL / SCIENCE PHOTO LIBRARY, bl NASA / CXC / RUTGERS / K ERIKSEN ET AL / DSS / SCIENCE PHOTO LIBRARY, b A BURROWS / ARIZONA UNIVERSITY / SCIENCE PHOTO LIBRARY; 231 A BURROWS / ARIZONA UNIVERSITY / SCIENCE PHOTO LIBRARY; 232 HE FLASH CENTER / UNIV. OF CHICAGO / SCIENCE PHOTO LIBRARY; 235 tl World History Archive / Alamy Stock Photo, tr World History Archive / Alamy Stock Photo, bl Gibon Art / Alamy Stock Photo, br World History Archive / Alamy Stock Photo; 236 t Photo 12 / Alamy Stock Photo, b Photo 12 / Alamy Stock Photo; 237 Science History Images / Alamy Stock Photo; 238 t Keystone Press / Alamy Stock Photo, b GL Archive / Alamy Stock Photo; 239 Keystone Press / Alamy Stock Photo; 240 RGONNE NATIONAL LABORATORY / SCIENCE PHOTO LIBRARY; 242 t ESA PLANCK COLLABORATION / SCIENCE PHOTO LIBRARY, b ESA, HFI & LFI consortia (2010); 244 tl ESA - S Corvaja, tr PATRICK DUMAS / LOOK AT SCIENCES / SCIENCE PHOTO LIBRARY, b ESA, S Corvaja, 2009; 245 PATRICK DUMAS / LOOK AT SCIENCES / SCIENCE PHOTO LIBRARY; 246 PLANCK COLLABORATION / ESA / SCIENCE PHOTO LIBRARY; 248 t ESA / Planck Collaboration, b NASA Goddard; 249 JSC / Reid Wiseman; 250 Hua Zhu / Solent News / Shutterstock